本书获西南科技大学“地质工程”国家级特色专业及
自然科学基金项目（41372301）资助

岩土支挡与锚固工程教程

主　编　陈兴长

副主编　陈　慧　柳金峰

西南交通大学出版社
·成　都·

内 容 简 介

本书以我国最新颁布的相关规范为依据，系统地介绍了岩土挡与锚固工程的基础知识、基本理论、设计的基本原理和方法。全书涉及“岩土支挡工程”和“岩土锚固工程”，由土压力和滑坡推力计算、岩土支挡工程、岩土支挡与锚固结合工程和岩土锚固工程四部分组成，共 14 章。

本书可作为地质工程、土木工程、岩土工程和道路工程等专业的教材，也可作为从事相关工作的技术人员及有关专业研究生的参考书。

图书在版编目（CIP）数据

岩土支挡与锚固工程教程 / 陈兴长主编. —成都：西南交通大学出版社，2014.5
ISBN 978-7-5643-3061-3

Ⅰ. ①岩… Ⅱ. ①陈… Ⅲ. ①岩土工程－锚固－高等学校－教材 Ⅳ. ①TU43

中国版本图书馆 CIP 数据核字（2014）第 104057 号

岩土支挡与锚固工程教程
主编　陈兴长
*
责任编辑　曾荣兵
封面设计　严春艳
西南交通大学出版社出版发行
四川省成都市金牛区交大路 146 号　邮政编码：610031　发行部电话：028-87600564
http: //press.swjtu.edu.cn
成都蜀通印务有限责任公司印刷
*
成品尺寸：185 mm × 260 mm　印张：13
字数：322 千字
2014 年 5 月第 1 版　2014 年 5 月第 1 次印刷
ISBN 978-7-5643-3061-3
定价：28.00 元

前　言

本书以我国最新颁布的国家标准、相关规范、规程和行业标准为依据编写而成。全书包括岩土支挡工程和岩土锚固工程两部分内容，涵盖了工程中常见的支挡与锚固工程结构形式。书中把以锚固工程的结构形式形成的类似于支挡工程治理效果的支护工程，诸如锚杆挡墙、土钉墙等划为岩土支挡与锚固结合工程。全书主要由土压力和滑坡推力计算、岩土支挡工程、岩土支挡与锚固结合工程和岩土锚固工程四部分组成，共 13 章。“土压力和滑坡推力计算”简要介绍了朗肯土压力和库仑土压力理论，重点介绍了各种特殊条件下土压力的计算方法和滑坡推力的计算方法。“岩土支挡工程”主要介绍了挡土墙、地下连续墙、排桩支护和抗滑桩等。“岩土支挡与锚固结合工程”主要介绍了加筋土挡墙、锚定板挡土墙、土钉墙和锚杆挡墙等。“岩土锚固工程”部分，首先介绍了锚固工程的基本原理、锚杆体系的结构构造、锚杆类型以及锚杆内荷载传递等问题，然后具体介绍了锚杆的设计、锚杆的腐蚀与防护、锚杆的施工以及锚杆的试验与监测等内容。

岩土工程设计的具体计算多由相关软件完成，为便于学生学习，书中尽量避免烦琐的数理推导过程，力求做到概念清晰、结构严谨、系统全面、内容精练。本书重点放在各种支挡与锚固工程基本原理、结构特点和适用性的介绍，以及作用于结构物上各种荷载的分析和判断等方面，以增强概念设计的能力。

本书绪论、第 2 章、第 12 章和第 13 章由陈兴长编写；第 1 章、第 9 章由陈兴长、汪惠编写；第 3 章、第 4 章、第 6 章、第 10 章和第 11 章由陈慧编写；第 5 章、第 7 章和第 8 章由柳金峰编写；最后由陈兴长、陈慧统编定稿。书中插图由洪璇描绘和植字；田小平、汪惠进行了校对，谨此致谢！

本书出版由西南科技大学“地质工程”国家级特色专业建设项目和国家自然科学基金项目（41372301）资助。

本书编写过程中参考和引用了大量的文献资料，在此向所有原作者致以诚挚谢意。同时还得到了高德政教授、李虎杰教授和陈廷方教授等诸多同事的关心与支持，一并致谢。本书出版过程中，西南交通大学出版社的王旻老师付出了大量的辛劳，在此表示感谢。

由于作者水平有限，加上统稿时间仓促，书中难免有不足之处，恳请各位专家和广大读者批评指正。

编　者

2014 年 1 月

目 录

绪 论

0.1 概 述

岩土工程是一门属于土木工程范畴的边缘学科。它以工程地质学、土力学、岩体力学和基础工程为理论基础，涉及岩石和土的利用、处理和改良的科学技术。根据工作内容，岩土工程可分为岩土工程勘察、岩土工程设计、岩土工程施工、岩土工程监理和监测等。岩土支挡与锚固工程是在岩土工程勘察的基础上，进行具体的设计、施工、监理和监测等。

岩土支挡与锚固工程是保障边（滑）坡坡体和基坑坑壁稳定的主要工程措施，在岩土工程治理中得到广泛的应用。它包括岩土支挡工程与锚固工程两大类，二者既有明显的区别，往往又相互联系，构成有机的统一体。

岩土支挡工程是用来支撑、加固填土或坡体，防止其坍滑，以保持稳定的一类构筑物。它的结构类型很多，根据断面的几何形状及其受力特点，常见的挡土墙形式主要有重力式、悬臂式、扶壁式、锚杆式、锚定板式、加筋土挡土墙等；常见的基坑支护结构主要有地下连续墙、水泥土墙、土钉墙和排桩式支护结构等；以及作为地质灾害治理工程的抗滑桩等。支挡结构的适用性，主要取决于结构物所处地形、工程地质及环境地质条件、建筑材料、结构用途及其特性、施工方法、技术经济条件和当地经验等因素。

岩土锚固工程是通过埋设在地层中的锚杆，将结构物与地层紧紧地联结在一起，依赖锚杆与周围地层的抗剪强度传递结构物的拉力或使地层自身得到加固，以保持结构物和岩土体的稳定。锚杆是岩土锚固中的主要技术构件，一端与工程构筑物相连；另一端锚固在稳定的岩土层中，以承受岩土压力、水压力或地震力等外荷载所产生的拉力，并把它传递到深处稳定岩土层中，以达到防止结构变形、保持稳定的目的。

现有资料表明，国内外使用的锚杆有数百种，且分类方法较多。根据应用对象不同，锚杆可分为岩石锚杆和土层锚杆；根据是否施加预应力，可分为预应力锚杆和非预应力锚杆；根据锚杆的传力方式，可分为拉力型锚杆、压力型锚杆和荷载分散型锚杆；根据锚固机理，可分为全长黏结型锚杆、端头锚固型锚杆和摩擦型锚杆；根据锚固形态，可分为圆柱形锚杆、端部扩大型锚杆和连续球型锚杆。近年来还出现了一些新型的锚杆，如可回收锚杆（索）、自钻式锚杆、中空锚杆和缝管锚杆等。

岩土体的稳定性问题，有时靠单一的支挡或锚固工程，并不能经济合理地解决问题，二者常常密不可分，共同存在于同一工程之中，以发挥各自优势。如土钉墙，就是依靠土钉与土体之间界面的黏结力或摩擦力，使土钉与周围土体紧密连接成为一个整体，就地加固天然土体，并与配筋喷射混凝土面板相结合，产生主动制约机制。土钉墙既能充分调动土体自身的强度和自稳能力，又能形成类似于重力式挡土墙的支挡结构，与传统的重力式挡土墙相比，具有断面小、成本低、施工方便等优点。类似的支护结构还有锚杆式挡墙和锚定板式挡墙等。

0.2 岩土支挡与锚固工程的应用

岩土支挡与锚固工程在交通、水利水电、矿山、建筑以及地质灾害防治等领域都得到广泛的应用。在交通领域的路基工程中，广泛用于稳定路基、路堑、隧道洞口、桥梁两端的路基边坡等；在房屋建筑、矿山、水利水电等工程中，主要用于加固山坡，基坑边坡、河岸和地下洞室等；在地质灾害治理方面，主要用于加固或拦挡不良地质体。从应用对象来讲，岩土支挡与锚固主要应用于边（滑）坡工程、基坑工程和地下洞室等的治理与加固。

（1）岩土支挡与锚固工程是边（滑）坡治理的主要工程措施之一。建筑边坡通常是指在建（构）筑物场地或其周边，由于建（构）筑物工程开挖或填筑施工所形成的人工边坡和对建（构）筑物安全或稳定有影响的自然边坡。为保证边坡及其周边环境的安全，常常需要对边坡采取支挡、加固和防护措施，也就是边坡支护。边坡支护工程要求在支护结构使用期限内和规定的条件下能保持自身整体稳定，也就是能满足边坡的安全性、适用性和耐久性的要求。安全性要求边坡及其支护结构在正常施工和使用时能承受可能出现的各种荷载作用，以及在偶然事件发生时能保持必要的整体稳定性。适用性要求边坡及其支护结构在正常使用时能满足预定的使用要求。耐久性要求边坡及其支护结构在正常维护情况下，随着时间的变化仍能保持自身整体稳定。岩土支挡与锚固工程能够满足边坡治理的可靠性要求。挡土墙、土钉墙、预应力锚杆（索）和抗滑桩等常用于边坡治理工程。

（2）岩土支挡与锚固工程是基坑支护的主要工程措施之一。基坑是为了进行建（构）筑物地下部分施工由地面向下开挖出的空间。为保护地下主体结构施工和基坑周边环境的安全，需要对基坑采用临时性支挡、加固、保护和地下水控制等，也就是基坑支护。基坑支护既要保证整个支护结构在施工过程中的安全，又要控制结构及其周围土体的变形，以保证周围环境的安全。随着高层和超高层建筑的大量涌现，基坑工程越来越多。密集的建筑群、大深度基坑周围复杂的地下设施，对基坑工程技术也提出了更高、更严格的要求。不仅要确保边坡的稳定，还要满足变形控制的要求，以确保基坑周围的建筑物、地下管线、道路等的安全。岩土支挡与锚固工程可用于保障基坑安全与坑壁稳定。支挡式结构、土钉墙和重力式水泥土墙等常用于基坑支护。

（3）岩土锚固工程是地下洞室围岩加固的主要工程措施之一。地下洞室是指修建在地层之内的中空通道或中空洞室，包括矿山坑道、铁路隧道、水工隧洞、地下发电站厂房、地下铁道和地下库房等。地下洞室围岩如果不稳定，就需要进行加固。目前，最常用也是最有效的加固方法就是锚杆支护。它不仅可以提高围岩的稳定性，而且可以充分发挥围岩自身的强度，大大提高对围岩的支护能力。

0.3 岩土支挡与锚固工程的主要结构类型

1. 支挡工程结构类型

支挡工程在岩土工程中应用很广泛，结构类型也很多，常见的主要有挡土墙、加筋土挡墙、地下连续墙、抗滑桩和排桩等。

（1）挡土墙。

挡土墙是用来支撑天然边坡或人工填土边坡以保持土体稳定的构筑物。它主要依靠墙底面与地面的摩擦阻力（重力式）或其他措施对不稳定岩土体提供支撑力。根据挡土墙保持稳定的原理和构造不同，分为重力式挡土墙（包括衡重式挡土墙）、扶壁式挡土墙和悬臂式挡土墙。

（2）地下连续墙。

地下连续墙是利用各种挖槽机械，借助于泥浆的护壁作用，在地下挖出一段深槽，并在槽内浇注适当材料而形成的一道具有挡土、防渗和承重功能的连续地下墙体。它的适应范围很广，是深基坑工程中最佳的挡土结构之一。

（3）排桩。

排桩支护是指由成队列式间隔布置的钢筋混凝土人工挖孔桩、钻孔灌注桩、沉管灌注桩、打入预应力管桩等组成的挡土结构。这种结构具有刚度较大、抗弯能力强、适应性好、变形相对小、施工简单以及对周围环境影响小等优点。排桩支护是深基坑支护的一个重要组成部分，在工程中已得到广泛应用。

（4）抗滑桩。

抗滑桩又称阻滑桩，是一种大截面侧向受荷桩。它通过深入到滑床内部的桩柱来承受滑体的滑动力，起稳定滑坡的作用，适用于浅层和中厚层滑坡。抗滑桩主要依靠埋入滑动面以下部分的锚固作用和被动抗力，以及滑动面以上桩前滑体的被动抗力来维持稳定。抗滑桩除用于治理滑坡外，也可用于路基和建筑边坡加固，阻止填方沿基底滑动。

2. 支挡与锚固结合工程

岩土支挡与锚固结合工程是指以锚固工程的结构形式形成类似于支挡工程治理效果的一类支护工程。它兼具岩土支挡和岩土锚固两者的优点，在工程实践中应用得很多。常见的结构形式主要有加筋土挡墙、锚定板挡土墙、土钉墙和锚杆挡墙等。

（1）加筋土挡墙。

加筋土挡墙是在土中加入拉筋，利用拉筋与土之间的摩擦作用，改善土体的变形条件，达到稳定土体的目的。加筋土挡墙由墙面板、拉筋和填料等部分组成。加筋土是柔性结构物，能适应地基轻微的变形，地基处理也较简便，是一种很好的抗震结构物，一般应用于地形较为平坦且宽敞的填方地段。

（2）锚定板挡土墙。

锚定板挡土墙是由墙面板、拉杆、锚定板和填料共同组成的一个整体。拉杆及其端部的锚定板均埋设在回填土中，其抗拔力来源于锚定板前填土的被动抗力。整个结构形成一个类似于挡土墙结构形式。根据墙面结构形式的不同，可分为柱板式和壁板式两种。锚定板挡土墙具有构件断面小、结构轻、柔性大、占地少、圬工省、造价低等优点，是一种适用于填方地段的支挡结构物。

（3）土钉墙。

土钉墙由密集的土钉群、被加固的原位土体、喷射混凝土面层、置于面层中的钢筋网和必要的排水系统等组成。土钉依靠与土体之间的界面黏结力或摩擦力在土体发生变形的条件下被动受力，使土钉沿全长与周围土体紧密连接成为一个整体，形成类似于重力式挡土墙的结构，是一种被动加固土体的方法。土钉墙具有施工及时方便、结构轻巧、有柔性、成本低等优点，多用作高速公路和铁路边坡支护、高层建筑深基坑支护、临近建筑的边坡支护等。

（4）锚杆挡墙。

锚杆挡墙是由钢筋混凝土肋柱、挡土板和锚杆组成的支挡结构物，分柱板式和壁板式两种形式。它的整个结构形成一个类似于挡土墙的构造，但不是靠自重保持稳定，而是靠锚固于稳定土层中的锚杆所提供的拉力来承受墙后土体对结构物施加的压力，以保证挡土墙的稳定。锚杆挡墙具有结构轻、圬工少、对地基要求低、可避免内支撑等优点，在工程中得到广泛的应用。

3. 锚固工程结构类型

锚固工程是通过埋设在地层中的锚杆，将结构物与地层紧紧地连锁在一起，依靠锚杆与周围地层的抗剪强度传递结构物的拉力或使地层自身得到加固，以保持结构物和岩土体的稳定。锚固体系的核心部件是锚杆，它将拉力传递到稳定的岩土层中。锚杆杆体通常由钢筋、特制钢管或钢绞线等筋材组成（当采用钢绞线或高强度钢丝束时，可称作锚索）。目前，常见的岩土锚杆（体系）类型主要有预应力与非预应力锚杆、拉力型与压力型锚杆、单孔单一锚固与单孔复合锚固锚杆体系、扩张锚根固定锚杆、可回收锚杆以及其他新型锚杆等。锚固技术可以充分发挥岩土体的自稳能力，提高岩土体的强度，有效控制变形，已经成为提高岩土工程稳定性和解决复杂岩土工程问题最经济有效的方法之一。

0.4 岩土支挡与锚固工程发展简况

岩土支挡与锚固工程的发展与边坡支护，尤其是滑坡治理密切相关。第二次世界大战后随着世界各国经济的发展和国土开发利用规模的扩大，滑坡越来越多，采用工程措施来治理滑坡才真正开始。早期的滑坡治理工程主要以支挡工程为主，直到20世纪80年代锚索才开始应用于滑坡治理。

岩土支挡工程的发展大体可以划分为三个阶段：

（1）20世纪50年代以前，主要以抗滑挡土墙为主。

（2）20世纪60～70年代开发应用了抗滑桩。它可以解决抗滑挡土墙施工中的困难。这一时期的抗滑桩主要以小直径桩为主，桩径1.0～3.0 m，桩深一般小于30 m。

（3）20世纪80年代以后，大直径挖孔桩开始用于治理大型滑坡。如日本在大阪府的龟之濑滑坡采用直径5 m、深50～60 m的大型抗滑桩。

随着锚固技术的发展，锚索与抗滑桩联合使用形成“锚索抗滑桩”。它可以改变普通抗滑桩的悬臂受力状态，使桩的被动受力变为主动受力，大大减小了抗滑桩的截面和埋置深度。

锚固工程体现了主动防护的概念，能有效控制岩土体的变形。Arfred Busch 于 1912 年发明了锚杆，并在美国的一个煤矿中成功地进行了顶板的支护。20 世纪 50 年代，锚杆支护技术在各国的工程中得到了大量的应用。对此技术研究最为活跃的国家是美国和澳大利亚，锚杆支护率占煤巷支护的 90% 以上；英国 1987 年开始从澳大利亚引进锚杆技术，到 1994 年其锚杆支护率已达到了 80%。近 20 年来岩土锚固工程的应用发展迅猛。

我国从 1956 年开始试用锚杆支护，50 多年来通过大量的实验和现场应用，已经在作用机理和工程应用上取得了很大的进展。宋维申等人将边坡中锚杆系统的支护作用综合考虑到施锚岩体中。程良奎等研发成功了荷载分散型锚固体系（也称单孔复合锚固方法）和重复高压灌浆技术。荷载分散型锚固体系从根本上改善了锚杆的荷载传递机制，克服了集中拉力型锚固方法的弊端。重复高压灌浆技术解决了软土锚杆抗拔力低、蠕变变形大的问题。

0.5 本课程的主要内容及学习要求

“岩土支挡与锚固工程教程”是为地质工程和土木工程等专业学生学习完工程地质或岩土工程基础课程后开设的专业课程。本教程涉及“岩土支挡工程”和“岩土锚固工程”两大部分内容，包含土压力和滑坡推力计算、岩土支挡工程、岩土支挡与锚固结合工程和岩土锚固工程等四个部分。

“土压力和滑坡推力计算”部分，首先简要介绍了朗肯土压力和库仑土压力理论；然后根据支挡与锚固工程的结构特征和治理对象的特点，重点介绍了各种特殊条件下土压力的计算方法；最后介绍了滑坡推力的基本计算方法。这部分是进行岩土支挡与锚固工程计算和设计的重要基础。

“岩土支挡工程”部分，主要包括挡土墙、地下连续墙、排桩支护和抗滑桩等。挡土墙部分重点介绍了重力式、扶壁式与悬臂式三大类挡土墙；介绍了重力式挡土墙的构造、挡土墙的设计、增加挡土墙稳定性的措施以及施工注意事项，悬臂式与扶壁式挡土墙土压力计算基本方法、挡土墙的构造和设计等内容。地下连续墙部分主要介绍了地下连续墙的结构构造、荷载及稳定性计算、地下连续墙的设计、地下连续墙的施工与检测等。排桩支护部分主要介绍了排桩支护的结构构造、支护结构设计和施工要求等内容。抗滑桩部分主要分析了作用于抗滑桩上的外力，简要介绍了抗滑桩的内力计算方法、抗滑桩的设计、施工与检测等内容。

“岩土支挡与锚固结合工程”部分，主要介绍了加筋土挡墙、锚定板挡土墙、土钉墙和锚杆挡墙等四种形式。加筋土挡墙部分，分析了加筋土加固的基本原理，介绍了挡墙的土压力计算方法、挡墙的设计、稳定性验算方法等内容。锚杆式挡墙和锚定板式挡墙部分主要介绍了挡墙土压力计算方法、挡墙的设计、构筑物稳定性计算等内容。土钉墙部分主要介绍了土钉墙的构造、土钉墙的设计计算、土钉墙的施工与检测等内容。

"岩土锚固"部分，首先介绍了锚固工程的基本原理、锚杆体系的结构构造、锚杆类型以及锚杆内荷载传递等问题；然后具体介绍了锚杆的设计、锚杆的腐蚀与防护、锚杆的施工以及锚杆的试验与监测等内容。

本课程涉及的自然学科范围较广，应在学习完土力学、材料力学、结构力学、弹性力学和建筑材料等的基础上讲授。

本课程的学习要求：注意搞清基本概念；深入理解并掌握各种支挡与锚固工程的基本原理、结构特点及其适用性；明确并能准确分析作用于支挡与锚固结构物上的各种荷载。

第 1 章　土压力与滑坡推力计算

1.1　概　述

支护工程（包括支挡与锚固）设置的主要目的是支撑岩土体使其保持稳定。这类构筑物的主要荷载是岩土体的侧向压力。为了使结构设计得经济合理，必须正确计算作用于构筑物上的岩土压力，包括力的大小、方向与分布。

土压力主要是指作用于构筑物上的土体侧向压力。它的理论研究自 18 世纪末就已开始。由于土压力的计算是一个复杂的问题，涉及土体、构筑物和地基三者之间的共同作用，为便于计算，常对这一复杂问题进行诸多假定和简化，如古典的极限平衡理论。极限状态下的土压力理论主要包括库仑理论和朗肯理论。库仑理论由法国的库仑（C. A. Coulomb）于 1773 年提出。它计算简便，能适用于各种复杂的边界条件，应用较广泛。朗肯理论由英国的朗肯（W. J. Rankie）于 1857 年提出。它理论上较为严谨，计算时只能考虑比较简单的边界条件，应用上受到很大限制。

滑坡推力是指滑坡体沿滑面所产生的推力。滑面可能是老滑坡滑动面、软弱夹层或结构面等。滑坡推力的大小、方向和作用点的正确确定是滑坡治理工程设计的关键。

1.2　常规土压力计算

土压力的性质和大小与构筑物的位移、高度和填土的性质等有关。根据位移方向和大小，作用于支护结构墙背上的土压力可分为静止土压力、主动土压力和被动土压力三种。在相同条件下，主动土压力最小、被动土压力最大，静止土压力介于两者之间。土压力的相关概念和详细计算推导过程可参考有关的“土力学”教程。

1.2.1　静止土压力计算

静止土压力 (p_0) 可根据半无限弹性体的应力状态求解。半无限弹性体在无侧移的条件下，其侧向压力与竖向压应力之间的关系为

$$p_0 = K_0 \gamma z \tag{1-1}$$

式中　K_0——静止土压力系数；

γ——填土的重度，kN/m^3；

z——计算点深度，m。

作用于墙上的静止土压力呈三角形分布（见图 1-1）。总静止土压力 (P_0) 的计算只需取沿

墙长度方向 1 延米进行计算，也就是静止土压力分布的三角形面积：

$$P_0 = \frac{1}{2}K_0\gamma H^2 \tag{1-2}$$

式中　H——挡土墙高度，m。

如图 1-1 所示，总静止土压力的作用点位于静止土压力三角形分布图形的重心，即距墙底 $H/3$ 处。

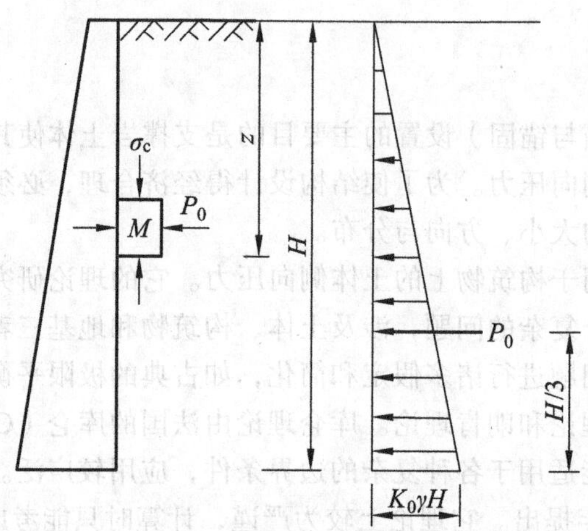

图 1-1　静止土压力计算

1.2.2　朗肯土压力计算

朗肯理论假设土体是表面水平的半无限体，且处于极限平衡状态。它适用于墙背竖直、光滑，墙后填土表面水平的情况。

1. 无黏性土的土压力

无黏性土的主动土压力 (p_a) 由下式计算：

$$p_a = K_a\gamma z \tag{1-3}$$

总主动土压力 (P_a) 由下式计算：

$$P_a = \frac{1}{2}K_a\gamma H^2 \tag{1-4}$$

式中　K_a——主动土压力系数，

$$K_a = \tan^2(45° - \varphi/2) \tag{1-5}$$

φ——土的内摩擦角，°。

无黏性土的主动土压力也呈三角形分布，总主动土压力为三角形的面积，力的作用点位于三角形的重心，即距墙底 $H/3$ 处，见图 1-2。

无黏性土的被动土压力 (p_p) 由下式计算：

$$p_p = K_p \gamma z \tag{1-6}$$

总被动土压力 (P_p) 由下式计算：

$$P_p = \frac{1}{2} K_p \gamma H^2 \tag{1-7}$$

式中　K_p——被动土压力系数，

$$K_p = \tan^2(45° + \varphi/2) \tag{1-8}$$

无黏性土的被动土压力也呈三角形分布，总被动土压力为三角形的面积，力的作用点位于三角形的重心，即距墙底 $H/3$ 处，见图 1-2。

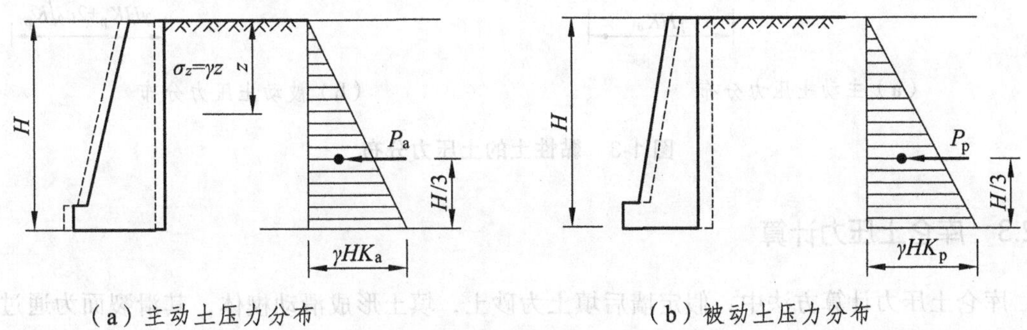

（a）主动土压力分布　　（b）被动土压力分布

图 1-2　无黏性土的土压力分布

2. 黏性土的土压力

黏性土的主动土压力 (p_a) 由下式计算：

$$p_a = K_a \gamma z - 2c\sqrt{K_a} \tag{1-9}$$

总主动土压力（ P_a ）由下式计算：

$$P_a = \frac{1}{2} K_a \gamma H^2 - 2cH\sqrt{K_a} + \frac{2c^2}{\gamma} \tag{1-10}$$

式中　c——土的黏聚力，kPa。

由式（1-9）可看出，黏性土的主动土压力由两部分组成：第一部分与无黏性土相同；第二部分由土的黏聚力产生，为一常数。这两部分叠加后，实际作用于挡土墙上的主动土压力只有 $\triangle abc$ 部分，如图 1-3 所示。总主动土压力的作用点位于 $\triangle abc$ 的重心位置，即 $(H - z_0)/3$ 处。

黏性土的被动土压力 (p_p) 由下式计算：

$$p_p = K_p \gamma z + 2c\sqrt{K_p} \tag{1-11}$$

总被动土压力 (P_p) 由下式计算：

$$P_p = \frac{1}{2}K_p\gamma H^2 + 2cH\sqrt{K_p} \tag{1-12}$$

由式（1-11）可以看出，黏性土的被动土压力也由两部分组成：第一部分与无黏性土相同；第二部分由土的黏聚力产生，也为一常数。这两部分叠加后，土压力呈梯形分布，如图 1-3 所示。总主动土压力的作用点位于梯形的重心。

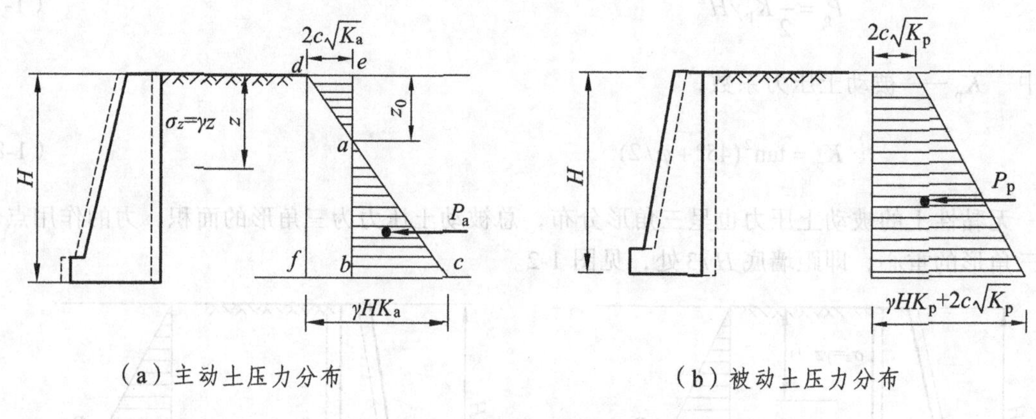

（a）主动土压力分布　　（b）被动土压力分布

图 1-3　黏性土的土压力分布

1.2.3　库仑土压力计算

库仑土压力计算方法中，假定墙后填土为砂土，填土形成滑动楔体，其滑裂面为通过墙踵的平面。

1. 无黏性土的土压力

无黏性土的主动土压力计算公式与朗肯土压力计算公式形式完全相同，但土压力系数不同。

主动土压力系数(K_a)由下式计算：

$$K_a = \frac{\cos^2(\varphi-\varepsilon)}{\cos^2\varepsilon\cdot\cos(\delta+\varepsilon)\left[1+\sqrt{\dfrac{\sin(\delta+\varphi)\cdot\sin(\varphi-\beta)}{\cos(\delta+\varepsilon)\cdot\cos(\varepsilon-\beta)}}\right]^2} \tag{1-13}$$

式中　ε——墙背倾角，°；

　　　δ——墙背与填土间的摩擦角，°。

主动土压力也呈三角形分布（见图 1-4），合力作用点位于距墙踵 $H/3$ 处，作用力方向与墙背法线成 δ 角，且位于法线之上。

被动土压力系数(K_p)由下式计算：

$$K_p = \frac{\cos^2(\varphi+\varepsilon)}{\cos^2\varepsilon\cdot\cos(\varepsilon-\delta)\left[1-\sqrt{\dfrac{\sin(\varphi+\delta)\cdot\sin(\varphi+\beta)}{\cos(\varepsilon-\delta)\cdot\cos(\varepsilon-\beta)}}\right]^2} \tag{1-14}$$

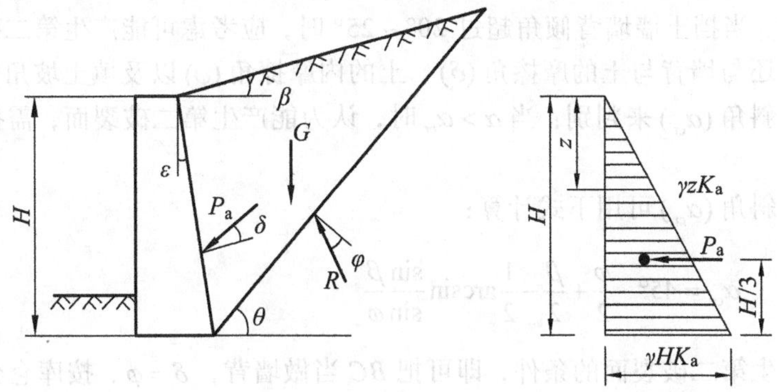

图 1-4　土压力分布

2. 黏性土的土压力

库仑理论假定墙后填土为无黏性的砂土。如果填土为黏性土，应用库仑理论进行土压力计算时，可采用等值内摩擦角法。

等值内摩擦角法具体的计算有两种：根据抗剪强度相等原理和根据土压力相等原理。详细的计算方法请参考有关的“土压力”教程。

1.2.4　第二破裂面计算法

库仑土压力理论假定墙移动至墙后填土形成滑动楔体。当土中形成楔体破坏时，会有两个破裂面产生：一个是墙的背面，另一个是土中某一平面。但是，若墙背倾角 (α) 比较大，则墙后土体破坏时滑动土楔可能不再沿墙背面（AB）滑动，而是沿土中某一个平面（BC）滑动，见图 1.5。这时两个破裂面均发生在土体中，BD 面称为第一破裂面，BC 面称为第二破裂面。出现第二破裂面的挡土墙常称为“坦墙”。

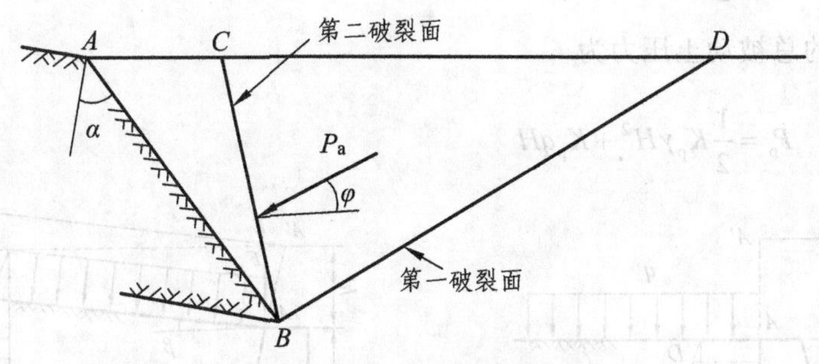

图 1-5　第二破裂面示意图

当出现第二破裂面时，滑动土楔 BCD 处于极限平衡状态；位于第二破裂面与墙体之间的土体 ABC 则贴附于墙背未达到极限平衡状态，可视为墙体的一部分。显然，此时无法用库仑公式直接计算作用于墙背 AB 上的土压力。滑动土楔 BCD 处于极限平衡状态，可用库仑公式计算作用于 BC 面上的土压力 (P_a')。由于第二破裂面发生在土体中，是土与土的摩擦，土压力 (P_a') 与 BC 面法线的夹角是土的内摩擦角 (φ)。BC 面上的土压力与三角形土体 ABC 重力的合力即为作用于墙背面 AB 上的土压力。

一般情况下，当挡土墙墙背倾角超过 20°～25° 时，应考虑可能产生第二破裂面。第二破裂面产生的条件还与墙背与土的摩擦角 (δ)、土的内摩擦角 (φ) 以及填土坡角等因素有关。通常用墙背临界倾斜角 (α_{cr}) 来判别：当 $\alpha > \alpha_{cr}$ 时，认为能产生第二破裂面，需按第二破裂面法计算土压力。

墙背临界倾斜角 (α_{cr}) 可用下式计算：

$$\alpha_{cr} = 45° - \frac{\varphi}{2} + \frac{\beta}{2} - \frac{1}{2}\arcsin\frac{\sin\beta}{\sin\varphi} \tag{1-15}$$

如果满足产生第二破裂面的条件，即可把 BC 当做墙背，$\delta = \varphi$，按库仑公式计算主动土压力。

1.2.5　几种常见情况的土压力计算

1. 填土表面作用均布荷载（q）时的土压力计算

如果墙背竖直、填土表面水平，可把荷载 (q) 视为虚构填土自重 (γh) 产生的。虚构填土的当量高度 (h) 为 (q/γ)，见图 1-6（a）。如果墙背倾斜、填土表面倾斜，则可根据图 1-6（b）由当量土层高度计算虚构的墙高 (h')。

作用在墙上的土压力由两部分组成，即填土产生的土压力 $\left(\frac{1}{2}K\gamma H^2\right)$ 和均布荷载产生的土压力 (KqH)。前者呈三角形分布，后者为矩形，二者叠加后为梯形；土压力的作用点位于梯形重心。

作用在墙上的总主动土压力为

$$P_a = \frac{1}{2}K_a\gamma H^2 + K_a qH \tag{1-16}$$

作用在墙上的总被动土压力为

$$P_p = \frac{1}{2}K_p\gamma H^2 + K_p qH \tag{1-17}$$

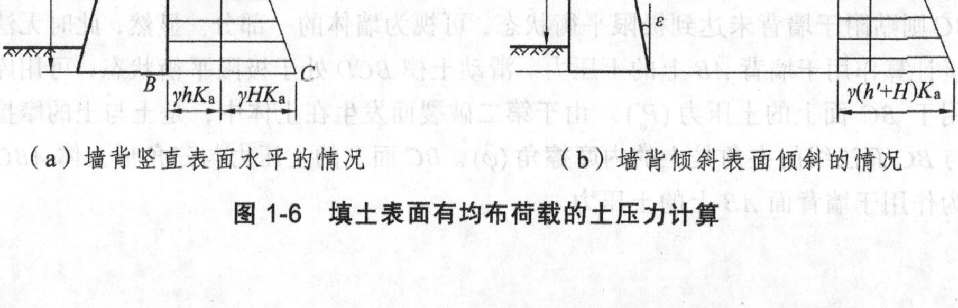

（a）墙背竖直表面水平的情况　　（b）墙背倾斜表面倾斜的情况

图 1-6　填土表面有均布荷载的土压力计算

2. 墙后填土分层时的土压力计算

如果墙后填土由几种不同性质的水平土层组成，则土压力应分层进行计算。

如图 1-7 所示，第一层的土压力按前面介绍的常规方法进行计算；第二层的土压力计算，需将第一层土按第二层土的重度 (γ_2) 换算成当量厚度 (h_1')，然后按墙高 ($h_1'+h_2$) 计算土压力，其中第二层范围内土压力梯形部分即为第二层的土压力。如果有多层，土压力的计算依此类推。

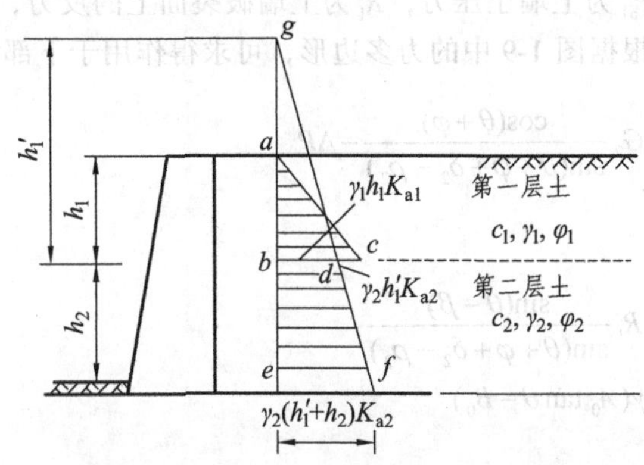

图 1-7　墙后填土分层时的土压力计算示意图

3. 墙后填土中有地下水时的土压力计算

墙后填土中有地下水时，应采用水压力和土压力分算的方法处理（见图 1-8）。作用于墙上的总压力应为总土压力和水压力之和。总土压力包括地下水位以上部分的土压力和地下水位以下部分的土压力。地下水位以上部分采用常规的计算方法；地下水位以下采用土的浮重度 (γ') 进行计算。水压力就是地下水对墙背产生的静水压力作用。

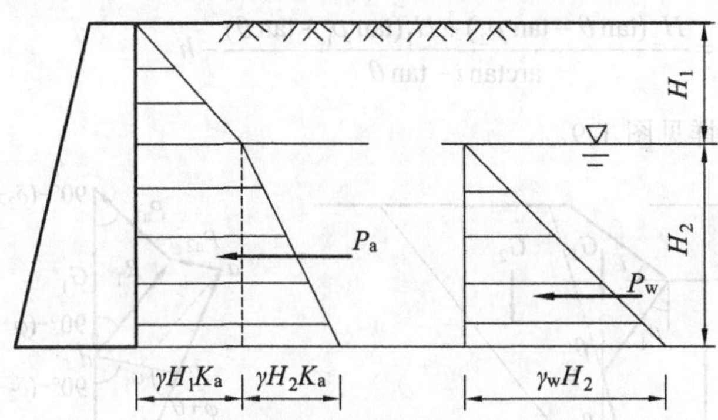

图 1-8　墙后有地下水位时的土压力计算示意图

1.3　特殊条件下的土压力计算

1.3.1　折线形墙背土压力计算

折线形墙背的挡土墙可以有效地减小主动土压力，提高挡土墙的稳定性，如衡重式和凸形墙挡土墙。折线形墙背挡土墙的土压力通常采用上下墙分别计算的方法。上墙可按库仑土压力公式计算；如果出现第二破裂面，应按第二破裂面计算法。下墙通常采用力多边形法或延长墙背法。

1. 力多边形法

如图 1-9 所示，力多边形法是根据极限平衡条件下破裂楔体上各力所构成的力多边形来推算下墙土压力。图中 P_{a1} 为上墙土压力，R_1 为上墙破裂面上的反力，均可事先求出。令图中 $cd = ae = P_{a2}$，$bc = \Delta P$。根据图 1-9 中的力多边形，可求得作用于下部墙背的土压力 P_{a2}：

$$P_{a2} = G_2 \frac{\cos(\theta+\varphi)}{\sin(\theta+\varphi+\delta_2-\rho_2)} - \Delta P \tag{1-18}$$

式中，

$$\Delta P = R_1 \frac{\sin(\theta-\beta)}{\sin(\theta+\varphi+\delta_2-\rho_2)} \tag{1-19}$$

$$G_2 = \gamma(A_0 \tan\theta - B_0) \tag{1-20}$$

其中，

$$A_0 = \frac{1}{2}(H_2+H_1+h+2h_0)\cdot(H_2+H_1+h) \tag{1-21}$$

$$B_0 = \frac{1}{2}(H_2+2H_1+2h+2h_0)\cdot H_2\tan\rho_2 + \frac{1}{2}(h+H_1)^2\tan\beta + (K+h'-H_1\tan\rho_1)h_0 \tag{1-22}$$

$$h = \frac{(\tan\rho_1+\tan\beta)\cdot H_1\tan i}{1-\tan\beta\cdot\tan i} \tag{1-23}$$

$$h' = \frac{H_2(\tan\theta-\tan\rho_2)+H_1(\tan\rho_1+\tan\theta)}{\arctan i-\tan\theta} - h \tag{1-24}$$

式中其余各符号详见图 1-9。

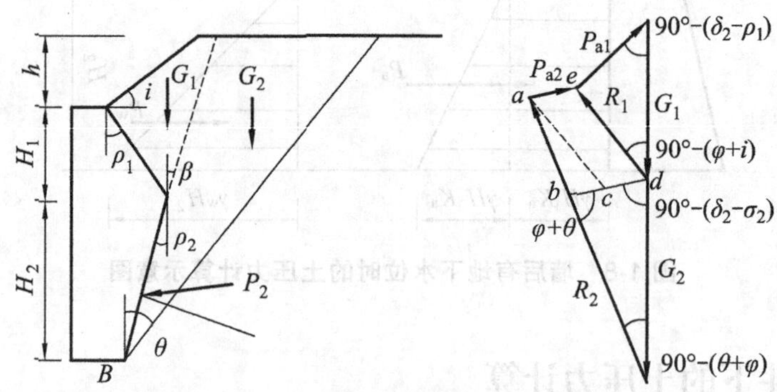

图 1-9 力多边形求下墙土压力示意图

2. 延长墙背法

对于图 1-10 所示的挡土墙背土压力的计算，常采用延长墙背法。首先将 AB 段墙背视为挡土墙单斜墙背，按 ρ_1 与 β 角算出沿墙 ab 的主动土压力分布（图中$\triangle abd$）。然后，延长下

部墙背 BC 与填土表面交于 c' 点，以 $c'C$ 为新的假想墙背，按 ρ_2 与 β 角计算出墙 $c'e$ 的主动压力分布图（图中 $\triangle c'ef$）。最后取土压力分布图 $aefgda$ 来表示沿折线形墙背作用的主动土压力分布图。在墙背倾角为负值的情况下，BC 段墙背上主动土压力作用方向取水平方向。

实践证明，采用延长墙背法计算时，如果上、下墙背的倾角相差超过 10° 时，有必要进行修正。这主要是因为忽略了延长墙背与实际墙背之间的土体及作用其上的荷载以及上墙土压力对下墙的影响。但是由于延长墙背法计算简便，一直为工程设计人员所广泛采用。

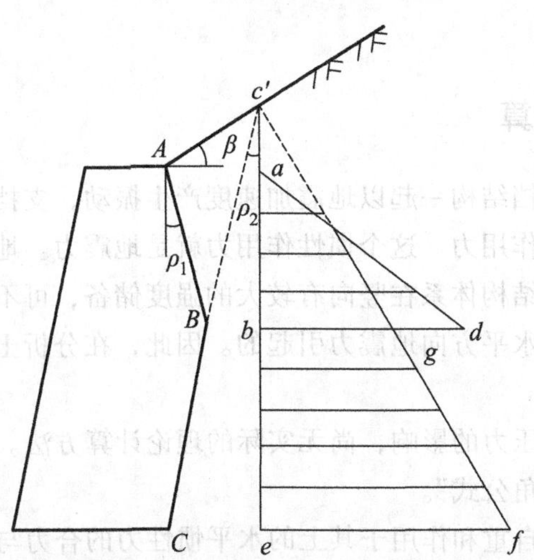

图 1-10　延长墙背法土压力计算示意图

1.3.2　有限范围填土的土压力计算

如果挡土墙后不远处有较陡的岩石坡面或坚硬的稳定坡面，墙后土体将会沿坚硬坡面滑动。这与库仑理论假定相矛盾，应视为有限范围土体土压力计算问题。

根据《建筑边坡工程技术规范》（GB 50330—2002）有限范围填土的主动土压力合力按下式计算（见图 1-11）：

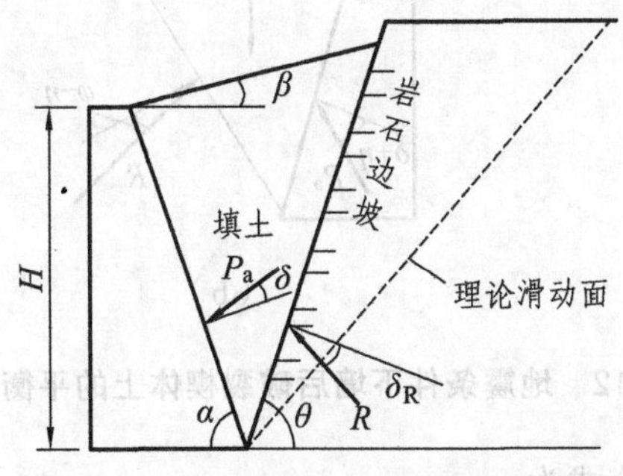

图 1-11　有限填土土压力计算简图

$$P_a = \frac{1}{2}\gamma H^2 K_a \tag{1-25}$$

式中，主动土压力系数为

$$K_a=\frac{\sin(\alpha+\beta)}{\sin(\alpha-\delta+\theta-\delta_R)}\times\left[\frac{\sin(\alpha+\theta)\sin(\theta-\delta_R)}{\sin^2\alpha}-\frac{2c}{\gamma H}\frac{\cos\delta_R}{\sin\alpha}\right] \tag{1-26}$$

式中 θ——坚硬坡面的倾角，即坡面与水平面之间的夹角，°；

δ_R——稳定且无软弱层的坚硬坡面与填土间的摩擦角，°。

δ_R 应根据试验确定；当无试验资料时，黏性土与粉土可取 0.33φ，砂性土与碎石土可取 0.5φ。

1.3.3 地震时土压力计算

地震时，填土连同支挡结构一起以地震加速度产生振动，支挡结构和填土体系承受与地震加速度方向相反的惯性作用力。这个惯性作用力就是地震力。地震加速度可以分解为水平和竖直两个分向量。支挡结构体系在竖向有较大的强度储备，可不考虑竖向地震加速度的影响，认为其破坏主要是由水平方向地震力引起的。因此，在分析土压力时，只考虑水平方向地震加速度的作用。

目前关于地震力对土压力的影响，尚无实际的理论计算方法。本书主要介绍“用地震角加大墙背和填土表面的坡角公式”。

地震角是指滑动楔体自重和作用于其上的水平惯性力的合力与竖直线之间的夹角。如图 1-12（c）所示，G_1 是滑动楔体自重和作用于其上的水平惯性力的合力。它与竖直线的夹角 (η) 即为地震角。假定地震时，结构物如同一个刚体固定在地盘上，结构物上任意点的加速度与地表加速度相同。土体产生的水平惯性力作为一种附加力作用于滑动楔体上。滑动楔体在地震力的作用下，受力如图 1-12 所示。

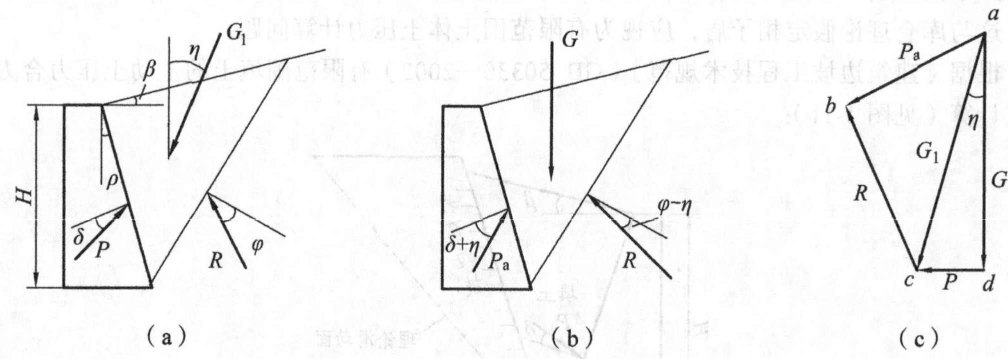

图 1-12 地震条件下墙后破裂楔体上的平衡力系

地震时主动土压力计算公式为

$$P_a=\frac{1}{2}\frac{\gamma}{\cos\eta}H^2K_a \tag{1-27}$$

式中，主动土压力系数按下式计算：

$$K_{\mathrm{a}}=\frac{\cos^2(\varphi-\rho-\eta)}{\cos^2(\rho+\eta)\cos(\delta+\rho+\eta)\left[1+\sqrt{\dfrac{\sin(\delta+\varphi)\cdot\sin(\varphi-\beta-\eta)}{\cos(\delta+\rho+\eta)\cos(\rho-\beta)}}\right]^2} \tag{1-28}$$

其中　ρ——墙背与铅垂线的夹角（墙背仰斜时为正值，俯斜时为负值），°；

η——地震角(°)，即楔体自重与地震力之合力偏离垂线的角度，可按表 1-1 取值。

表 1-1　不同地震动峰值加速度时的地震角

地震动峰值加速度/（m/s²）	0.1*g*，0.15*g*	0.2*g*，0.3*g*	≥0.4*g*
非浸水	1°30′	3°	6°
水　下	2°30′	5°	10°

1.3.4　填土表面不规则时的土压力计算

在工程中常有填土表面不是单一的水平面或倾斜面，而是两者的组合。这种情况下，前面的计算方法都不能直接用于计算土压力。填土表面不规则时，土压力的计算可以近似地按平面和倾斜面分别计算，然后再进行组合即可。下面就几种常见的情况作介绍：

1. 填土表面先水平后倾斜的情况

如图 1-13（a）所示，为计算土压力，先延长倾斜填土面交于墙背 C 点。在倾斜面填土的作用下，其土压力分布图为 $\triangle CBf$。在水平填土的作用下，其土压力分布图为 $\triangle Abe$。这两个三角形交于 g 点，组合后土压力分布图为 $ABfgA$，即为此种情况下填土的土压力分布图。

2. 填土表面先倾斜后水平的情况

如图 1-13（b）所示，为计算土压力，先延长水平面与墙背延长线交于 A'。在水平面填作用下，其土压力分布图为 $\triangle A'Bf$。在倾斜面填土的作用下，其土压力分布图为 $\triangle ABe$。这两个三角形交于 g 点，组合后土压力分布图为 $ABfgA$，即为此种情况下填土的土压力分布图。

3. 填土表面先水平再倾斜后又水平的情况

如图 1-13（c）所示，首先做出水平面填土作用下的土压力分布图 $\triangle ABe'$；再绘出倾斜面填土作用下的土压力分布图 $\triangle CBe''$，此时 Ce'' 与 Ae' 交于 g 点；最后求出第二个水平面土压力分布图 $\triangle A'Be$，$A'e$ 与 Ce'' 交于 f 点。以上三部分组合后的土压力分布图 $ABefgA$ 就是此种情况下填土的土压力分布图形。

当填土表面形状极不规则或为曲面时，一般采用图解法。图解法是数值解法的一种辅助手段，有时比数值解法还要简便。图解法除了能用于求解填土表面形状极不规则的情况外，还可用于求解有集中力、不连续等较复杂荷载等的土压力计算。土压力图解法的具体使用可参考相关的文献或手册。

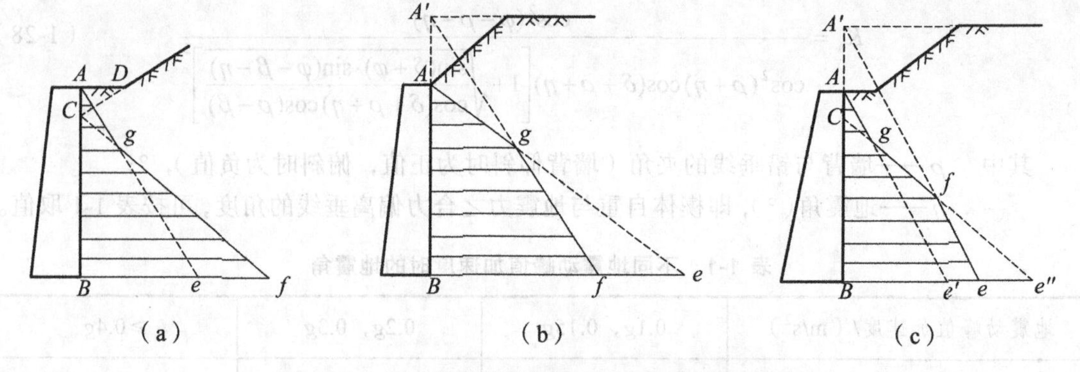

图 1-13 填土表面不规则时的土压力计算示意图

1.4 滑坡推力计算

1.4.1 不同滑面形态滑坡推力计算

滑坡推力计算是支挡结构工程设计的重要内容之一。它的计算主要依据极限平衡理论，但不同的滑移面形态，计算方法也不相同。滑移面的形态可归纳为平面形滑面、圆弧形滑面和折线形滑面三种。

1. 平面形滑面的滑坡推力计算

一般散体结构坡体、破碎状结构坡体和顺层岩坡坡体等在开挖后容易沿一个平面产生滑动。此时滑坡推力 (P_s) 就是坡体重量沿滑面方向的分力和阻滑力之差，可按下式进行计算：

$$P_s = (\gamma V\cos\theta\tan\varphi' + Ac) - \gamma V\sin\theta \tag{1-29}$$

式中 V——滑坡体的体积，m^3；

θ——滑面（结构面）的倾角，°；

A——滑面的面积，m^2；

φ'—滑面岩土的综合内摩擦角，°。

对于散体结构和破碎结构形成的坡体，土中黏聚力 (c) 较小，计算时可以忽略，只需考虑滑面上的综合内摩擦角 (φ')。

2. 圆弧形滑面的滑坡推力计算

黏性土及含黏性土较多堆积土的滑动面接近于圆弧（见图 1-14）。滑坡推力 (P_s) 也就是总的下滑力与总阻滑力之差，可按下式进行计算：

$$P_s = \sum T - (\sum N\tan\varphi + \sum cl + \sum R) \tag{1-30}$$

式中 $\sum T$——作用于滑面（带）上滑动力之和，kN；

$\sum N$——作用于滑面（带）上法向力之和，kN；

$\sum cl$——沿滑面（带）各段单位黏结力 (c) 与滑面长 (l) [①] 乘积之和，kN；

$\sum R$——反倾抗滑部分的阻滑力之和，kN。

反倾抗滑部分的阻滑力只有在具有反倾部分的滑坡中才存在（见图 1-14）；无反倾部分的滑坡推力计算时，该项可忽略。

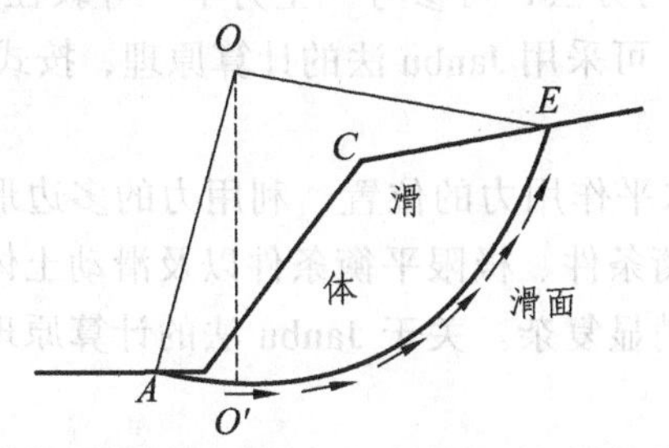

（a）有反倾部分的圆弧形滑面

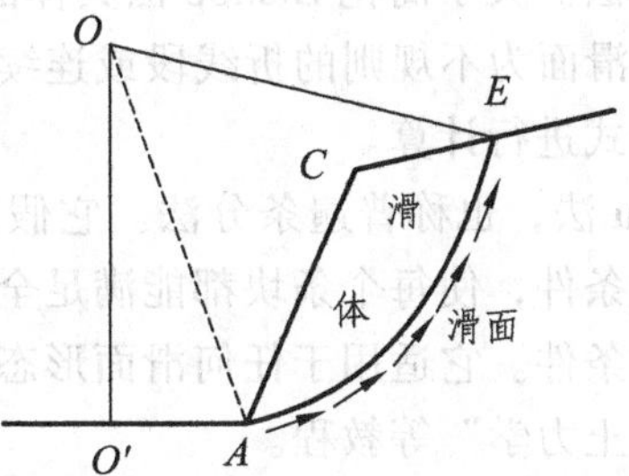

（b）无反倾部分的圆弧形滑面

图 1-14　圆弧形滑动面滑坡形态示意图

3. 折线形滑面的滑坡推力计算

如果滑动面呈折线形，则可根据滑面各段的倾角划分为很多段（见图 1-15）；滑面为曲线时，也可按等间距进行分段，以每段曲线之弦代表该段滑面的倾斜。假设每段长为 (l_i)，与水平面的交角为 (θ_i)，重力为 (G_i)，滑面（带）岩土的抗剪强度指标为 $(c_i、\varphi_i)$，则该滑坡推力 (P_s) 可按下式计算：

$$P_s = \sum_{i=1}^{n} G_i \sin\theta_i - \sum_{i=1}^{n} G_i \cos\alpha_i \tan\varphi_i - \sum_{i=1}^{n} c_i l_i \tag{1-31}$$

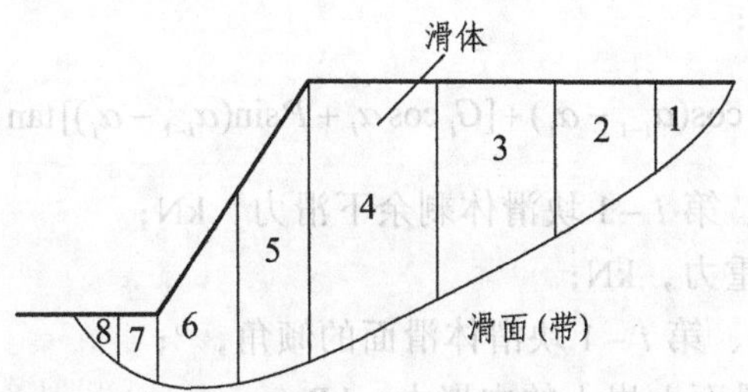

图 1-15　折线形滑动面滑坡分段示意图

1.4.2　滑坡推力计算方法选择的原则

虽然不同形态滑面的滑坡推力计算公式各异，但经仔细分析会发现，其实质都一样：下滑力与阻滑力之差。这样的表达形式简洁，概念清楚。但是，具体计算时还需根据滑面的形态选择合适的计算方法，选择的原则如下：

（1）滑面为平面滑动时，其计算方法简单，可直接按式（1-29）或类似公式进行计算。

---

① 滑面长指单位宽度的滑面长度，其单位为 m²。

（2）滑面形态为圆弧形或近似圆弧形时，其滑坡推力可采用简化 Bishop 法的计算原理，按式（1-30）或类似公式进行计算。

简化 Bishop 法克服了瑞典条分法忽略条块间作用力的缺陷，又假设条块间作用力只有法向力而无切向力，使计算精度更高，而计算方法却相对较简单，是目前工程设计中常用的一种计算方法。关于简化 Bishop 法具体的计算原理与方法，可参考“土力学”等教程。

（3）滑面为不规则的折线段或连续的曲面时，可采用 Janbu 法的计算原理，按式（1-31）或类似公式进行计算。

Janbu 法，也称普遍条分法。它假定条块间水平作用力的位置，利用力的多边形闭合和极限平衡条件，使每个条块都能满足全部静力平衡条件、极限平衡条件以及滑动土体的整体力矩平衡条件。它适用于任何滑面形态，但计算稍显复杂。关于 Janbu 法的计算原理与方法可参考“土力学”等教程。

对于由一些倾角较缓、相互间变化不大的折线形滑面，滑坡推力的计算则可采用计算相对简便的传递系数法。

1.4.3 传递系数法滑坡推力计算

传递系数法，又称折线法或不平衡推力传递法。它是验算山区土层沿基岩滑动最常用的分析方法，也是众多规范所推荐的方法。它有三个基本假定：

（1）滑坡体不可压缩并作整体下滑，不考虑条块间的挤压变形和条块两侧的摩擦力。

（2）根据滑面的实际情况，分割成若干段，每个段为一个条块；每个条块范围内的滑面为一直线段，整个滑体沿着折线滑动。

（3）条块间的反力平行于该条块的滑面，且力的作用点在分界面的中点。

如图 1-16 所示，取第 i 条块为分离体，将各力分解到该条块滑面方向上，按滑面上力的平衡条件，可得下列方程：

$$P_i - G_i \sin\alpha_i - P_{i-1}\cos(\alpha_{i-1}-\alpha_i) + [G_i\cos\alpha_i + P\sin(\alpha_{i-1}-\alpha_i)]\tan\varphi_i + c_i l_i = 0 \tag{1-32}$$

式中 P_i，P_{i-1}——第 i 块、第 $i-1$ 块滑体剩余下滑力，kN；

G_i——第 i 块滑体重力，kN；

α_i，α_{i-1}——第 i 块、第 $i-1$ 块滑体滑面的倾角，°；

c_i——第 i 块滑体滑面上岩土的内聚力，kPa；

φ_i——第 i 块滑体滑面上岩土的内摩擦角，°；

l_i——第 i 块滑体滑面的长度，m。

由上式可得出第 i 条块的剩余下滑力（即该部分的滑坡推力）(P_i)：

$$P_i = G_i \sin\alpha_i - G_i\cos\alpha_i\tan\varphi_i - c_i l_i + \psi_i P_{i-1} \tag{1-33}$$

式中 ψ_i——传递系数，

$$\psi_i = \cos(\alpha_{i-1}-\alpha_i) - \sin(\alpha_{i-1}-\alpha_i)\tan\varphi_i$$

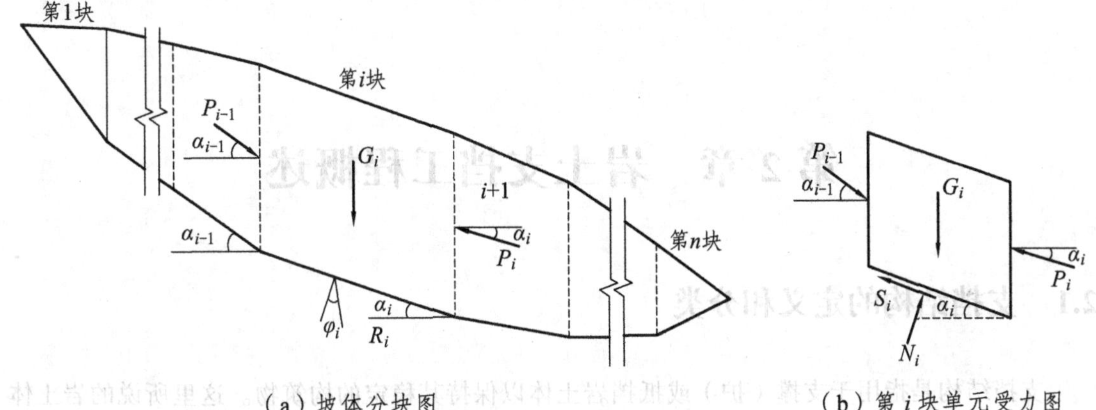

（a）坡体分块图　　　　（b）第 i 块单元受力图

图 1-16　传递系数法计算简图

采用传递系数法进行滑坡推力计算时，应从上往下逐块进行计算。根据式（1-33）的计算结果可以判断滑坡体的稳定性。如果最后一块的下滑力为正值，则说明滑坡体是不稳定的；如果中间某块的下滑力为零或负值，则说明该块以上岩土体已能稳定，计算下一条块时按上条块无下滑力考虑。

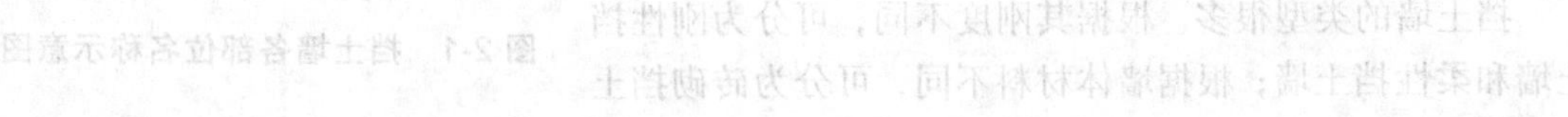

第 2 章　岩土支挡工程概述

2.1　支挡结构的定义和分类

支挡结构是指用于支撑（护）或抵挡岩土体以保持其稳定的构筑物。这里所说的岩土体主要指不稳定的或欠稳定的边坡（包括人工填土边坡）、基坑的坑壁等。边（滑）坡通常用挡土墙或抗滑桩等进行支挡，而基坑开挖则需要采取支护措施以保持坑壁的稳定。从这个意义上讲，人们习惯将支挡结构分为边（滑）坡支挡结构、基坑支护结构，其实二者没有明确的界限，很多支挡结构既可用于边坡治理，也可用于基坑支护。

“岩土支挡与锚固结合工程”往往起到类似于支挡（挡土墙）的防护效果。为便于介绍，本教程把此部分合并于岩土支挡工程中。

2.1.1　边（滑）坡支挡结构

1. 挡土墙

挡土墙是用来支撑天然斜坡、挖方边坡或人工填土边坡的构造物，以保持墙后土体的稳定。挡土墙各部位的名称如图 2-1 所示，与被支承土体直接接触的部位称为墙背；与墙背相对，临空的部位称为墙面。与地基直接接触的部位称为基底；与基底相对，墙的顶面称为墙顶。基底的前端称为墙趾；基底的后端称为墙踵。墙背与竖直面的夹角称为墙背倾角（α），工程中常用单位墙高与其水平长度之比表示（1∶n）。墙踵到墙顶的垂直距离称为墙高（H）；墙背填土表面与水平面的夹角称为地面倾角（β）；墙背与填土间的摩擦角称为墙背摩擦角（δ）；墙背填土表面的荷载称为超载。

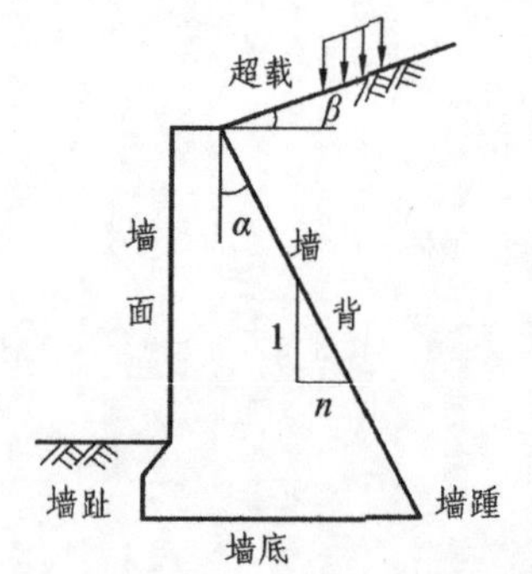

图 2-1　挡土墙各部位名称示意图

挡土墙的类型很多。根据其刚度不同，可分为刚性挡土墙和柔性挡土墙；根据墙体材料不同，可分为砖砌挡土墙、石砌挡土墙、混凝土挡土墙、钢筋混凝土挡土墙和钢板挡土墙等；根据墙的结构形式和受力特点，可分为重力式挡土墙、悬臂式挡土墙和扶壁式挡土墙等。

重力式挡土墙是靠墙身自重支撑土压力维持稳定的结构形式。一般多用片（块）石砌筑，形式简单，施工方便，可就地取材，被广泛采用。但是，由于其体积和质量都大，不适宜在软弱地基上修建。根据墙背坡度不同，重力式挡土墙可分为仰斜、俯斜、直立、凸形和衡重式五种类型（见图 2-2）。

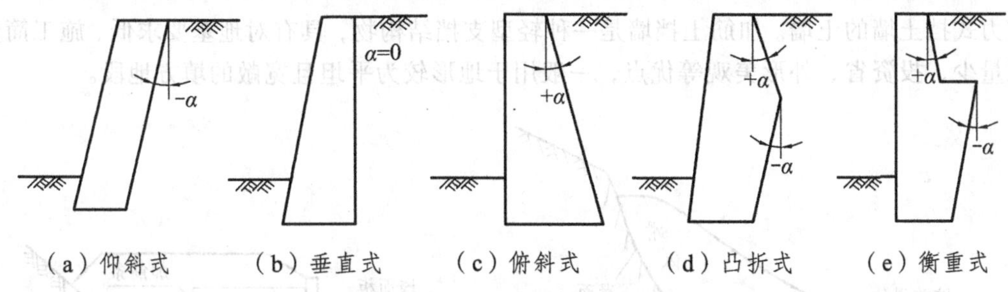

图 2-2 重力式挡土墙墙背形式

悬臂式挡土墙是由立壁、墙趾板、墙踵板三个钢筋混凝土悬臂构件组成的挡土墙，见图 2-3（a）。悬臂式挡土墙构造简单、施工方便，能适应较松软的地基，墙高一般在 6～9 m（各行业标准不尽相同，下同）。当墙高较大时，立壁下部的弯矩较大，钢筋与混凝土的用量剧增，影响这种结构形式的经济效果，此时可采用扶壁式挡土墙。

扶壁式挡土墙是沿悬臂式挡土墙的立臂，每隔一定距离加一道扶壁，将立壁与墙踵板连接起来的挡土构筑物，见图 2-3（b）。适用 6～12 m 高的填方边坡，可有效防止填方边坡的滑动。墙踵板上的土体重力可有效抵抗倾覆和滑移，立壁和扶壁共同承受土压力产生的弯矩和剪力，相对悬臂式挡土墙受力好。它的主要特点是构造简单、施工方便，墙身断面较小，自身质量小，可以较好地发挥材料的强度性能，能适应承载力较低的地基。它适用于缺乏石料的地区，但需耗用一定数量的钢材和水泥。

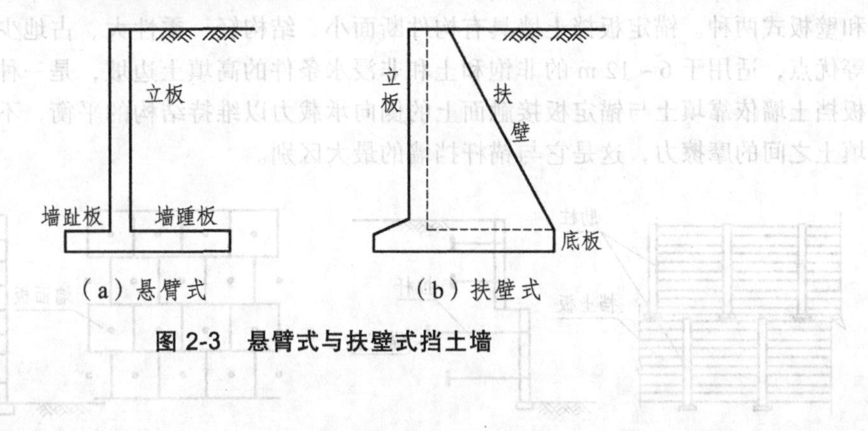

图 2-3 悬臂式与扶壁式挡土墙

2. 抗滑桩

抗滑桩是一种大截面侧向受荷桩。它通过深入到滑床内部的桩柱，来承受滑体的滑动力，起稳定滑坡的作用，适用于浅层和中厚层滑坡。抗滑桩的作用机理是依靠桩与桩周岩、土体的共同作用把滑坡推力传递到稳定地层，利用稳定地层的锚固作用和被动抗力来平衡滑坡推力，从而改善滑坡状态，促使其向稳定转化。抗滑桩与其他滑坡治理措施相比，具有抗滑力大、圬工小、位置灵活、施工对滑坡稳定性影响小等优点。

3. 加筋土挡墙

加筋土挡墙是在土中加入拉筋以形成复合土的一种支挡结构物。它是由基础、墙面板、帽石、拉筋和填料等几部分组成的复合结构（见图 2-5），依靠填料与拉筋之间的摩擦力来平衡墙面板所承受的水平土压力，并由复合结构抵抗拉筋尾部填料所产生的土压力，形成类似于重力式挡土墙的土墙。加筋土挡墙是一种轻型支挡结构物，具有对地基要求低、施工简便、圬工量少、投资省、外形美观等优点，一般用于地形较为平坦且宽敞的填方地段。

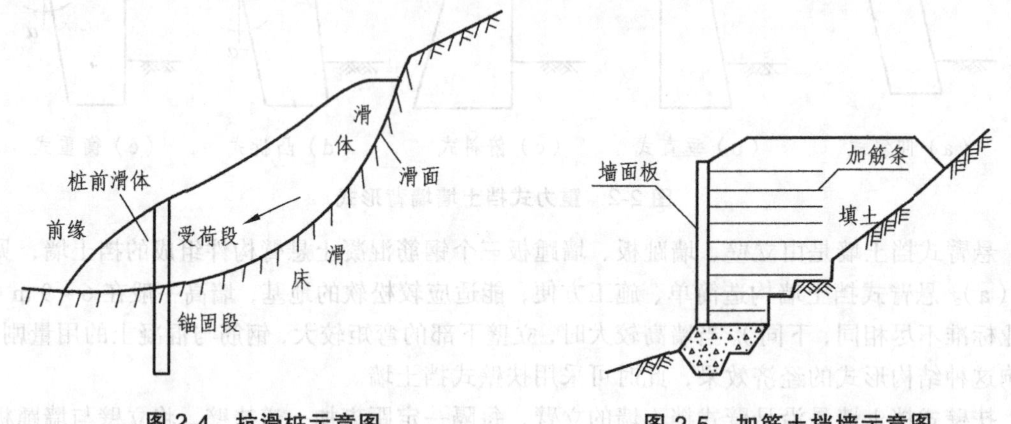

图 2-4 抗滑桩示意图 图 2-5 加筋土挡墙示意图

4. 锚定板挡土墙

锚定板挡土墙由墙面、拉杆、锚定板以及填充于墙面和锚定板之间的填土共同组成，见图 2-6。拉杆及其端部的锚定板均埋设在回填土中，其抗拔力来源于锚定板前填土的被动抗力。整个结构形成一个类似于挡土墙的结构形式。根据墙面结构形式的不同，可分为柱板式和壁板式两种。锚定板挡土墙具有构件断面小、结构轻、柔性大、占地少、圬工省、造价低等优点，适用于 6～12 m 的非饱和土和非浸水条件的高填土边坡，是一种柔性挡土墙。锚定板挡土墙依靠填土与锚定板接触面上的侧向承载力以维持结构的平衡，不需要利用钢拉杆与填土之间的摩擦力，这是它与锚杆挡墙的最大区别。

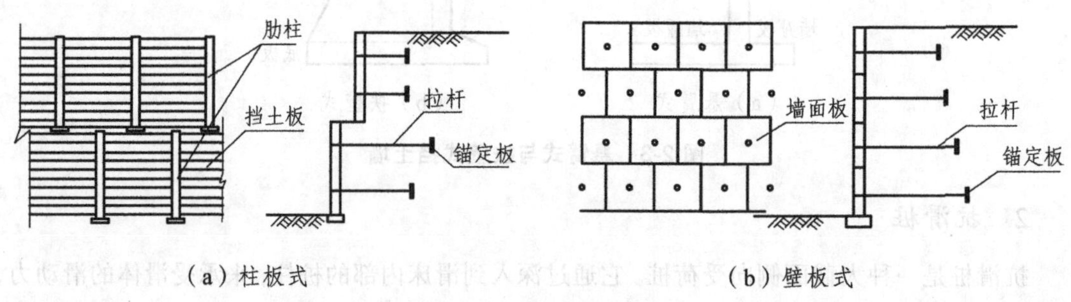

图 2-6 锚定板挡土墙示意图

5. 锚杆挡墙

锚杆挡墙是依靠锚固在岩土层中的锚杆与地层间的锚固力来承受土体侧压力的支挡结构物，主要由锚杆和钢筋混凝土板（墙面）组成。按墙面的结构形式，锚杆挡墙可分为柱板式挡墙和壁板式挡墙。如图 2-7 所示，柱板式锚杆挡墙由挡土板、肋柱和锚杆组成；壁板式锚杆挡墙由墙面板和锚杆组成。锚杆挡墙具有结构轻、圬工少、对地基要求低、可避免内支撑等优点，在工程中得到广泛的应用，主要适用于为减少开挖量的挖方地区和石料缺乏地区，可设置单级或多级，每级高度不宜大于 8 m。

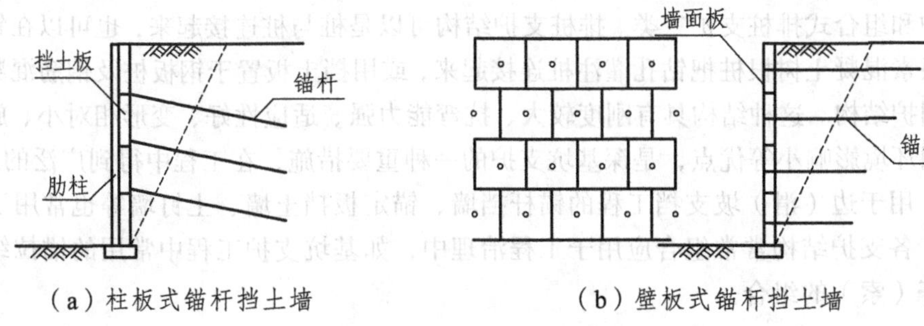

（a）柱板式锚杆挡土墙　　（b）壁板式锚杆挡土墙

图 2-7　锚杆挡墙的类型

6. 土钉墙

土钉墙是由土钉群、被加固的原位土体和钢筋混凝土面层等构成的一种边坡（基坑）支护形式，见图 2-8。它是由设置在坡体中的加筋杆件（即土钉或锚杆）与其周围土体牢固黏结形成的复合体，与面层（含钢筋网）相配合而构成的类似重力式挡土墙的支护结构。它是一种原位土体加筋技术，将土体作为支护结构的一部分，能合理利用土体的自身承载能力，具有结构轻、柔性大、良好的抗震性和延性等优点。

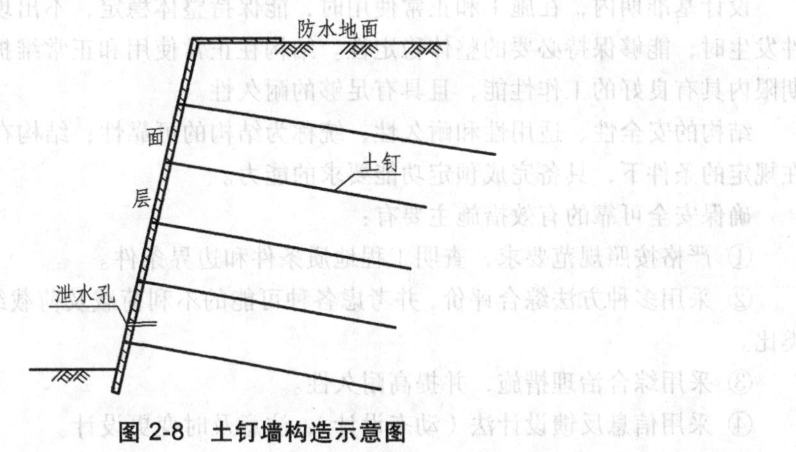

图 2-8　土钉墙构造示意图

2.1.2　基坑支护结构

1. 地下连续墙

地下连续墙是在地下挖出一段深槽，并在槽内浇注适当材料而形成的一道具有挡土、防渗和承重功能的连续地下墙体。它具有强度高、刚度大、整体性和抗渗性好、施工噪声低、适用各种土层等优点，是深基坑工程中最佳的挡土结构之一，也可作为主体结构或主体结构的一部分。

2. 排桩支护结构

排桩支护是指由成队列式间隔布置的钢筋混凝土人工挖孔桩、钻孔灌注桩、沉管灌注桩、打入预应力管桩等组成的挡土结构。根据桩的布置形式，排桩支护可分为柱列式排桩支护、连续排桩支护和组合式排桩支护三类。排桩支护结构可以是桩与桩连接起来，也可以在钻孔灌注桩间加一根素混凝土树根桩把钻孔灌注桩连接起来，或用挡土板置于钢板桩及钢筋混凝土板之间形成的围护结构。这种结构具有刚度较大、抗弯能力强、适应性好、变形相对小、施工简单以及对周围环境影响小等优点，是深基坑支护的一种重要措施，在工程中得到广泛的应用。

此外，用于边（滑）坡支挡工程的锚杆挡墙、锚定板挡土墙、土钉墙等也常用于基坑支护工程中。各支护结构常常组合应用于工程治理中，如基坑支护工程中常用的锚拉结构就是排桩与锚杆（索）的组合。

2.2 支挡工程设计基本原则

支挡工程应当保证填土、物料、基坑侧壁及构筑物的稳定。构筑物本身应具有足够的承载能力和刚度，保证结构的安全和正常使用。同时，在设计中还应做到技术可行、经济合理和施工方便。总之，岩土支挡工程应遵循“安全可靠、经济合理、技术可行、环境和谐”的设计原则。

（1）安全可靠。

设计基准期内，在施工和正常使用时，能保持整体稳定，不出现危害性变形；在偶然事件发生时，能够保持必要的整体稳定性。结构在正常使用和正常维护条件下，在规定的使用期限内具有良好的工作性能，且具有足够的耐久性。

结构的安全性、适用性和耐久性，统称为结构的可靠性；结构在规定的设计基准期内，在规定的条件下，具备完成预定功能要求的能力。

确保安全可靠的有效措施主要有：

① 严格按照规范要求，查明工程地质条件和边界条件。

② 采用多种方法综合评价，并考虑各种可能的不利荷载及荷载组合；合理进行工程地质类比。

③ 采用综合治理措施，并提高耐久性。

④ 采用信息反馈设计法（动态设计），注意及时变更设计。

⑤ 保证工程质量、选择耐久性好的材料。

⑥ 保证后期监测和工程维护。

（2）经济合理。

在安全的前提下，尽量选择成本低、投资省、时效最优的结构措施。达成经济合理的措施主要有：

① 尽量利用岩土体的自稳能力，合理选择岩土参数，合理利用空间形态上的有利因素，选择合理的计算方法，重视机制分析和定性判断。

② 根据实际情况，合理选择特殊工况和荷载组合。

③ 制定合理的治理方案。

④ 尽量采用综合治理方案，多方案综合分析论证。

（3）技术可行。

在安全的前提下，要求无论是建筑材料，还是施工技术与方法都应该是可行的。因此，在设计方案时需考虑技术因素，不能因技术原因留下工程隐患或造成成本大幅度增加。

（4）环境和谐。

选择的材料不能污染环境；避免施工对环境造成不利影响；合理绿化，保持工程与环境的和谐。

2.3　支挡工程设计所需资料

支挡工程进行设计前应收集场地条件及与周边工程建设相关的资料。主要包括：

（1）地形、水文和气象资料。

地形资料包括工作区及其周边一定范围内符合规范的地形图；精度必须满足相应设计阶段的要求。水文资料包括水位、流量、洪峰、洪水淹没和冲淤等。气象资料包括气温、降水、冻结深度、暴雨和风暴等。

（2）岩土工程勘察资料。

勘察资料应是相应阶段的岩土工程勘察报告以及有关的科研成果。勘察成果应包括地层岩性、岩土体的工程性质及其变异性、地质构造、不良地质现象、人类活动及人为地质现象、场地及地震效应、水文地质条件、特殊性岩土情况。

（3）建（构）筑物结构资料。

建筑物结构资料应包括工程安全等级，建筑面积、层数、高度，开挖深度，可能采用的基础类型、结构类型，荷载及分布等；可能采用的支挡结构类型等。

（4）其他资料。

其他资料主要包括：相邻工程设施情况、施工条件的限制、支挡工程的地区经验、劳动力、建筑材料价格等。

2.4　支挡方案的确定方法

支挡工程结构设计应在基本资料分析的基础上，进行综合分析论证，最终选定一个最优方案。支挡结构设计，首先应根据自然地形、地质及当地经验和技术条件等综合考虑，以选定一个最优的设计方案。支挡工程方案的确定主要包括支挡结构物的确定、平面位置的确定、断面尺寸的确定和建筑材料的选定等内容。

1. 支挡结构物的确定

支挡结构物的确定应在规范限定条件下，既能满足使用要求、技术上合理，又尽可能达到综合经济技术指标先进的要求。因此，在选定支挡结构时，应与其他构筑物进行比较。通常可考虑以下三个方面：① 在满足工程及社会需要的前提下，能否免去支挡工程或选择其他不需要支挡措施的工程场地；② 能否采用其他更适宜的工程措施，使工程现场不需要修建支挡结构物；③ 如果需要设置支挡措施，应多种方案进行对比，以选择最优方案。

2. 平面位置的确定

如果修建支挡结构确定经济是合理的，则应根据工程需要和地形地质条件综合考虑，以确定支挡结构物类型、平面位置、纵向布置和长度。具体来讲，应考虑以下两个条件：

（1）技术条件：① 地形地貌、地质条件，以及水文地质条件；② 结构坚固程度，基础的稳定性和安全可靠性；③ 施工方法的先进性（或适合当地经验）；④ 建筑材料及来源；⑤ 符合国家规范及技术要求。

（2）经济条件：① 支挡结构类型的经济合理性；② 节约用地、节约材料和劳动力；③ 与其他构筑物和环境协调，尤其要满足环境保护的要求。

3. 断面尺寸的确定

支挡结构平面位置确定后，应根据地基土的物理力学性质、填土的性质、地下水情况等，经比较选定一个经济合理的断面形式。

（1）根据支挡结构的设计资料、实测地形和地质资料确定支挡结构的高度。

（2）根据填料的性质和地基承载力等资料初步拟定截面的形式和尺寸，并进行试算。

（3）改变不同条件，如改变墙背倾角、墙背形状等，再进行计算，将各种条件下的计算结果列出，以选择最优截面。

（4）根据不同的墙高、地基条件和以上计算结果，选择一、二种基本断面形式；然后对选定的断面形式进行设计。

4. 建筑材料的选定

建筑材料应就地取材。如本地区无可用之材，则应根据材料的来源、价格、运距和结构选型综合考虑选定建筑材料。

当选用天然石料时，应选用无明显风化的石料，其极限抗压强度不低于 30 MPa，同时应满足抗冻等要求。在浸水挡土墙中，石料软化系数不得低于 0.8。

在石料缺乏地区，常选用混凝土或钢筋混凝土。应对不同材料、不同截面作试算，给出造价的估算，综合评价，以确定支挡结构的最后选型。

2.5 支挡工程设计步骤

支挡工程设计时，通常按以下步骤进行：

（1）搜集设计工点的地形、地质资料。

（2）大致确定支挡结构在平面和横断面上的位置。

（3）初步选择支挡结构类型，经比选后具体确定支挡结构形式。

（4）计算各种工况下的土压力或下滑力，确定最不利工况。

（5）支挡结构强度设计。

（6）支挡结构稳定性设计。

（7）绘制支挡结构横断面图、正面图、平面图，计算工程数量，编写设计说明。

以上只是笼统的设计步骤，实际的支挡工程设计并不是这么简单，每一个步骤都必须做很多工作。设计过程中需要根据计算情况不断进行断面修改和尺寸调整。下面以挡土墙设计为例，图示说明支挡工程设计的程序和步骤，见图 2-9。

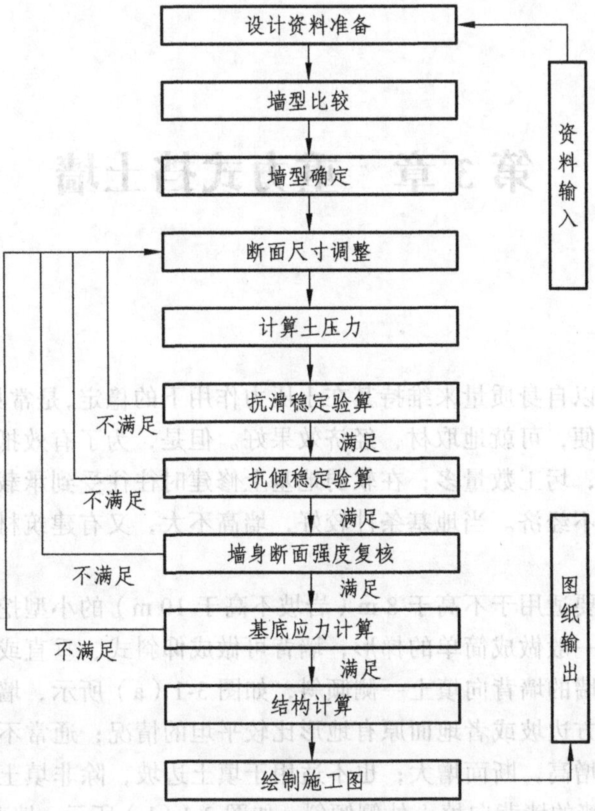

设计资料准备
→ 墙型比较
→ 墙型确定
→ 断面尺寸调整
→ 计算土压力
→ 抗滑稳定验算（不满足 → 断面尺寸调整；满足 ↓）
→ 抗倾稳定验算（不满足 → 断面尺寸调整；满足 ↓）
→ 墙身断面强度复核（不满足 → 断面尺寸调整；满足 ↓）
→ 基底应力计算（不满足 → 断面尺寸调整；满足 ↓）
→ 结构计算
→ 绘制施工图

资料输入（→ 设计资料准备）

图纸输出

图 2-9　挡土墙设计程序框图

第 3 章 重力式挡土墙

3.1 概 述

重力式挡土墙是以自身质量来维持其在土压力作用下的稳定,是常见的一种挡土墙形式。它形式简单，施工方便，可就地取材，经济效果好。但是，为了有效抵挡墙后的土体压力，墙身断面做得比较大，圬工数量多；在软弱地基上修建时往往受到承载力的限制；如果墙身过高，材料耗费多，不经济。当地基条件较好，墙高不大，又有建筑材料时，一般优先选用重力式挡土墙。

重力式挡土墙主要适用于不高于 8 m（岩坡不高于 10 m）的小型挖填方边坡或小型隐性滑动边坡。墙的断面一般做成简单的梯形，墙背可做成仰斜式、垂直或俯斜式，见图 3-1。

（1）仰斜式挡土墙的墙背向填土一侧倾斜，如图 3-1（a）所示，墙背主动土压力最小。这种挡土墙适用于挖方边坡或者地面原有地形比较平坦的情况；通常不用于原有地形较陡的边坡，否则会使墙身增高，断面增大；也不适用于填土边坡，除非填土的质量能得到保证。

（2）俯斜式挡土墙的墙背向填土外侧倾斜，如图 3-1（b）所示，墙背的主动土压力最大，墙身断面较仰斜式大。这种挡土墙适用于填方边坡，便于填土压实施工；或（和）地面原有地形比较陡峻的边坡，利用陡直的墙面，减少墙高。

（3）直立式挡土墙的墙背垂直，如图 3-1（c）所示，墙背的主动土压力介于以上两者之间。适用条件与俯斜式挡土墙相同。

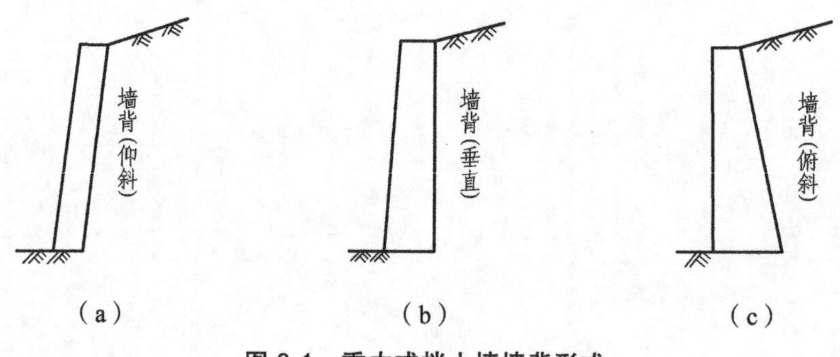

图 3-1 重力式挡土墙墙背形式

3.2 重力式挡土墙构造

重力式挡土墙的构造必须满足自身强度和稳定性的要求，同时应考虑就地取材、经济合理、施工和养护的方便与安全。

3.2.1　墙身构造

重力式挡土墙的墙身尺寸随墙型和墙高而变。仰斜墙背的坡度不宜缓于 1∶0.3，墙面一般与墙背坡度一致或缓于墙背坡度。俯斜墙背的坡度一般为 1∶0.25 ~ 1∶0.4，墙面一般为直线形，坡度应与墙背坡度相协调。此外，墙趾处地面横坡对墙身构造也有影响，横向坡度越大影响越大。地面横坡较陡时，墙面坡度一般为 1∶0.05 ~ 1∶0.20；地面横坡平缓时，墙面可适当放缓，但不能缓于 1∶0.35。

重力式挡土墙的砌筑材料通常使用浆砌片（块）石、条石，缺乏石料的地区可用混凝土预制块作为砌体；也可直接用素混凝土浇筑，一般不配钢筋或只在局部范围内配以少量的钢筋。根据《建筑边坡工程技术规范》（GB 50330—2002）的规定，块石、条石的强度等级应不低于 MU30，墙顶宽度不宜小于 0.4 m；混凝土的强度等级应不低于 C15，墙顶宽度不宜小于 0.3 m。

根据墙高、墙身断面和地基条件的变化情况需要设置沉降缝，以避免因不均匀变形而引起的墙身开裂。对于条石、块石挡墙伸缩缝的间距，应采用 20 ~ 25 m；对于素混凝土挡墙伸缩缝的间距，应采用 10 ~ 15 m。此外，在地基性状和挡墙高度变化处也应设沉降缝，缝宽 20 ~ 30 mm，缝中应填塞沥青麻筋或其他有弹性的防水材料，填塞深度不小于 150 mm。在挡墙拐角处，应适当加强构造措施。

3.2.2　排水措施

边坡支挡工程的排水措施是保证安全的重要一环。许多支挡结构的失效都与排水不善有关。排水的作用主要是防止地表水下渗和疏干墙后土体内积水，以免造成墙身承受额外的静水压力；同时，减少冰冻地区填料的冻胀压力，消除黏性填料浸水后的膨胀压力。

挡土墙的排水措施包括地面排水和墙身排水两部分。地面排水的措施主要是在地表设置截水沟，截引地表水，以防止渗入墙后土体或地基。墙身排水措施根据实际情况有两种类型：① 对于可以向坡外排水的挡墙，应在墙上设置一排或多排排水孔（见图 3-2）。排水孔可设置成方孔或圆孔，间距宜取 2 ~ 3 m，排水孔外斜坡度宜为 5%，孔眼的尺寸不宜小于 100 mm。墙后应做好滤水层，下排排水孔进水口的底部应铺设 0.3 m 厚的黏土层，并夯实以防水分渗入基础。② 对于不能向坡外排水的边坡挡墙，应在墙后设置排水暗沟。干砌挡土墙可不设排水孔。

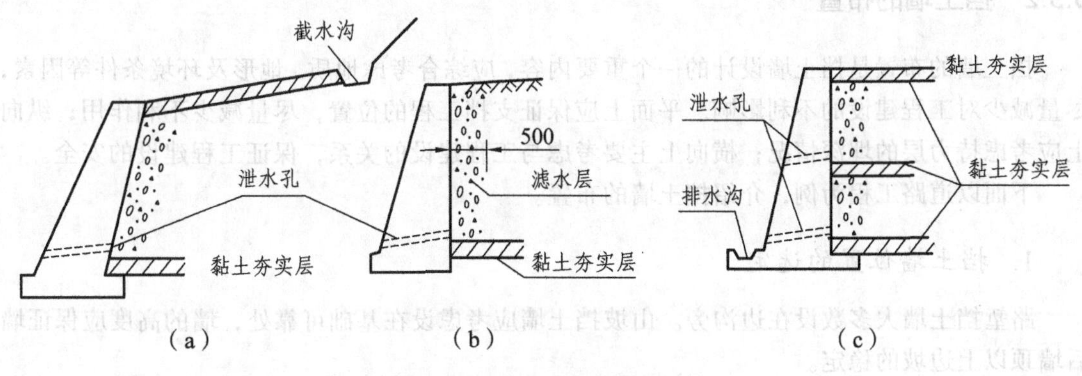

图 3-2　挡土墙排水措施

3.2.3　基础埋置深度

重力式挡土墙的基础埋置深度，应根据地基稳定性、地基承载力、冻结深度、水流冲刷情况和岩石风化程度等因素确定。基础埋置深度应从坡脚排水沟底起算。在土质地基中，基础最小埋置深度不宜小于 0.5 ~ 0.8 m（挡土墙较高时取大值，反之取小值）。在岩质地基中，基础埋置深度不宜小于 0.3 m。

基础埋置于硬质岩石地基上时，应置于风化层以下；当风化层较厚，难以全部清除时，可根据地基风化程度及其相应承载力将基础埋于风化层中。置于软质岩石地基上时，埋置深度不小于 0.8 m。

当有冻结时，基础埋置深度应在冻结线以下不小于 0.25 m。不冻胀土层中的基础，埋置深度可不受冻深的限制。受流水冲刷时，基础应埋置在冲刷线以下不小于 1.0 m。

3.3　重力式挡土墙设计

3.3.1　挡土墙的设计内容

重力式挡土墙的设计主要包括以下几个方面的内容：

（1）确定挡土墙的位置。根据挡土墙设置的目的和场地条件，确定挡土墙的平面位置以及挡土墙本身的纵、横向的布置等。

（2）拟定墙高，确定墙身结构尺寸。根据支挡环境的需要拟定挡土墙的墙高，确定相应的墙身结构尺寸，在墙体的延伸方向取一延米进行计算。

（3）计算墙体稳定性。根据拟定的墙体结构尺寸，确定结构荷载（墙身自重、土压力、填土重力），由此进行墙体的抗滑、抗倾覆验算。

（4）验算地基承载力。对基础底板地基承载力进行验算，以确认底板尺寸是否满足要求。

（5）墙身强度验算。对圬工砌体的强度进行验算，设计墙身结构。

（6）构造设计。

（7）其他。包括排水措施、填料、施工注意事项等。

3.3.2　挡土墙的布置

挡土墙的布置是挡土墙设计的一个重要内容，应综合考虑地质、地形及环境条件等因素，尽量减少对工程建设的不利影响。平面上应保证支挡工程的位置，尽量减少不利作用；纵向上应考虑持力层的埋深情况；横向上主要考虑与工程建设的关系，保证工程建设的安全。

下面以道路工程为例，介绍挡土墙的布置。

1. 挡土墙位置的选定

路堑挡土墙大多数设在边沟旁。山坡挡土墙应考虑设在基础可靠处，墙的高度应保证墙后墙顶以上边坡的稳定。

沿河路堤设置挡土墙时，应结合河流情况来布置，注意设墙后仍保持水流顺畅，不致挤压河道而引起局部冲刷。

2. 挡土墙的纵向布置

挡土墙纵向布置在墙趾纵断面图上进行，布置后绘成挡土墙正面图（见图 3-3）。布置的内容有：

（1）确定挡土墙的起讫点和墙长，选择挡土墙与路基或其他结构物的衔接方式。

（2）按地基、地形及墙身断面变化情况进行分段，确定伸缩缝与沉降缝的位置。

（3）布置各段挡土墙的基础。墙趾地面有纵坡时，挡土墙的基底宜做成不大于 5% 的纵坡。地基为岩石时，为减少开挖，可沿纵向做成台阶。台阶高宽比不宜大于 1 : 2。

（4）布置泄水孔的位置，包括数量、间隔和尺寸。

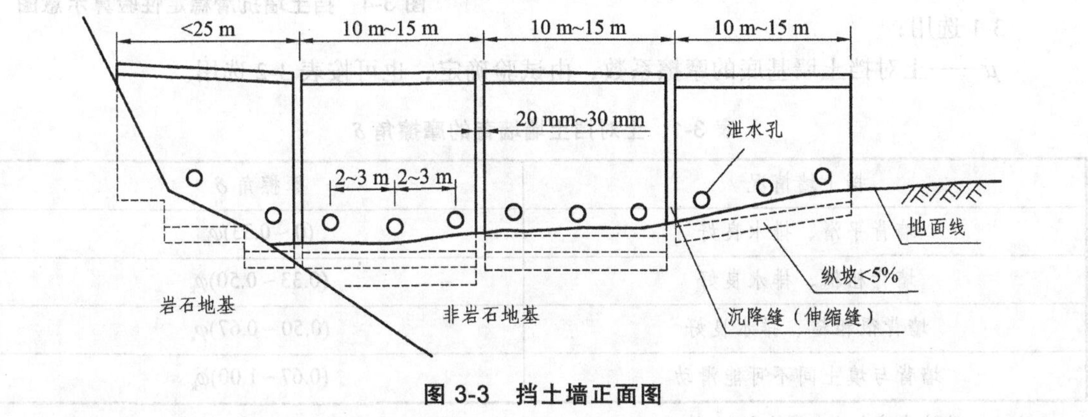

图 3-3 挡土墙正面图

3. 挡土墙的横向布置

横向布置，选择在墙高最大处，墙身断面或基础形式有变异处以及其他桩号处的横断面图上进行。根据墙型、墙高及地基与填料的物理力学指标等设计资料，进行挡土墙设计或套用标准图，确定墙身断面、基础形式和埋置深度，布置排水设施等，并绘制挡土墙横断面图。

4. 平面布置

对于个别复杂的挡土墙，如高、长的沿河曲线挡土墙，应作平面布置，绘制平面图。平面图上应标明挡土墙与路线的平面位置及附近地貌与地物等情况，特别是与挡土墙有干扰的建筑物的情况。沿河的挡土墙还应绘出河道及水流方向、防护与加固工程等。

3.3.3 挡土墙的稳定性验算

挡土墙的稳定性与作用在墙上的荷载密切相关。挡土墙稳定性的验算应包括抗滑移稳定性、抗倾覆稳定性、整体稳定性和地基稳定性（承载力）等。

1. 抗滑移稳定性验算

挡土墙抗滑移稳定性验算是计算在土压力及其他外力作用下，基底摩阻力抵抗挡土墙滑移的能力。根据相关规范要求，挡土墙抗滑移稳定性应满足下式要求（见图 3-4）：

$$\frac{(G_n+P_{an})\mu}{P_{at}-G_t}\geqslant 1.3 \tag{3-1}$$

$$G_n=G\cos\alpha_0 \tag{3-2}$$

$$G_t=G\sin\alpha_0 \tag{3-3}$$

$$P_{an}=P_a\cos(\alpha-\alpha_0-\delta) \tag{3-4}$$

$$P_{at}=P_a\sin(\alpha-\alpha_0-\delta) \tag{3-5}$$

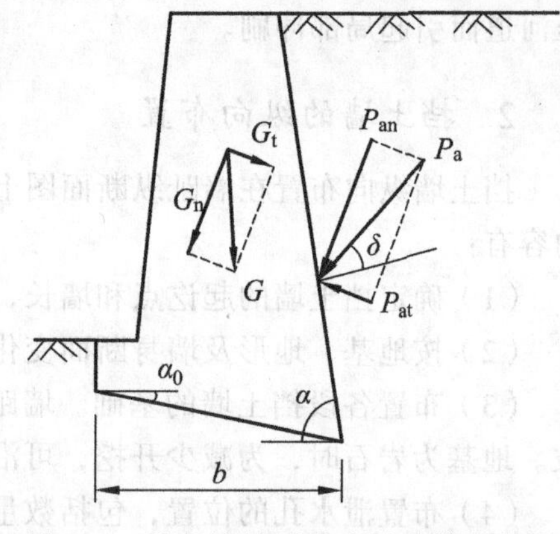

图 3-4 挡土墙抗滑稳定性验算示意图

式中 G——挡土墙每延米自重，kN；

α_0——挡土墙基底的倾角，°；

α——挡土墙墙背的倾角，°；

δ——土对挡土墙墙背的摩擦角（°），可按表 3-1 选用；

μ——土对挡土墙基底的摩擦系数，由试验确定，也可按表 3-2 选用。

表 3-1 土对挡土墙墙背的摩擦角 δ

挡土墙情况	摩擦角 δ
墙背平滑、排水良好	$(0\sim0.33)\varphi_k$
墙背粗糙、排水良好	$(0.33\sim0.50)\varphi_k$
墙背很粗糙、排水良好	$(0.50\sim0.67)\varphi_k$
墙背与填土间不可能滑动	$(0.67\sim1.00)\varphi_k$

注：φ_k 为墙背填土的内摩擦角。

表 3-2 土对挡土墙基底的摩擦系数 μ

土的类别		摩擦系数 μ
黏性土	可 塑	0.25 ~ 0.30
	硬 塑	0.30 ~ 0.35
	坚 硬	0.35 ~ 0.45
粉 土		0.30 ~ 0.40
中砂、粗砂、砾砂		0.40 ~ 0.50
碎石土		0.40 ~ 0.60
软质岩		0.40 ~ 0.60
表面粗糙的硬质岩		0.65 ~ 0.75

注：① 对易风化的软质岩和塑性指数 $I_P>22$ 的黏性土，基底摩擦系数应通过试验确定。
② 对碎石土，可根据其密实程度、填充物状况、风化程度等确定。

2. 抗倾覆稳定性验算

挡土墙抗倾覆稳定性验算是计算在土压力及外力作用下，墙体的重力抵抗土压力等倾覆力的能力。抗倾覆稳定性应满足下式要求（见图 3-5）：

$$\frac{Gx_0 + P_{az}x_f}{P_{ax}z_f} \geqslant 1.6 \tag{3-6}$$

$$P_{ax} = P_a \sin(\alpha - \delta) \tag{3-7}$$

$$P_{az} = P_a \cos(\alpha - \delta) \tag{3-8}$$

$$x_f = b - z\cot\alpha \tag{3-9}$$

$$z_f = z - b\tan\alpha_0 \tag{3-10}$$

式中　z——土压力作用点至墙踵的高度，m；

x_0——挡土墙重心至墙趾的水平距离，m；

b——基底的水平投影宽度，m。

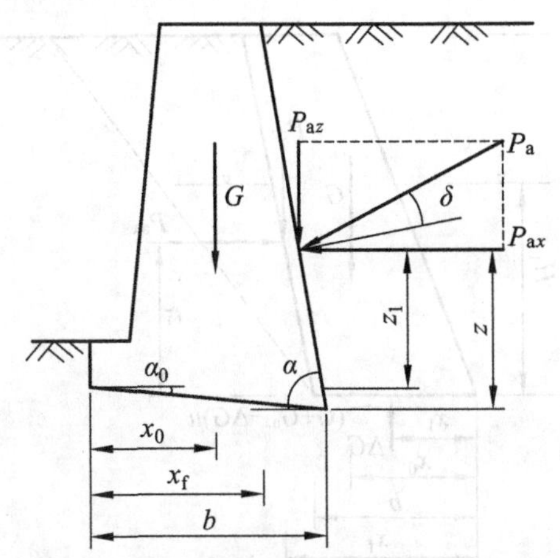

图 3-5　挡土墙抗倾覆稳定性验算示意图

3. 整体滑动稳定性验算

当砌体结构作为一个刚体需验算整体稳定性时，可采用圆弧滑动面法。具体计算可参考《土力学》的相关内容。

4. 地基承载力验算

挡土墙地基承载力验算与一般偏心受压基础验算方法相同。当基底下有软弱下卧层时，还应进行软弱下卧层的承载力验算。验算的具体方法可参考《土力学》的相关内容。

同时，地基承载力还应满足以下条件：

$$\sigma_k \leqslant f_a \tag{3-11}$$

$$\sigma_{max} \leqslant 1.2 f_a \tag{3-12}$$

$$e \leqslant 0.25b \tag{3-13}$$

式中　σ_k——相应于作用的标准组合时，基础底面处的平均压力值，kPa；

f_a——修正后的地基承载力特征值，kPa；

σ_{max}——相应于作用的标准组合时，基础底面边缘的最大压力值，kPa；

e——基底合力的偏心距，m。

5. 特殊情况下挡土墙的稳定性验算

以上介绍的内容是针对一般情况下挡土墙的稳定性验算。对于特殊情况下的挡土墙验算，如浸水地区挡土墙和地震地区挡土墙，还需要考虑特殊荷载。

（1）浸水地区挡土墙稳定计算。

浸水地区挡土墙稳定性验算时需考虑水的浮力作用。挡土墙后的填料采用岩块及渗水土时，可不考虑墙前、后的静水压力及墙后动水压力。作用在挡土墙上的力系，除一般地区挡土墙所受到力系外，还应计算水位以下挡土墙及填料所受的浮力，见图 3-6。挡土墙的计算水位应采用最不利水位。最不利水位的确定，需要对不同的水位验算而求得。无经验设计者可在 0.7～0.9H 选定。确定的最不利水位高于设计水位，还是应按设计水位计算。

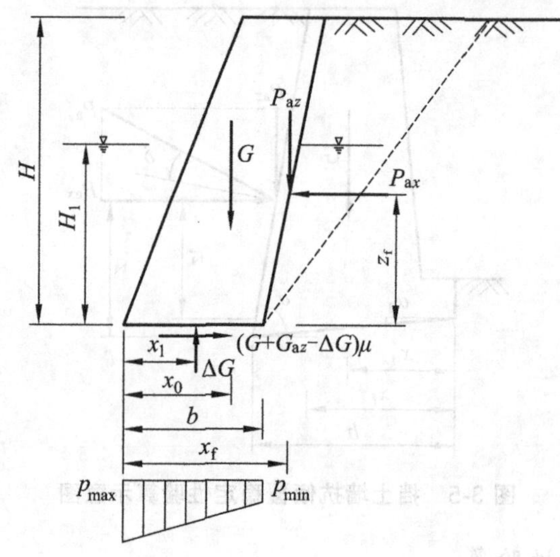

图 3-6 浸水地区挡土墙作用力系

浸水地区挡土墙稳定验算通常应按浸水与非浸水两种情况验算，都应满足稳定要求，稳定计算公式如下：

抗滑稳定

$$K_s = \frac{\sum N \cdot \mu}{\sum_0'} = \frac{(G' + P_{az}')\mu}{P_{ax}'} \geqslant 1.3 \tag{3-14}$$

抗倾覆稳定

$$K_z = \frac{\sum M_y'}{\sum M_0'} = \frac{G'x_0 + P_{az}'x_f}{P_{ax}'z_f} \geqslant 1.6 \tag{3-15}$$

基底合力的偏心距

$$e = \frac{b}{2} - c = \frac{b}{2} - \frac{\sum M_y' - \sum M_0'}{\sum N'} \leqslant \frac{b}{4} \tag{3-16}$$

基底压应力：轴心荷载 $p_k \leqslant f_a$

$$e \leqslant \frac{b}{6}\text{时，} p_{\text{kmax}} = \frac{F_{\text{k}} + G'}{A} \leqslant 1.2 f_{\text{a}} \tag{3-17}$$

$$e > \frac{b}{6}\text{时，} p_{\text{kmax}} = \frac{2\sum N'}{3La} \leqslant 1.2 f_{\text{a}} \tag{3-18}$$

式中　G'——考虑了浮力的墙身自重，kN；

P'_{ax}，P'_{az}——考虑了填料部分浸水的主动土压力分力，kPa；

$\sum N'$——考虑了浸水后垂直力总和，kN；

$\sum M'_y$——考虑了浸水后的稳定力矩，kN · m；

$\sum M'_0$——考虑了浸水后的倾覆力矩，kN · m。

（2）地震区挡土墙稳定计算。

地震区挡土墙根据其重要性及地基土的性质，应验算其抗震强度和稳定性。在进行验算时，应考虑作用于挡土墙上地震作用的主动土压力水平分力、竖向分力和作用于墙体的水平地震力等。对天然地基基础抗震验算时，应采用地震作用效应标准组合，且抗震承载力应取地基承载力特征值乘以地基抗震承载力调整系数。

地震区作用于挡土墙上力系如图 3-7 所示。挡土墙抗震稳定性计算如下：

抗滑稳定：

$$K_{\text{s}} = \frac{\sum M \cdot \mu + P_{\text{p}}}{P''_{\text{ax}}} = \frac{(G + P''_{\text{az}}) \cdot \mu + P_{\text{p}}}{P''_{\text{ax}} + F_i} \geqslant 1.1 \tag{3-19}$$

抗倾覆稳定：

$$K_{\text{z}} = \frac{\sum M''_y}{\sum M''_0} = \frac{G x_0 + P''_{\text{az}} x_{\text{f}} + P_{\text{p}} z_{\text{p}}}{P''_{\text{ak}} z_{\text{f}} + F_i z_{\text{k}}} \geqslant 1.2 \tag{3-20}$$

基底合力的偏心距：

$$e = \frac{b}{2} - c = \frac{b}{2} - \frac{\sum M''_y - \sum M''_0}{\sum M''} \leqslant \frac{b}{4} \tag{3-21}$$

抗震时，对于岩石地基：

当为硬质岩石　$e \leqslant \dfrac{b}{3}$

当为其他岩石　$e < \dfrac{b}{4}$

对于土质地基　$e \leqslant \dfrac{b}{4}$

基底应力

$$e \leqslant \frac{b}{6}\text{时，} \quad p_{\text{kmax}} = \frac{F_{\text{k}} + G + P''_{\text{az}}}{A} + \frac{M_{\text{k}}}{W} \leqslant 1.2 f_{\text{sE}} \tag{3-22}$$

$e > \dfrac{b}{6}$时，
$$p_{\text{kmax}} = \frac{2\sum M''}{3La} \leqslant 1.2 f_{\text{sE}} \tag{3-23}$$

根据《建筑抗震设计规范》(GB 50011—2010）的有关规定：地基土抗震承载力应按下式计算：

$$f_{\text{aE}} = \zeta_{\text{a}} \cdot f_{\text{a}} \tag{3-24}$$

式中 f_{aE}——调整后的地基抗震承载力，kPa；

ζ_{a}——地基抗震承载力调整系数；

f_{a}——深宽修正后的地基承载力特征值（kPa），应按现行国家标准《建筑地基基础设计规范》(GB 50007—2011）取用。

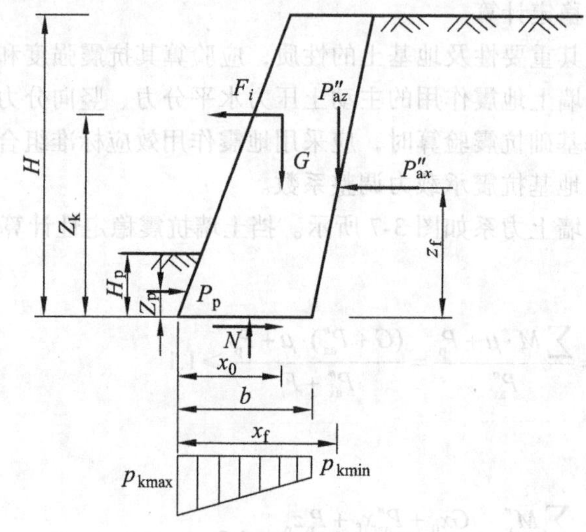

图 3-7 地震区挡土墙作用力系

3.3.4 挡土墙墙身截面强度验算

重力式挡土墙大多属于偏心受压，截面强度应按偏心受压构件进行验算。通常选择一两个控制性断面进行墙身应力和偏心距验算。

1. 法向应力验算

如图 3-8 所示，假设断面 1—1 为验算截面。截面以上墙背受的主动土压力为 P_1，其水平与垂直分力分别为 P_{1x}、P_{1y}，此截面以上的墙重为 G_1。此时作用于断面 1—1 的合力偏心距 (e_1) 为

$$e_1 = \frac{b_1}{2} - Z_{1N} = \frac{b_1}{2} - \frac{G_1 Z_{1G} + P_{1y} Z_{1x} - P_{1x} Z_{1y}}{G_1 + P_{1y}} \tag{3-25}$$

断面两边缘的法向应力应满足下式要求：

$$\begin{matrix}\sigma_{\max} \\ \sigma_{\min}\end{matrix} = \frac{G_1 + P_{1y}}{b_1}\left(1 \pm \frac{6e_1}{b_1}\right) \leqslant [\sigma] \tag{3-26}$$

式中　b_1——断面 1—1 处墙身宽度，m；

σ_{max}，σ_{min}——验算断面的最大与最小法向应力，kPa；

σ——圬工砌体的容许压应力，kPa。

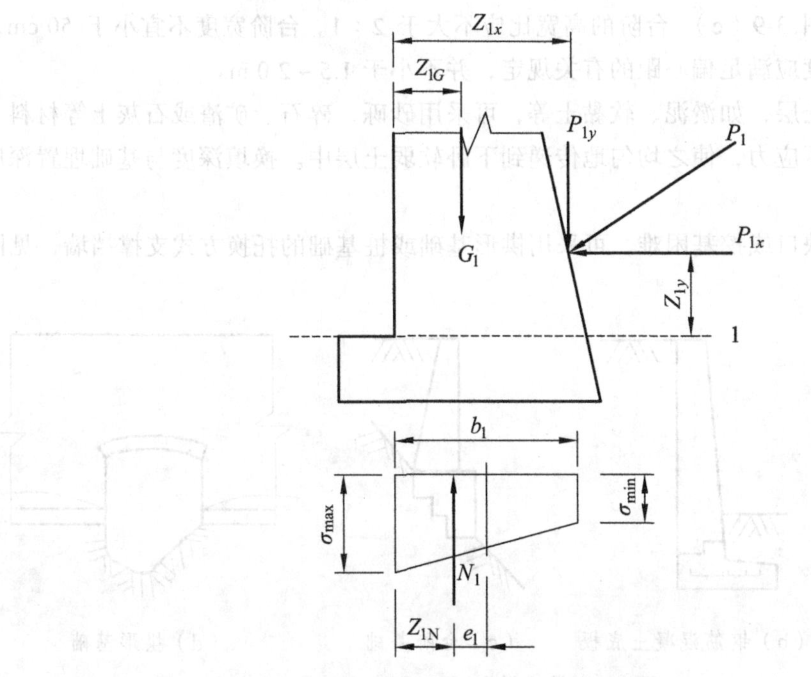

图 3-8　墙身断面强度计算

2. 切应力验算

如图 3-8 所示，1—1 断面上的切应力应满足下式要求：

$$\tau_1 = \frac{P_{1x}}{b_1} \leqslant [\tau] \tag{3-27}$$

式中　$[\tau]$——圬工砌体的容许切应力，kPa。

3.3.5　挡土墙基础设计

挡土墙的破坏，很多是由于基础设计不当或地基处理不当造成的，必须重视挡土墙的基础设计工作。设计时应事先对基底的地质条件进行详细勘查，然后确定基础的类型和埋置深度。

挡土墙基础形式主要根据地基条件和挡土墙稳定性要求确定。常见的挡土墙基础形式主要有扩大基础、钢筋混凝土底板、台阶基础、拱形基础和桩基等，如图 3-9 所示。

当地基承载力不足且墙趾处地形平坦时，为减少基底应力和增加抗倾覆稳定性，常常采用扩大基础，见图 3-9（a）。扩大基础是将墙趾部分加宽成台阶，或墙趾墙踵同时加宽，以加大承压面积。加宽宽度视基底应力需要减少的程度和加宽后合力偏心距的大小而定，一般不小于 20 cm。台阶高度根据基础材料的刚性角确定。对于砖、片石、块石、粗料石砌体，当用低于 5 号的砂浆砌筑时，刚性角应不大于 35°；对混凝土砌体，应不大于 40°。

如果地基压应力过大，基础需要加宽的宽度较大，为避免加宽部分的台阶过高，应采用钢筋混凝土底板基础，见图 3-9（b）。钢筋混凝土底板厚度由剪力和主拉应力控制。

如果挡土墙修筑在陡坡上，地基又是稳定、坚硬的岩石，为节省圬工和基坑开挖量，可采用台阶形基础，见图 3-9（c）。台阶的高宽比应不大于 2∶1。台阶宽度不宜小于 50 cm，且最下一级台阶的宽度应满足偏心距的有关规定，并不小于 1.5 ~ 2.0 m。

如果地基为软弱土层，如淤泥、软黏土等，可采用砂砾、碎石、矿渣或石灰土等材料予以换填，以扩散基底压应力，使之均匀地传递到下卧软弱土层中。换填深度与基础埋置深度之和不宜超过 5.0 m。

如果地基有短段缺口或挖基困难，可采用拱形基础或桩基础的托换方式支撑挡墙，见图 3-9（d）。

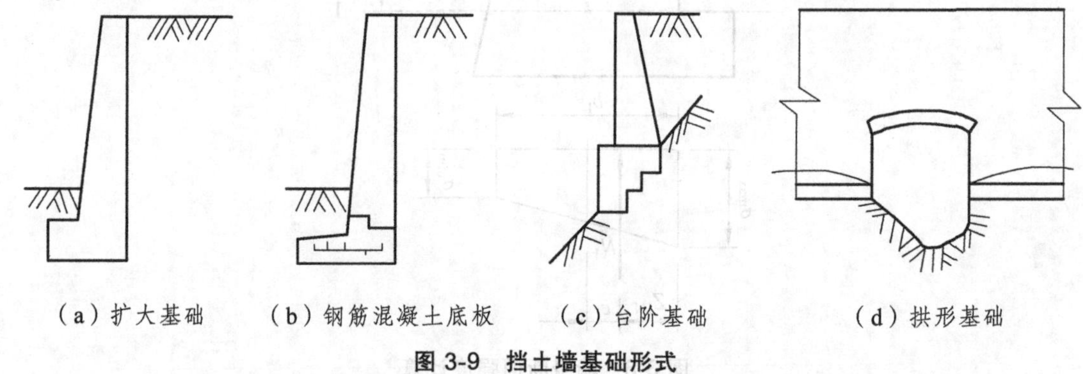

（a）扩大基础　（b）钢筋混凝土底板　（c）台阶基础　（d）拱形基础

图 3-9　挡土墙基础形式

挡土墙基础埋深应视地形、地质条件而定，需埋置足够的深度，以保证挡土墙的稳定性。具体要求见 3.2.3。

3.4　增加挡土墙稳定性的措施

在挡土墙设计中，有时会出现不满足稳定性要求的情况。为了保证安全，可根据需要在设计中增加相应的安全措施。当不满足抗倾覆要求时，可通过调整墙身形状或扩大基础的方法来解决；当不满足抗滑移要求时，可设置倾斜基底或增加凸榫以增加其抗滑性能。下面简要介绍一下增加挡土墙稳定性的措施。

3.4.1　增加抗滑移稳定性的措施

1. 设置倾斜基底

增加抗滑移稳定性的实质就是增大抗滑移力矩，或者减少滑移力矩。设置倾斜基底使其具有向内倾斜的逆坡，可以达到增加抗滑移稳定性的效果。如图 3-10 所示，若将竖直方向的力 G 和水平方向的力 P_x 分别按倾斜基底的法线方向和切线方向分解，则倾斜基底法向力和切向力分别为

$$F_{\mathrm{n}} = G\cos\alpha_0 + P_x \sin\alpha_0 \tag{3-28}$$

$$F_{\mathrm{t}} = P_x \cos\alpha_0 - G\sin\alpha_0 \tag{3-29}$$

如果不计墙前被动土压力，则设置倾斜基底后的抗滑稳定性系数 (K_{s}) 应为

$$K_{\mathrm{s}} = \frac{G\cos\alpha_0 + P_x \sin\alpha_0}{P_x\cos\alpha_0 - G\sin\alpha_0} = \frac{G + P_x\tan\alpha_0}{P_x - G\tan\alpha_0} \tag{3-30}$$

由式（3-30）中可以看出，设置倾斜基底后，可以增大抗滑稳定系数，而且基底倾角 (α_0) 越大，抗滑稳定性系数 (K_{s}) 越大，越有利于抗滑稳定。

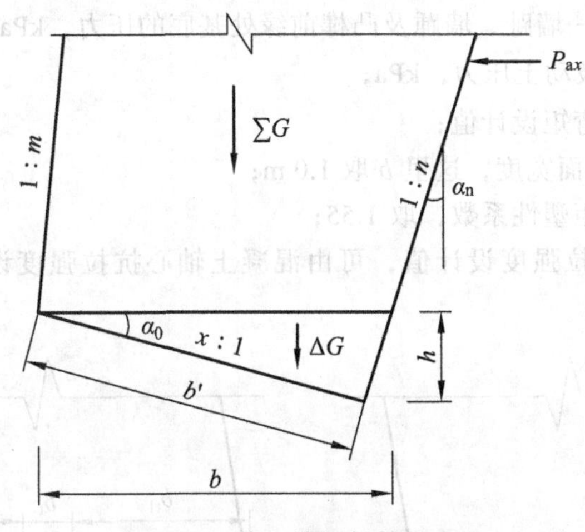

图 3-10　挡土墙倾斜基底力系

需要说明的是，基底的倾斜度不宜过大；如果基底倾角过大，有可能会导致挡土墙与地基土一起滑动。根据《建筑地基基础设计规范》（GB 50007—2011）的规定，土质地基的基底逆坡不宜大于 1 : 10；岩石地基的基底逆坡不宜大于 1 : 5。

2. 设置凸榫基础

凸榫就是在基础底面设置一个与基础连成整体的榫状凸块（见图 3-11）。利用榫前土体的被动土压力增加挡土墙抗滑稳定性。为使榫前被动土楔能够完全形成，且墙后的主动土压力不因设凸榫而增大，凸榫应置于过墙趾与水平成 $(45° - \varphi/2)$ 角线及过墙踵与水平线成 φ 角线所包围的三角形之内（φ 为防滑凸榫面处地基土的内摩擦角）。因此，凸榫的位置和高度必须符合以下条件：

$$\left.\begin{aligned} & b_{\mathrm{t1}} \geqslant H_t \cot\left(45° - \frac{\varphi}{2}\right) \\ & b_{\mathrm{t2}} = b - b_{\mathrm{t1}} - b_{\mathrm{t}} \geqslant H_{\mathrm{t}} \cot\varphi \end{aligned}\right\} \tag{3-31}$$

凸榫前侧距墙趾的最小距离 (b_{t1min}) 为

$$b_{\mathrm{t1min}} = b - \sqrt{b\left\{b - \frac{2K_{\mathrm{s}}P_{\mathrm{ax}} - b\mu\sigma_1}{\sigma_1\left[\cot\left(45° + \dfrac{\varphi}{2}\right) - \mu\right]}\right\}} \tag{3-32}$$

凸榫高度 (H_t) 可由下式计算确定：

$$H_t = \frac{K_s P_{ax} - \frac{1}{2}(b - b_{t1})(\sigma_3 + \sigma_2) \cdot \mu}{\sigma_p} \tag{3-33}$$

凸榫宽度 (b_t) 可由下式计算确定：

$$b_t \geqslant \sqrt{\frac{6M}{b\gamma_m f_{ct}}} \tag{3-34}$$

式中 σ_1, σ_2, σ_3, σ_p——墙趾、墙踵及凸榫前缘处基底的压力，kPa；

σ_p——凸榫前的被动土压力，kPa；

M——凸榫根部弯矩设计值；

b——凸榫根部截面宽度，这里 b 取 1.0 m；

γ_m——截面抵抗矩塑性系数，取 1.55；

f_{ct}——混凝土抗拉强度设计值，可由混凝土轴心抗拉强度设计值 f_t 乘以系数 0.55 确定。

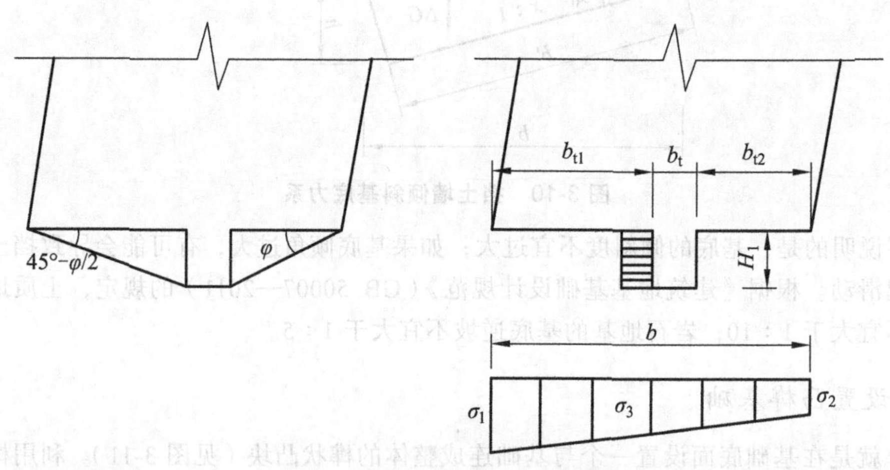

图 3-11 基底凸榫计算示意图

除设置倾斜基底或凸榫外，增大基底摩擦系数，也可以提高挡土墙的抗滑移稳定性。例如在黏性土地基夯嵌碎石，可以增大基础底面与地基之间的摩擦系数，从而提高其抗滑移稳定性。

3.4.2 增加抗倾覆稳定性的措施

1. 改变墙身的胸、背坡的坡度

增加抗倾覆稳定性的实质就是增大抗倾覆力矩，或者减少倾覆力矩。如图 3-12（a）所示，当减小挡土墙胸坡的坡度时，就相当于增大了抗倾覆力矩的力臂；当减小挡墙背坡坡度时，如图 3-12（b）所示，墙后主动土压力就会变小，可使倾覆力矩减小。因此，通过改变墙身的胸、背坡坡度，可增加其抗倾覆稳定性。

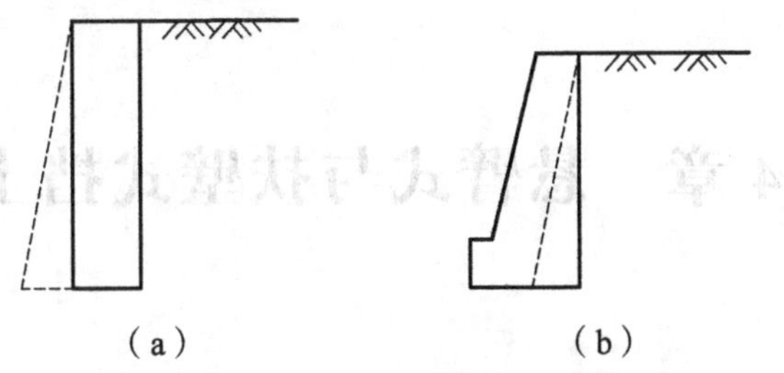

(a)　(b)

图 3-12　挡土墙胸、背坡改变示意图

2. 扩大基础，加设墙趾台阶

扩大挡土墙的基础，加设墙趾台阶，相当于增大了抗倾覆力矩的力臂，可使抗倾覆力矩增大，从而提高挡土墙的抗倾覆稳定性。

3.5　重力式挡土墙施工

重力式挡土墙施工时应注意以下问题：

（1）浆砌块石、条石的施工必须采用座浆法，所用砂浆宜采用机械拌和；块石、条石表面应清洗干净，砂浆填塞应饱满，严禁干砌。

（2）块石、条石挡墙所用石材的上下面应尽可能平整，块石厚度不应小于 0.2m，外露面应用 M7.5 砂浆勾缝；应分层错缝砌筑，基底和墙趾台阶转折处不应有垂直通缝。

（3）墙后填土应优先选择透水性较强的填料；若采用黏性土作为填料，宜掺入适量的碎石；不应采用淤泥、耕植土、膨胀性黏土等软弱有害的岩土体作为填料；墙后填土必须分层夯实，密实度应满足设计要求。

（4）当填方挡土墙墙后地面的横坡坡度大于 1：6 时，应进行地面粗糙处理后再填土；填方基底处理办法有铲除草皮和耕植土、开挖台阶等。

（5）在挡土墙施工前要做好地面排水工作，保持基坑和边坡坡面干燥。

第 4 章　悬臂式与扶壁式挡土墙

4.1　概　述

悬臂式挡土墙由墙面板（立壁）和墙底板（墙趾板和墙踵板）组成（见图 4-1），呈倒“T”字形，有三个悬臂，即立壁、墙趾板和墙踵板。当悬臂式挡土墙墙身较高（大于 6 m）时，墙面板下部的弯矩增大，钢筋用量增多，且墙顶变形增大。为了保证安全和节约成本，一般沿墙长方向，每隔一定距离加设扶壁，使扶壁与墙踵板相互连接起来，这种形式的挡土墙称为扶壁式挡土墙（见图 4-2）。扶壁可以把立壁和墙踵板连接起来，起到加劲的作用，以改善立壁和墙踵板的受力条件，提高结构的刚度和整体性，减小立壁的变形。

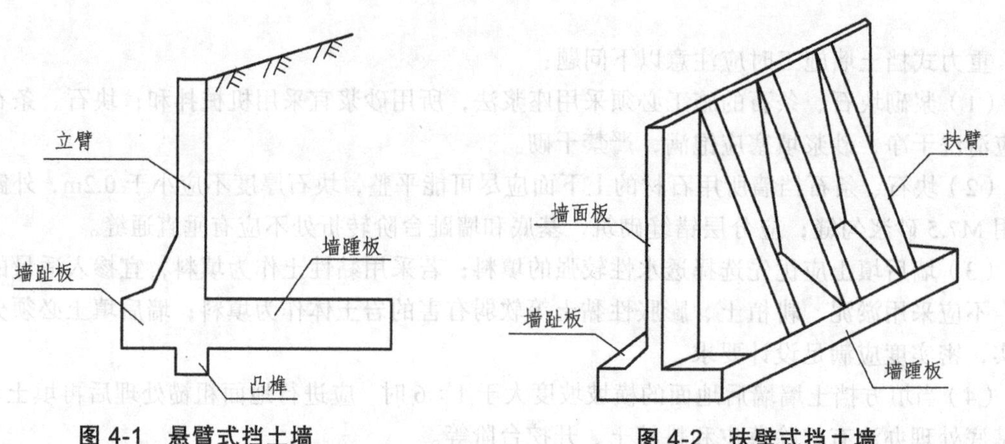

图 4-1　悬臂式挡土墙　　**图 4-2　扶壁式挡土墙**

悬臂式和扶壁式挡土墙都是轻型支挡构筑物。它们依靠墙身自重和墙底板以上填筑的土体质量（包括荷载）维持挡土墙的稳定。墙趾板和墙踵板可以显著增大挡墙的抗滑稳定性和抗倾覆稳定性，减小基底应力；悬臂采用钢筋混凝土浇筑可以很好地发挥材料的强度性能，适应承载力较低的地基。因此，悬臂式和扶壁式挡土墙的主要特点是结构简单、施工方便、墙身断面小、自重轻、抗倾覆稳定性好、基底应力小，适用于石料缺乏和地基承载力较低的填方地段。悬臂式挡土墙适用于墙高 6 m 以内的土质填方边坡；扶壁式挡土墙的高度也不宜超过 10 m。如果墙高过大，钢材用量会急剧增加，影响其经济性能。

悬臂式和扶壁式挡土墙在国内外已得到广泛应用。

4.2　土压力计算

有关土压力的详细计算方法，请参见第 1 章的相关内容。此处仅介绍悬臂式和扶壁式挡土墙土压力计算的一些基本假定。

4.2.1　按库仑理论计算

填土表面为折线或有局部荷载作用时，一般可采用库仑土压力理论计算。计算时，把墙踵下缘与立板上边缘连线作为假想墙背，如图 4-3（a）所示。此时，土对挡土墙墙背的摩擦角 δ 应取土的内摩擦角 φ，ρ 应为假想墙背的倾角；计算 G 时，要计入墙背与假想墙背之间 $\triangle ABD$ 的土体自重。当验算地基承载力、稳定性、墙底板截面内力时，以假想墙背作为计算墙背，进行土压力计算，将计算墙背与实际墙背间的土体重力作为计算墙体的一部分。

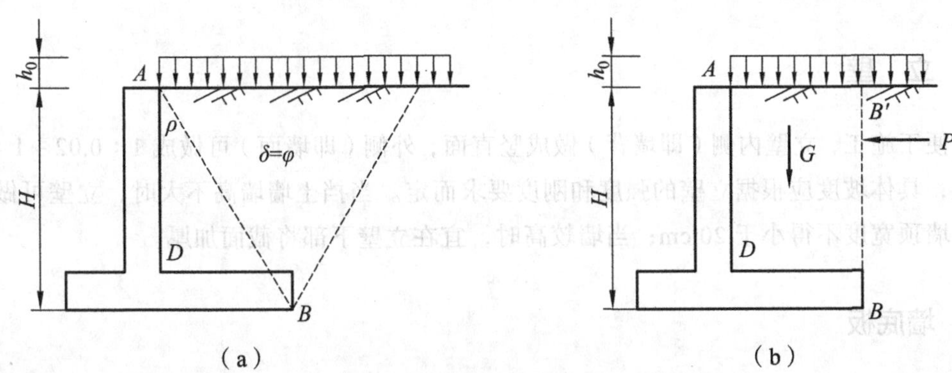

图 4-3　土压力计算简图

4.2.2　按朗肯理论计算

当填土表面为一平面或其上有均布荷载作用时，也可采用朗肯土压力理论计算土压力，如图 4-3（b）所示。按朗肯土压力理论计算的土压力作用于通过墙踵的竖直面 BB' 上。

4.2.3　按第二破裂面理论计算

根据库仑理论，破裂的楔体有两个滑动面：一个是楔体中的破裂面，另一个是墙背。如果假想墙背（AB）的倾角大于临界角（$\rho > \rho_{cr}$），在墙后填土中将会出现第二破裂面，见图 4-4。

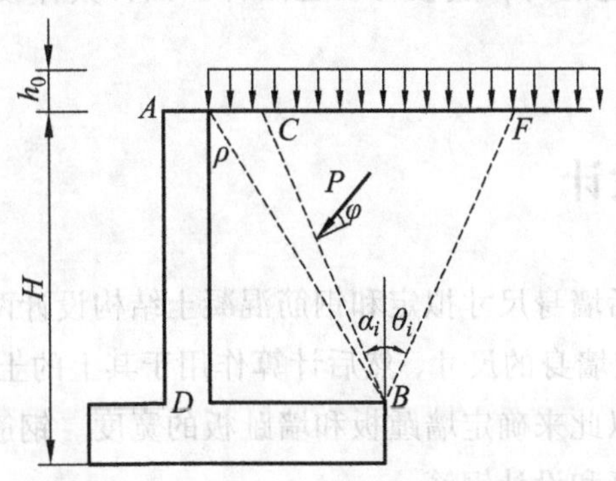

图 4-4　第二破裂面法土压力计算简图

此时土体不再沿墙背滑动，而是沿第二破裂面滑动，需按第二破裂面法计算土压力。第二破裂面法实质就是以第二破裂面作为计算墙背，将计算墙背与实际墙背间的土体重力作为计算墙体的一部分，仍按照库仑理论计算土压力。

4.3 悬臂式挡土墙构造

悬臂式挡土墙主要由立壁和墙底板两大部分组成，当墙身受抗滑稳定控制时，还需采用凸榫基础。

4.3.1 立 壁

为便于施工，立壁内侧（即墙背）做成竖直面，外侧（即墙面）可做成 1：0.02 ~ 1：0.05 的斜坡，具体坡度应根据立壁的强度和刚度要求而定。当挡土墙墙高不大时，立壁可做成等厚度，墙顶宽度不得小于 20 cm；当墙较高时，宜在立壁下部将截面加厚。

4.3.2 墙底板

墙底板由墙趾板和墙踵板两部分组成，水平设置。通常做成底面水平，顶面由立臂连接处向两侧倾斜的变厚度板。墙踵板应具有一定的刚度，其宽度由全墙抗滑稳定验算确定，宜为墙高的 1/4 ~ 1/2，且不小于 0.5 m。靠近立壁处，厚度一般取墙高的 1/12 ~ 1/10，且不应小于 30 cm。墙趾板的宽度应根据全墙的倾覆稳定、基底应力（即地基承载力）和偏心距等条件确定，其厚度与墙踵板相同。墙底板的总宽度由墙的整体稳定性决定，一般取墙高的 0.5 ~ 0.7 倍。当墙后地下水位较高，且为软弱地基土时，墙底板的总宽度可能会增大到 1 倍墙高或更大。

4.3.3 凸 榫

为提高挡土墙抗滑稳定能力，底板可设置凸榫。凸榫具体设置的位置及强度计算参见 3.4.1 节。

4.4 悬臂式挡土墙设计

悬臂式挡土墙设计包括墙身尺寸拟定和钢筋混凝土结构设计两大部分。墙身尺寸是通过试算法确定，也就是先拟定墙身的尺寸，然后计算作用于其上的土压力，再进行稳定性验算，直至通过全部稳定验算，以此来确定墙踵板和墙趾板的宽度。钢筋混凝土结构设计是对已确定的墙身尺寸进行内力计算和设计钢筋。

4.4.1　墙身尺寸拟定

1. 墙底板宽度

墙底板宽度决定了悬臂式挡土墙的整体稳定性。增大墙底板宽度，可提高挡土墙的抗滑稳定性和抗倾覆稳定性，降低基底应力。墙底板的宽度（b）由三部分组成：墙趾板宽度(b_1)、立壁底宽度(b_2)和墙踵板宽度(b_3)，见图 4-5。

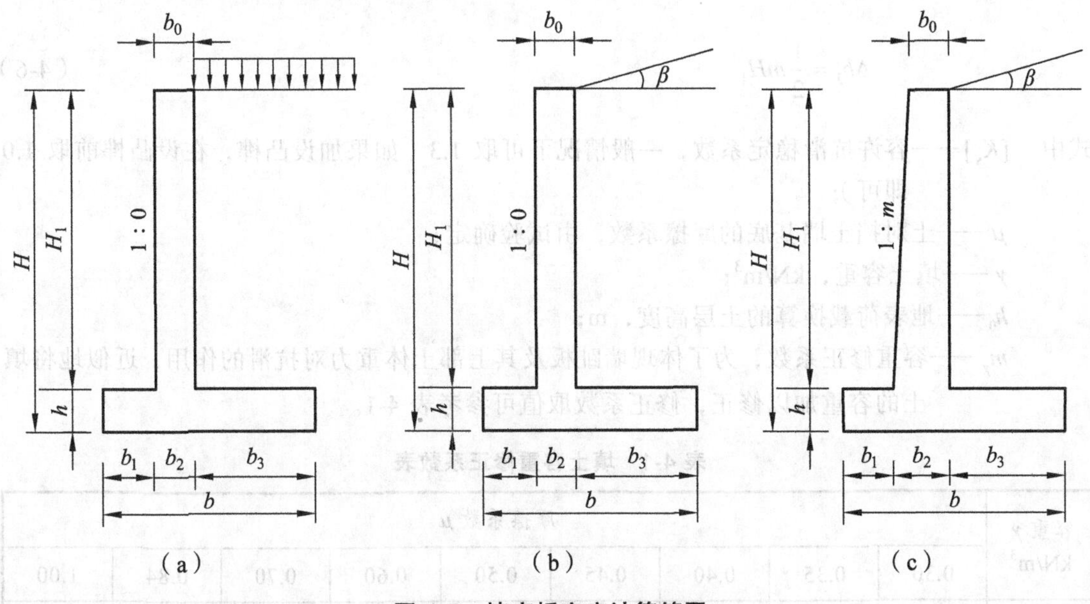

图 4-5　墙底板宽度计算简图

（1）墙踵板宽度。

墙踵板宽度(b_3)是根据挡土墙抗滑稳定性要求确定的。挡土墙滑动稳定安全系数为

$$K_s = \frac{\mu \cdot \sum G}{P_{ax}} \tag{4-1}$$

竖向力$\sum G$包括墙身自重、墙趾板上的填土重、墙踵板上的填土重及顶部荷载。因此，在墙身尺寸拟定时，若墙后填土表面水平，如图 4-5（a）所示，$\sum G$可近似计算为

$$\sum G = (b_2 + b_3)(H + h_0)m_\gamma \gamma \tag{4-2}$$

把式（4-2）代入式（4-1），整理后可得墙踵板的宽度：

$$b_3 \geqslant \frac{[K_s]P_{ax}}{\mu(H + h_0)m_\gamma \gamma} - b_2 \quad (K_s \geqslant [K_s]) \tag{4-3}$$

若墙后填土表面倾斜，如图 4-5（b）所示，$\sum G$可近似计算为

$$\sum G = (b_2 + b_3)\left(H + \frac{1}{2}b_3 \tan\varphi\right)m_\gamma \gamma + P_{ay} \tag{4-4}$$

相应地可得墙踵板的宽度(b_3)：

$$b_3 \geqslant \frac{[K_s]P_{ax} - \mu P_{ay}}{\mu\left(H + \frac{1}{2}b_3 \tan\beta\right)m_\gamma \gamma} - b_2 \quad (K_s \geqslant [K_s]) \tag{4-5}$$

当立壁面坡的坡度为 1∶m 时，如图 4-5（c）所示，墙踵板的宽度应加上壁面坡修正宽度 Δb_3：

$$\Delta b_3 = \frac{1}{2}mH_1 \tag{4-6}$$

式中 $[K_s]$——容许抗滑稳定系数，一般情况下可取 1.3（如果加设凸榫，在设凸榫前取 1.0 即可）；

μ——土对挡土墙基底的摩擦系数，由试验确定；

γ——填土容重，kN/m³；

h_0——地表荷载换算的土层高度，m；

m_γ——容重修正系数，为了体现墙趾板及其上部土体重力对抗滑的作用，近似地将填土的容重加以修正，修正系数取值可参考表 4-1。

表 4-1 填土容重修正系数表

容重 γ kN/m³	摩擦系数 μ								
	0.30	0.35	0.40	0.45	0.50	0.60	0.70	0.84	1.00
16	1.07	1.08	1.09	1.10	1.12	1.13	1.15	1.17	1.20
18	1.05	1.06	1.07	1.08	1.09	1.11	1.12	1.14	1.16
20	1.03	1.04	1.04	1.05	1.06	1.07	1.08	1.10	1.12

（2）墙趾板宽度。

墙趾板宽度除满足抗倾覆稳定性要求外，一般由基底应力或偏心距控制，并要求墙踵处的基底不出现拉应力。有时因地基承载力很低，致使计算的墙趾板过宽时，可适当增加墙踵板的宽度。

墙趾板的宽度可参考以下方法进行计算。

若墙后填土表面水平，顶部无均布荷载时：

$$b_1 = \frac{\mu H}{2[K_s]} - \frac{1}{4}(b_2 + b_3) \tag{4-7}$$

若墙后填土表面水平，顶部有均布荷载时［见图 4-5（a）]：

$$b_1 = \frac{\mu H(3h_0 + H)}{2[K_s](2h_0 + H)} - \frac{1}{4}(b_2 + b_3) \tag{4-8}$$

若墙后填土表面倾斜［见图 4-5（b）］时：

$$b_1 = \frac{\mu(H + b_3 \tan\beta)}{2[K_s]} - \frac{1}{4}(b_2 + b_3) \tag{4-9}$$

墙趾板宽度计算方法的推理过程详见参考文献《公路挡土墙设计》。

2. 墙身内力计算

立壁和墙底板的厚度必须满足截面强度要求，因此首先需要确定各截面处的剪力和弯矩值。为了便于内力计算，悬臂式挡土墙可简化为三个悬臂梁：立壁梁、墙趾板梁和墙踵板梁。同时假定三个悬臂梁均固支于中间夹块 $ABCD$ 上（见图 4-6），中间夹块处于平衡状态。

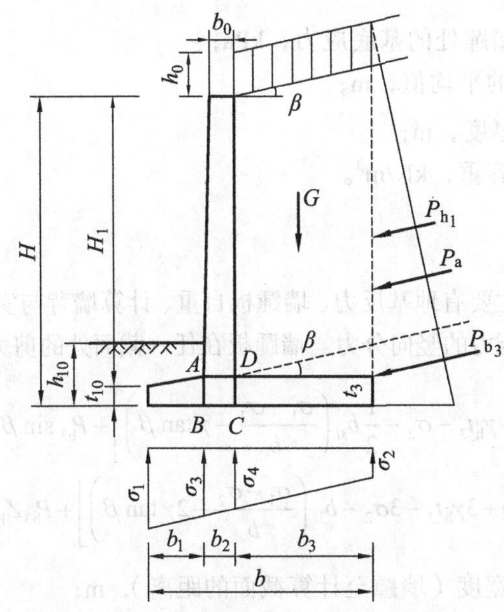

图 4-6　悬臂式挡土墙内力计算图式

（1）立壁内力计算。

立壁承受墙后的主动土压力，任一截面所受的剪力 Q_{1i} 为该截面以上（计算截面至立壁顶之间）主动土压力（含地表荷载）的水平分力：

$$Q_{1i} = \gamma h_i \cos\beta \left(h_0 + \frac{1}{2} h_i \right) K_a \tag{4-10}$$

相应的，该截面处的弯矩 M_{1i} 应为主动土压力水平分力和地表荷载水平分力所产生的弯矩之和。前者的力矩作用点位于距计算截面 1/3 墙高处 $(h_i/3)$，后者的力矩作用点位于距计算截面 1/2 墙高处 $(h_i/2)$。二者叠加后可得

$$M_{1i} = \frac{1}{6} \gamma h_i^2 \cos\beta (h_i + 3h_0) K_a \tag{4-11}$$

式中　h_i——计算截面至立壁顶之间的墙高，m。

其余符号含义同前。

（2）墙趾板内力计算。

作用于墙趾板上的力主要有地基反力、墙趾板自重和墙趾板上填土的重力。墙趾板 AB 截面处（见图 4-6）所受的剪力 Q_2 为地基反力与墙趾板自重和墙趾板上填土重之差：

$$Q_2 = b_1\left[\sigma_1-(\sigma_1-\sigma_2)\frac{b_1}{2b}-\gamma_h t_{pj}-\gamma(h_D-t_{pj})\right] \tag{4-12}$$

相应的，墙趾板 AB 截面处所受弯矩 M_2 为

$$M_2=\frac{b_1^2}{6}\left[3(\sigma_1-\gamma h_D)-(\gamma_h-\gamma)(t_1^0+2t_{pj})-(\sigma_1-\sigma_2)\frac{b_1}{b}\right] \tag{4-13}$$

式中 σ_1，σ_2——墙趾和墙踵处的基底应力，kPa；

t_{pj}——墙趾板厚度的平均值，m；

t_1^0——墙趾板端部厚度，m；

γ_h——钢筋混凝土容重，kN/m^3。

其余符号含义同前。

（3）墙踵板内力计算。

作用于墙踵板上的力主要有地基反力、墙踵板自重、计算墙背与实际墙背间的土体重力（包括地表荷载）以及主动土压力的竖向分力。墙踵板在任一截面处的剪力 Q_{3i} 和弯矩 M_{3i} 分别为

$$Q_{3i}=b_{3i}\left[\gamma\left(H_1+h_0\right)+\gamma_h t_3-\sigma_2-\frac{1}{2}b_{3i}\left(\frac{\sigma_1-\sigma_2}{b}-\gamma\tan\beta\right)\right]+P_{b3}\sin\beta \tag{4-14}$$

$$M_{3i}=\frac{b_{3i}^2}{6}\left[3\gamma(H_1+h_0)+3\gamma_h t_3-3\sigma_2-b_{3i}\left(\frac{\sigma_1-\sigma_2}{b}-2\gamma\tan\beta\right)\right]+P_{b3}Z_{Pb3}\sin\beta \tag{4-15}$$

式中 b_{3i}——墙踵板计算宽度（墙踵至计算截面的距离），m；

P_{b3}——作用在墙踵板上的主动土压力，kN；

Z_{Pb3}——作用在墙踵板上的主动土压力竖向分力对计算截面的力臂，m，

$$Z_{Pb_3}=\frac{b_{3i}}{3}\left[1+\frac{(h_0+H_1)+2b_{3i}\tan\beta}{2\left(h_0+H_1\right)+b_{3i}\tan\beta}\right]$$

t_3——墙踵板厚度，m。

其余符号含义同前。

（4）立壁和墙底板厚度。

立壁和墙底板厚度根据截面内力和弯矩的计算结果，按配筋要求和斜裂缝宽度要求计算有效厚度，取其大者作为设计值。

① 按配筋要求确定截面厚度。

按配筋率要求，截面厚度需满足：

$$t\geqslant\sqrt{\frac{M_j\eta_c}{A_0LR_a}} \tag{4-16}$$

式中 t——计算截面（立壁高度和底板宽度范围内任一截面）的有效厚度，m；

M_j——计算的弯矩（kN · m），见公式（4-11）、（4-13）和（4-15）；

η_c——混凝土安全系数，此处可取 1.25；

L——矩形截面单位长度（m），此处为 1.0 m；

A_0——计算系数，

$$A_0=\frac{\psi R_g}{2R_a}\left(2-\frac{\psi R_g}{R_a}\right) \tag{4-17}$$

ψ——配筋率，取 0.3%～0.8%；

R_g——纵向受拉钢筋设计强度，kPa；

R_a——混凝土抗压设计强度，kPa。

② 按斜裂缝宽度要求确定截面厚度。

为了防止斜裂缝展开过大或端部斜压破坏，截面有效厚度需满足：

$$t\geqslant\frac{Q_j}{0.05\sqrt{RL}} \tag{4-18}$$

式中　t——计算截面的有效厚度，cm；

Q_j——计算剪力（kN），见公式（4-10）、（4-12）和（4-14）；

R——混凝土标号，MPa；

L——矩形截面单位长度，此处取 100 cm。

4.4.2　钢筋混凝土配筋设计

悬臂式挡土墙的立壁和墙底板均按受弯构件设计。受弯构件的配筋设计应根据构件所受弯矩计算钢筋截面面积，然后确定钢筋的直径和布置。

1. 钢筋截面面积的计算

钢筋的截面面积可按下式计算：

$$A_s=\frac{f_{ck}}{f_y}bh_0\left(1-\sqrt{\frac{2M}{f_{ck}bh_0^2}}\right) \tag{4-19}$$

式中　f_{ck}——混凝土轴心抗压强度标准值，MPa；

f_y——钢筋的抗拉强度设计值；

b——截面宽度，取单位长度，m；

h_0——截面的有效高度，m；

M——截面设计弯矩，kN · m。

2. 立壁钢筋设计

立壁受力钢筋沿内侧（墙背）竖直放置（见图 4-7），底部钢筋间距一般采用 100～150 mm。根据弯矩图，如图 4-7（a）所示，立壁承受的弯矩从底部向上越来越小，上部配筋可相应减少。当墙身立壁较高时，可将钢筋分别在不同高度分多次切断，仅将 1/4 ~ 1/3 的受力钢筋延伸到立壁顶部，并保证顶部受力钢筋间距不大于 500 mm。钢筋切断部位应在理论切断点以上再加一个钢筋锚固长度，下端应插入底板一个锚固长度。锚固长度一般取 25 ~ 30d（d 为钢筋直径）。

在水平方向应配置不小于 ϕ6 mm 的分布钢筋，间距不大于 400 ~ 500 mm，钢筋截面面积不小于立壁底部受力钢筋截面面积的 10%。

对于特别重要的悬臂式挡土墙，在立壁的墙面一侧和墙顶，也按构造要求配置少量钢筋或钢丝网，以提高混凝土表层抵抗温度变化和混凝土收缩的能力，防止混凝土表层出现裂缝。

3. 墙底板钢筋设计

根据墙底板的受力特点，墙踵板的受力钢筋应布置在顶面；而墙趾板的受力钢筋应布置在底面，见图 4-7。墙踵板钢筋的一端伸入立壁与墙底板连接处，伸入不小于一个锚固长度的距离；另一端按弯矩图切断，并自理论切断点向外延长一个锚固长度。墙趾板钢筋的一端也伸入立壁与墙底板连接处，伸入不小于一个锚固长度的距离；另一端应有一半延伸到墙趾，另一半在墙趾宽度的 1/2 加一个锚固长度处切断。

在实际设计中，常将立壁底部受力钢筋一半或全部弯曲作为墙趾板的受力钢筋。立壁与墙踵板连接处最好做成贴角予以加强，并配以构造筋。构造筋直径与间距可与墙踵板钢筋一致，底板也应配置构造钢筋。钢筋直径及间距均应符合有关规范的规定。

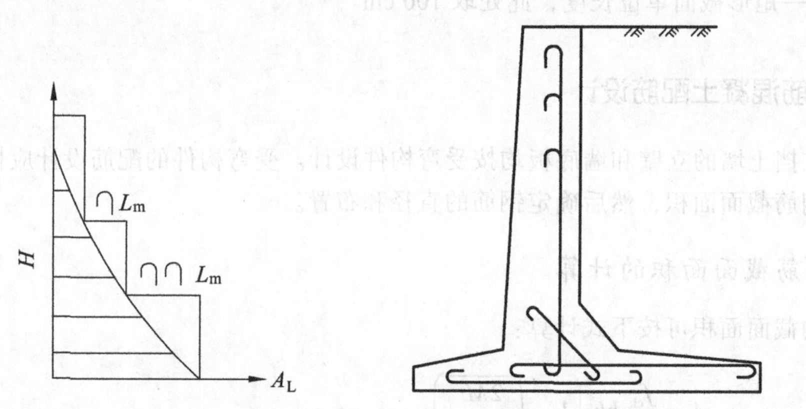

图 4-7 悬臂式挡土墙配筋示意图

4.5 扶壁式挡土墙构造

扶壁式挡土墙由墙面板（立壁）、墙底板和扶壁三大部分组成，见图 4-2。通常底板设有凸榫。墙面板和墙踵板均以扶壁为支座而成为多跨连续板。

墙面板通常为等厚的垂直面板，其厚度与扶壁的间距成正比，但不应小于 0.2 m。墙面板在扶壁处的外伸长度，宜根据外伸悬臂固端弯矩与中间跨固端弯矩相等的原则确定，可取扶壁净距的 0.35 倍左右[注]。扶壁间距宜取挡土墙高度的 1/3 ~ 1/2；扶壁厚度宜取扶壁间距的

注：理论计算值为 0.41 倍，参见文献（公路挡土墙设计）。

1/8 ~ 1/6，可采用 0.3 ~ 0.4 m。

墙底板和凸榫的构造与悬臂式挡土墙相同。

4.6　扶壁式挡土墙设计

扶壁式挡土墙设计与悬臂式挡土墙设计相近，但有其自己的特点。扶壁式挡土墙设计内容主要包括墙身构造设计、墙身截面尺寸的拟定、墙身稳定性和基底应力及合力偏心距验算、墙身配筋设计和裂缝展开宽度验算等。

扶壁式挡土墙土压力计算，墙底各部分尺寸、立壁和墙底板厚度的计算，墙身稳定性和基底应力及合力偏心距验算等均与悬臂式挡土墙相同，不再赘述。在此重点介绍墙身内力计算和配筋设计。

4.6.1　墙身内力计算

1. 墙面板内力计算

（1）计算模型和计算荷载。

为便于墙面板内力分析，取扶壁中至扶壁中或跨中至跨中的一段为计算单元，并视为固支于扶壁及墙踵板上的三向固支板。计算时，通常将墙面板沿墙高和墙长方向划分为若干个单位宽度的水平和竖直板条，假定每一单元条上作用大小为该单元条位置处平均值的均布荷载。

在计算墙面板的内力时，采用如图 4-8 所示的替代土压应力图形。由图可知 *afge* 为按土压力公式计算的法向土压应力；有水平画线的梯形 *abde* 部分的土压力由墙面板传至扶壁，在墙面板的水平板条内产生水平弯矩和剪力；有竖直画线的图形 *afb* 部分的土压力通过墙面板传至墙踵板，在墙面板竖直板条的下部产生较大的弯矩。在计算跨中水平正弯矩时，采用图形 *abd*；在计算扶壁两侧固结端水平负弯矩时，采用图形 *abce*。图中，σ_0 和 σ_{h1} 计算方法同前。

$$\sigma_{pj}=\frac{\sigma_{h1}}{2}+\sigma_0 \tag{4-20}$$

（2）水平内力和弯矩。

计算时，假定每一水平板条均为支承在扶壁上的连续梁，荷载沿板条均匀分布，大小等于该板条所在深度的法向土压应力。连续梁的弯矩和剪力的计算方法见《建筑结构静力计算手册》。此处，可按图 4-9 中给出的弯矩系数，计算受力最大板条跨中和扶壁两端的弯矩和剪力。

跨中正弯矩[注]：$$M_{中}=\frac{\sigma_{pj}L^2}{20} \tag{4-21}$$

扶壁两端负弯矩：$$M_{端}=-\frac{\sigma_{pj}L^2}{12} \tag{4-22}$$

支点剪力：$$Q_{端}=\frac{\sigma_{pj}L}{2} \tag{4-23}$$

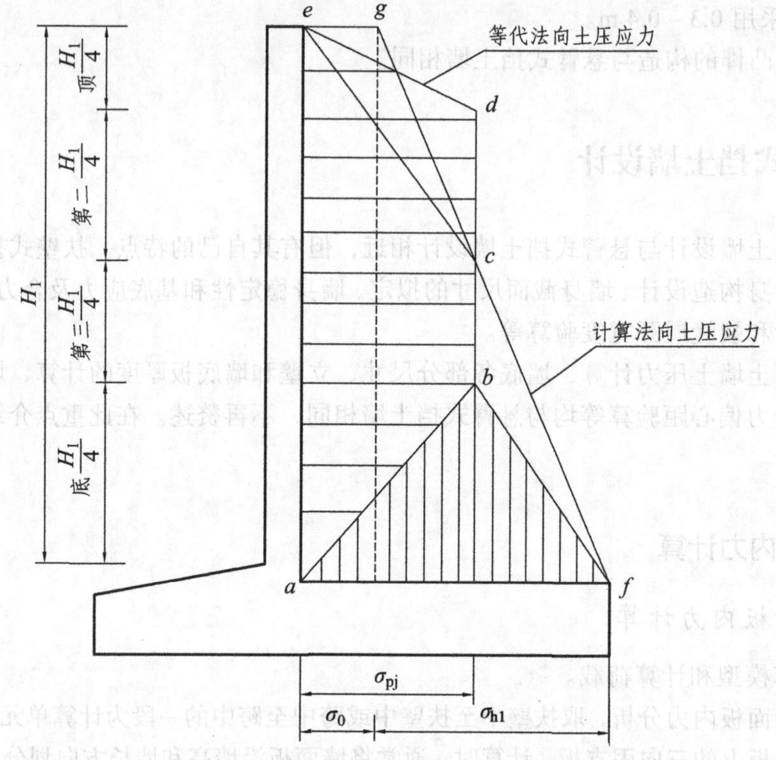

图 4-8 墙面板的等代土压力图形

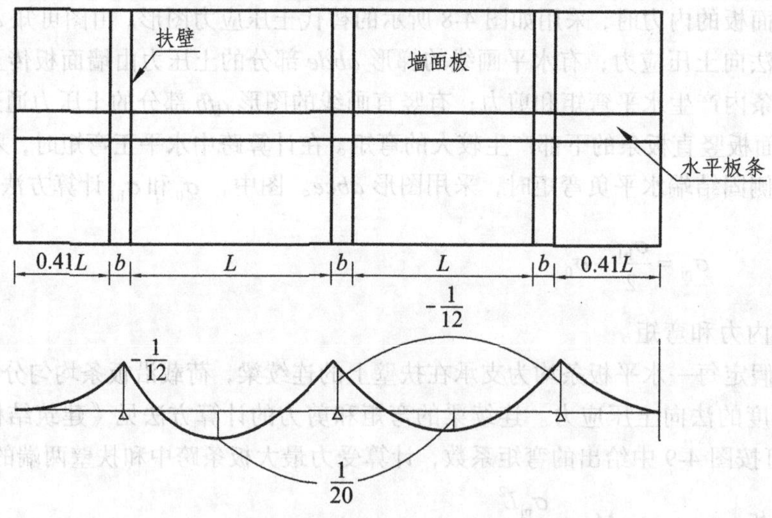

图 4-9 墙面板的水平弯矩系数

需要说明的是，墙面板承受的最大水平正弯矩和最大水平负弯矩在竖直方向上分别发生在扶壁跨中的 $H_1/2$ 处和扶壁固支处的第三个 $H_1/4$ 处。

（3）竖直弯矩。

作用于墙面板的土压力（见图 4-8 中 *afb*）在墙面板内产生竖直弯矩。扶壁跨中的竖直弯矩沿墙高分布，如图 4-10（a）所示，负弯矩出现在墙背一侧底部 $H_1/4$ 范围内；正弯矩出现在墙面一侧的中上部。最大竖直负弯矩$(M_{底})$出现在墙面板底部；最大竖直正弯矩出现在第三个$H_1/4$段内，其值等于最大负弯矩的1/4。

最大竖直负弯矩$(M_{底})$可近似按下式计算：

$$M_{底}=-0.03(\sigma_{H_1}+\sigma_0)H_1L \tag{4-24}$$

扶壁跨中的竖直弯矩沿墙长方向（纵向）呈抛物线分布，如图4-10（b）所示。为了简化计算，设计时可采用中部2L/3范围内的竖直弯矩取其最大值（$M_{底}$），两端各L/6范围内的竖直弯矩取最大值的一半（$M_{底}/2$）。

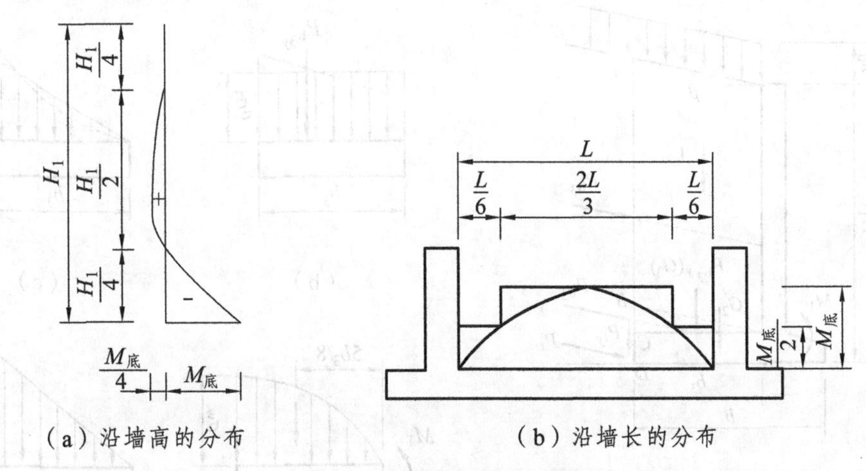

图4-10　墙面板的竖直弯矩

2. 墙踵板内力计算

（1）计算模型和计算荷载。

墙踵板可视为支承于扶壁上的连续板，不计墙面板对它的约束，而视其为铰支。内力计算时，可将墙踵板顺墙长方向划分为若干单位宽度的水平板条，并假定竖向荷载在每一连续板条上的最大值均匀作用在板条上。

作用于墙踵板上的力主要有（见图4-11）：计算墙背与实际墙背间的土体重力（包括地表荷载）(G_1)、墙踵板自重(G_2)、作用于墙踵板顶面上的主动土压力竖向分力(P_{b_3y})、作用于墙踵板端部的土压力竖向分力(P_{ty})以及地基反力等。除了以上诸力外，还需考虑墙趾板弯矩在墙踵板上引起的等代荷载(W)。

等代荷载的竖直应力可近似假设呈抛物线形分布（见图4-11），其重心位于距固支端$5b_3/8$处，以其对固支端的力矩与墙趾板弯矩相平衡，可得墙踵处的应力：

$$\sigma_w=\frac{2.4M_1}{b_3^2} \tag{4-25}$$

将上述荷载在墙踵板上引起的竖直压应力叠加，即可得到墙踵板的计算荷载。由于墙面板对墙踵板的支撑约束作用，在墙踵板与墙面板衔接处，板条在墙踵板沿墙长方向的弯曲变形为零，向墙踵方向变形逐渐增大，故可近似地假设墙踵板的计算荷载为三角形分布。荷载最大值出现在墙踵处：

$$\sigma_{\rm p}=\gamma(H_1+b_3\tan\beta+h_0)+\gamma_{\rm h}t_3+\frac{\sin\beta}{b_3}(P_{b_3}+2P_{\rm t})+\frac{2.4M_1}{b_3^2}-\sigma_2 \tag{4-26}$$

式中 P_{b_3}——作用在 BC 面上的土压力，kN；

$P_{\rm t}$——作用在 CD 面上的土压力，kN；

M_1——墙趾板固端处的计算弯矩，kN·m；

t_3——墙踵板厚度，m；

σ_2——墙踵板端处的地基反力，kPa。

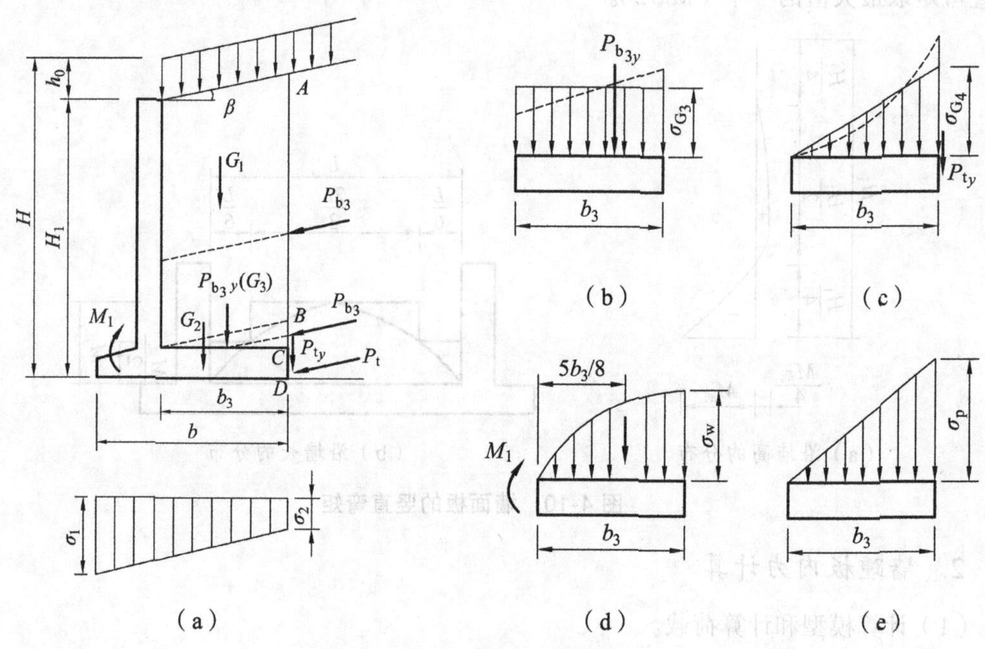

图 4-11 墙踵板计算荷载图式

（2）纵向内力。

墙踵板纵向（沿墙长方向）板条的弯矩和剪力计算与墙面板相同，各内力分别如下：

跨中正弯矩： $$M_{中}=\frac{\sigma_{\rm w}L^2}{20} \tag{4-27}$$

支点负弯矩： $$M_{端}=-\frac{\sigma_{\rm w}L^2}{12} \tag{4-28}$$

支点剪力： $$Q_{端}=\frac{\sigma_{\rm w}L}{2} \tag{4-29}$$

由于假设了墙踵板与墙面板为铰支连接，作用于墙面板的水平土压力主要通过扶壁传至墙踵板，故不需计算墙踵板横向板条的弯矩和剪力。

3. 扶壁内力计算

（1）计算模型和计算荷载。

扶壁可视为锚固在墙踵板上的 T 形截面悬臂梁，墙面板则作为该 T 形梁的翼缘板。翼缘板的有效计算宽度由墙顶向下逐渐加宽。

为了简化计算，计算荷载只考虑墙背主动土压力的水平分力，扶壁和墙面板的自重以及土压力的竖向分力忽略不计。

（2）剪力和弯矩。

扶壁承受跨中至跨中长度 L_w 与墙面板高 H_1 范围内的土压力。在土压力水平分力的作用下产生剪力和弯矩。各截面处的剪力和弯矩按悬臂梁计算，计算方法与悬臂式挡土墙立壁各截面处的计算方法相同，具体的计算过程参考悬臂式挡土墙的计算。各截面处的剪力和弯矩为

$$Q_{h_i} = \gamma h_i L_w \left(\frac{1}{2}h_i + h_0\right) K_a \cos\beta \tag{4-30}$$

$$M_{h_i} = \frac{1}{6}\gamma h_i^2 L_w (h_i + 3h_0) K_a \cos\beta \tag{4-31}$$

式中　Q_{h_i}——高度为 h_i（从墙顶算起）截面处的剪力，kN；

M_{h_i}——高度为 h_i（从墙顶算起）截面处的弯矩，kN·m；

L_w——跨中至跨中的计算长度，m。

注意：此处墙的长度不是按单位长度计算的，而是按跨中至跨中的长度 L_w 计算的。

4.6.2　钢筋混凝土配筋设计

扶壁式挡土墙的墙面板、墙趾板和墙踵板，按一般受弯构件配筋，扶壁则按变截面的T形梁配筋。

1. 墙面板

（1）水平受拉钢筋。

墙面板的水平受拉钢筋分为内侧和外侧钢筋两种。如图4-12所示，内侧水平受拉钢筋 N_2 沿墙长方向水平布置在墙面板靠填土一侧，承受水平负弯矩；外侧水平受拉钢筋 N_3 沿墙长方向水平布置在墙面板临空一侧，承受水平正弯矩。

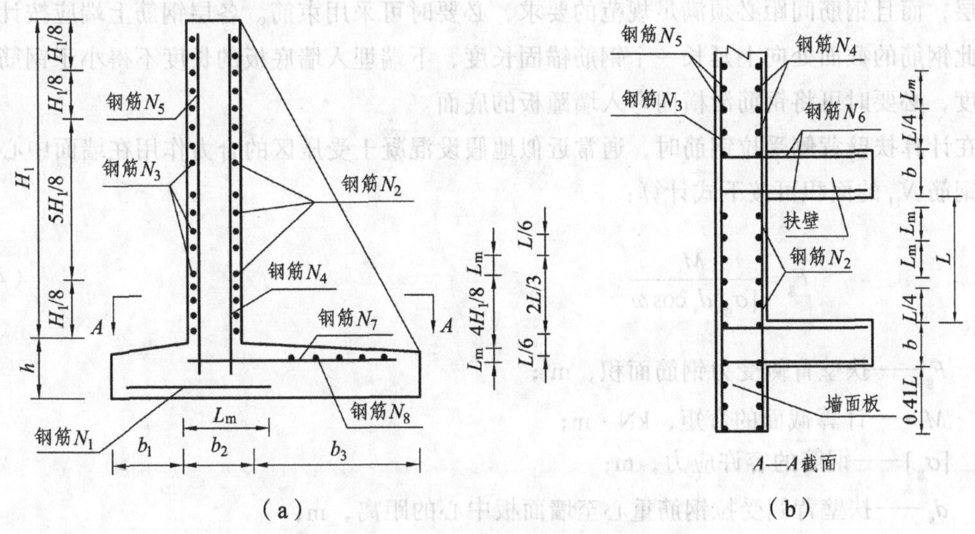

图4-12　扶壁式挡土墙配筋示意图

水平受拉钢筋沿墙高方向的布置应根据墙面板受力特点（见图 4-8、图 4-9）确定。内侧水平受拉钢筋在距墙顶 $H_1/4 \sim 7H_1/8$ 内，按固端负弯矩 $M_{端}$（式 4-22）配筋，其他部分按 $(M_{端}/2)$ 配筋。外侧水平受拉钢筋在距墙顶 $H_1/8 \sim 7H_1/8$ 内，按跨中正弯矩 $M_{中}$（式 4-21）配筋，其他部分按 $(M_{中}/2)$ 配筋。

（2）竖直纵向受力钢筋。

墙面板竖直纵向受力钢筋，也分为内侧和外侧钢筋两种。如图 4-12 所示，内侧竖直受力钢筋 N_4 垂直布置于墙面板靠填土一侧，承受墙面板的竖直负弯矩；外侧竖直受力钢筋 N_5 垂直布置于墙面板临空一侧，承受墙面板的竖直正弯矩。

竖直受力钢筋的布置也应根据墙面板受力特点（见图 4-8、4-10）确定。如图 4-10（a）所示，墙面板竖直负弯矩出现在墙背一侧底部 $H_1/4$ 范围内。内侧竖直受力钢筋在竖直方向上，向下伸入墙踵板不少于一个钢筋锚固长度，向上在距墙踵板顶面 $H_1/4$ 加一个钢筋锚固长度处切断；如图 4-10（b）所示，沿墙长方向上，在跨中 $2l/3$ 范围内按跨中最大竖直负弯矩 $(M_{底})$ 配筋，其两侧各 $l/6$ 部分按最大竖直负弯矩的一半 $(M_{底}/2)$ 配筋。外侧竖直受力钢筋的配筋按最大竖直正弯矩 $(M_{底}/4)$ 配筋，可通长布置，兼做墙面板的分布钢筋之用。

（3）墙面与扶壁间的 U 形拉筋。

连接墙面板与扶壁的 U 形拉筋 N_6 开口朝向扶壁的背侧，水平方向通长布置，如图 4-12（b）所示。该钢筋每一肢承受的力为水平板条的支点剪力 $(Q_{端})$，剪力根据式（4-23）计算的高度为拉筋间距进行计算。

2. 扶 壁

根据扶壁的受力特点，除应布置与墙面板相连接的 U 形拉筋 N_6 外，还应在扶壁背侧布置受拉钢筋 N_{11}。在配置钢筋 N_{11} 时，需根据扶壁的弯矩图，如图 4-13（b）所示，选择取 2～3 个截面分别计算所需受拉钢筋的根数。为了节省混凝土，钢筋 N_{11} 可按多层排列，但不得多于三层，而且钢筋间距必须满足规范的要求，必要时可采用束筋。各层钢筋上端应按计算不需要此钢筋的截面处向上延长一个钢筋锚固长度，下端埋入墙底板的长度不得小于钢筋的锚固长度，必要时可将钢筋沿横向弯入墙踵板的底面。

在计算扶壁背侧受拉钢筋时，通常近似地假设混凝土受压区的合力作用在墙面中心处。受拉钢筋 N_{11} 的面积可按下式计算：

$$F_g = \frac{M}{[\sigma_g] d_s \cos\omega} \tag{4-32}$$

式中 F_g——扶壁背侧受力钢筋面积，m^2；

M——计算截面的弯矩，kN · m；

$[\sigma_g]$——钢筋的容许应力，m；

d_s——扶壁背侧受拉钢筋重心至墙面板中心的距离，m；

ω——扶壁背侧受拉钢筋与竖直方向的夹角，°。

3. 墙踵板

墙踵板内需要布置顶面横向水平钢筋、顶底面纵向水平受拉钢筋和连接扶壁的U形拉筋。

如图4-13所示，横向水平钢筋N_7布置于墙踵板顶面，与墙面板垂直，承受与墙面板竖直最大负弯矩相同的弯矩。钢筋N_7沿墙长方向的布置与墙面板内侧竖直受力钢筋N_4的布置相同；沿垂直于墙面板的方向，一端伸入墙面板一个钢筋锚固长度，另一端延长至墙踵，作为墙踵板顶面纵向受拉钢筋N_8的定位钢筋。如果钢筋N_7布置较密，可以把其中一半钢筋在距墙踵板半宽加一个钢筋锚固长度处切断。

如图4-13所示，墙踵板顶、底面纵向水平受拉钢筋(N_8、N_9)承受扶壁两端在墙踵板内的负弯矩和跨中正弯矩，沿墙长方向通长布置且与墙面板水平受拉钢筋相同，为了施工方便，也可在扶壁中心处切断；在垂直墙面板方向，可将墙踵板的计算荷载划分为2～3个分区，每个分区按受力最大板条的法向压应力配置钢筋。

如图4-13所示，墙踵板与扶壁间的U形拉筋(N_{10})与墙面板与扶壁间的U形拉筋(N_6)的计算方法相同。U形拉筋(N_{10})开口朝上，可在距墙踵板顶面一个钢筋锚固长度处切断，也可延至扶壁顶面，作为扶壁两侧的分布钢筋；在垂直于墙面板方向，U形拉筋(N_{10})的分布与墙踵板顶面纵向水平钢筋(N_8)的分布相同。

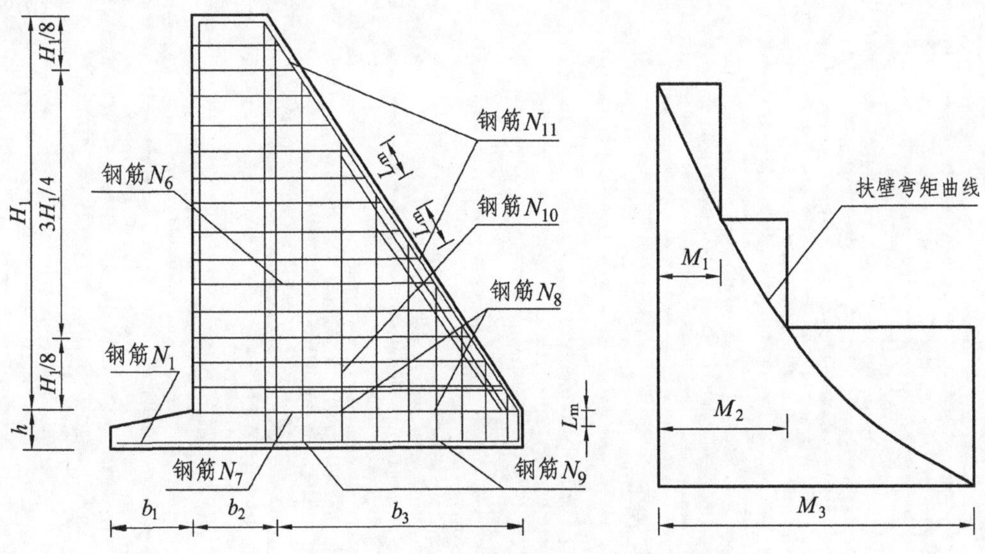

图4-13　扶壁和墙踵板钢筋布置示意图

4. 墙趾板

扶壁式挡土墙墙趾板的配筋设计与悬臂式挡土墙墙趾板的配筋设计相同。

4.7　挡土墙施工

悬臂式和扶壁式挡土墙施工时应注意以下问题：

（1）施工时应做好排水系统，避免水软化地基，降低地基承载力。基坑开挖后应及时进行封闭和基础施工。

（2）施工时应清除填土中的草和树皮、树根等杂物。在墙身混凝土强度达到设计强度的70%后方可进行填土，填土应分层夯实。

（3）扶壁间回填宜对称实施，施工时应控制填土对挡墙的不利影响。挡墙泄水孔的反滤层应当在填筑过程中及时施工。

（4）挡墙后地面的横坡坡度大于1∶6时，应在进行地面粗糙处理后再填土。

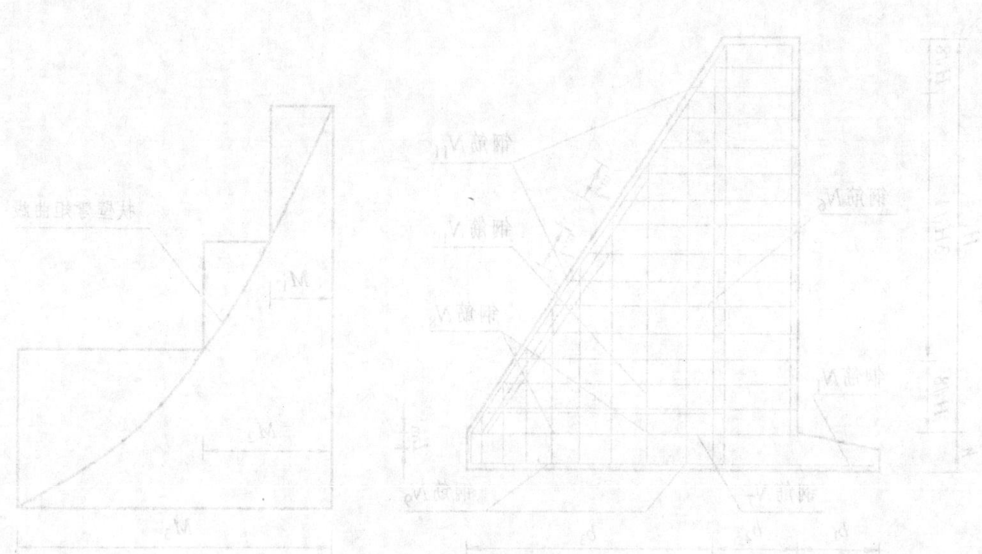

第 5 章　地下连续墙

5.1　概　述

地下连续墙是指利用各种挖槽机械，借助于泥浆的护壁作用，在地下挖出一段深槽，并在槽内浇注适当材料而形成的一道具有挡土、防渗和承重功能的连续地下墙体。它适应范围很广，可以应用于软弱的冲积层、中硬地层、密实的砂砾层以及岩石地基等。

地下连续墙最早起源于欧洲，20 世纪 50 年代后期传入法国、日本等国，60 年代推广至英国、美国、苏联。我国也是较早应用地下连续墙施工技术的国家之一，国家水电部门于 1958 年在青岛月子口水库建造了深 20 m 的桩排式防渗墙，在北京密云水库建造了深 44 m 的槽孔式防渗墙。地下连续墙的应用在世界各国都是首先从水利水电基础工程开始的，然后推广到建筑、市政、交通、矿山、铁道和环保等部门。地下连续墙作为基坑围护结构的设计施工技术已经非常成熟，得到了广泛应用。

1. 地下连续墙的特点

地下连续墙是深基坑工程中最佳的挡土结构之一，具有如下显著的优点：

（1）施工具有噪声低、震动小的优点，对周边环境影响小，可昼夜施工。

（2）墙体刚度大、整体性好，基坑开挖过程中安全性高，支护结构变形较小，对沉降及变位较易控制。

（3）墙身具有良好的抗渗能力，耐久性好。

（4）墙体可与锚杆、内支撑、逆作法等形式有机的结合，可缩短施工工期、降低造价。

地下连续墙也有其自身的缺点：

（1）弃土及废泥浆的处理会增加工程费用；若处理不当，还会造成环境污染。

（2）当地层条件复杂时，会增加施工难度和影响工程造价。

（3）粉砂地层易引起槽壁坍塌和渗漏等问题。

2. 地下连续墙的适用条件

受施工机械的影响，地下连续墙墙体结构设计的灵活性较差，只有用在一定深度的基坑或其他特殊条件下才能显示其经济性和优势。它主要适用于如下基坑工程：

（1）开挖深度大于 10 m 的基坑工程。

（2）对基坑本身的变形和防水要求较高的工程。

（3）基坑空间有限或采用其他围护形式无法满足施工要求的工程。

（4）围护结构亦作为主体结构的一部分，且对防水、抗渗有较严格要求的工程。

（5）采用逆作法施工，地下连续墙作为围护墙的工程。

5.2 地下连续墙的结构

地下连续墙的结构形式主要有壁板式、T形和Π形、格形、预应力或非预应力U形折板等几种形式。

1. 壁板式

壁板式可分为直线壁板式［见图 5-1（a）］和折线壁板式［见图 5-1（b）］。壁板式在地下连续墙工程中应用得最多，适用于各种直线段和圆弧墙段。

2. T形和Π形地下连续墙

T形［见图 5-1（c）］和Π形地下连续墙［见图 5-1（d）］适用于基坑开挖深度和支撑竖向间距均较大，且墙厚无法增加的情况，采用加肋的方式增加墙体的抗弯刚度。

3. 格形地下连续墙

格形地下连续墙［见图 5-1（e）］是一种将壁板式和T形地下连续墙组合在一起的结构形式，用于建（构）筑物地基开挖的无支撑空间坑壁结构。格形地下连续墙在特殊条件下具有不可替代的优势，但由于受到施工工艺的约束，槽段数较多。

4. 预应力或非预应力U形折板地下连续墙

这是一种新形式的地下连续墙。折板是一种空间受力结构，有良好的受力特性，还具有抗侧刚度大、变形小、节省材料等特点。

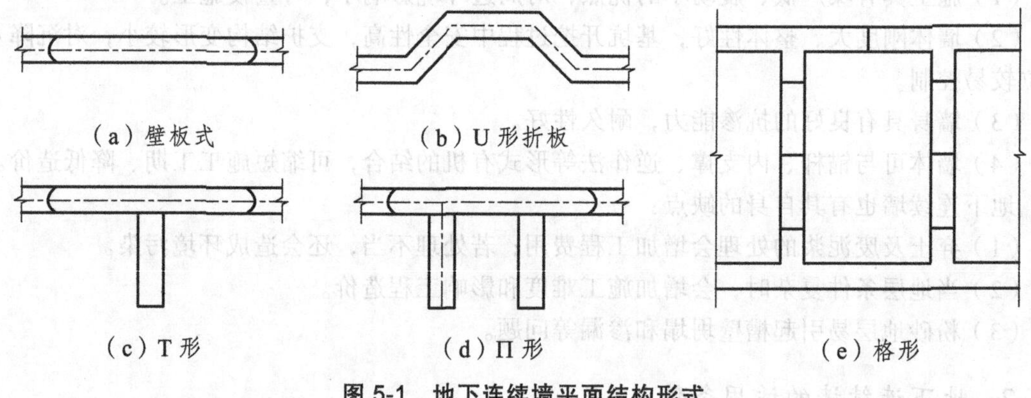

图 5-1 地下连续墙平面结构形式

5.3 地下连续墙荷载及稳定性计算

5.3.1 水平荷载

作用在地下连续墙墙体上的水平荷载，除土压力之外，周边建筑物、施工材料、设备、车辆等荷载也会通过土体传递到墙体上；土的冻胀、温度变化也会使土压力发生改变。因此，计算作用在支护结构上的水平荷载时，应考虑下列因素：① 基坑内外土的自重（包括地下水）；② 基坑周边既有和在建的建（构）筑物荷载；③ 基坑周边施工材料和设备荷载；④ 基坑周边道路车辆荷载；⑤ 冻胀、温度变化及其他因素产生的影响。

地下连续墙外侧的主动土压力强度标准值、支护结构内侧的被动土压力强度标准值按以下方法计算（见图 5-2）：

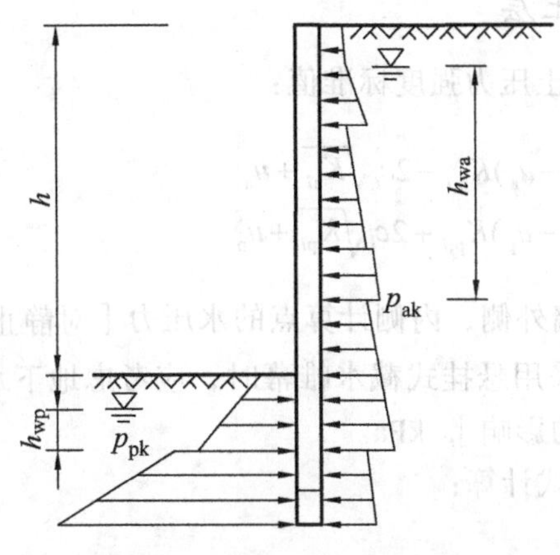

图 5-2　土压力计算示意图

1. 对地下水位以上或水土合算的土层

地下连续墙外侧的主动土压力强度标准值：

$$p_{ak} = \sigma_{ak} K_{ai} - 2c_i \sqrt{K_{ai}} \tag{5-1}$$

$$K_{ai} = \tan^2\left(45° - \frac{\varphi_i}{2}\right) \tag{5-2}$$

地下连续墙内侧的被动土压力强度标准值：

$$p_{pk} = \sigma_{pk} K_{pi} + 2c_i \sqrt{K_{pi}} \tag{5-3}$$

$$K_{pi} = \tan^2\left(45° + \frac{\varphi_i}{2}\right) \tag{5-4}$$

式中　p_{ak}——地下连续墙外侧，第 i 层土中计算点的主动土压力强度标准值（当 $p_{ak} < 0$ 时，取 $p_{ak} = 0$），kPa；

σ_{ak}，σ_{pk}——地下连续墙外侧、内侧计算点的土中竖向应力标准值（kPa），按式（5-5、5-6）计算；

K_{ai}，K_{pi}——第 i 层土的主动土压力系数、被动土压力系数；

c_i，φ_i——第 i 层土的黏聚力（kPa）、内摩擦角，°；

p_{pk}——地下连续墙内侧，第 i 层土中计算点的主动土压力强度标准值，kPa。

土中竖向应力标准值按下式计算：

$$\sigma_{ak} = \sigma_{ac} + \sum \Delta\sigma_{kj} \tag{5-5}$$

$$\sigma_{pk} = \sigma_{pc} \tag{5-6}$$

式中 σ_{ac}——地下连续墙外侧计算点，由土的自重产生的竖向总应力，kPa；

σ_{pc}——地下连续墙内侧计算点，由土的自重产生的竖向总应力，kPa；

$\Delta\sigma_{kj}$——地下连续墙外侧第 j 个附加荷载作用下计算点的土中附加竖向应力标准值（kPa），应根据附加荷载类型确定。

2. 对于水土分算的土层

地下连续墙外侧的主动土压力强度标准值：

$$p_{ak} = (\sigma_{ak} - u_a)K_{a,i} - 2c_i\sqrt{K_{ai}} + u_a \tag{5-7}$$

$$p_{pk} = (\sigma_{pk} - u_p)K_{p,i} + 2c_i\sqrt{K_{pi}} + u_p \tag{5-8}$$

式中 u_a，u_p——地下连续墙外侧、内侧计算点的水压力［对静止水压力按式（5-9、（5-10）计算；当采用悬挂式截水帷幕时，应考虑地下水从帷幕底向基坑内的渗流对水压力的影响］，kPa。

静止水压力可按下列公式计算：

$$u_a = \gamma_w h_{wa} \tag{5-9}$$

$$u_p = \gamma_w h_{wp} \tag{5-10}$$

式中 γ_w——地下水重度（kN/m^3），取 10 kN/m^3；

h_{wa}——基坑外侧地下水至主动土压力强度计算点的垂直距离（对承压水，地下水位取测压管水位；当有多个含水层时，应取计算点所在含水层的地下水水位），m；

h_{wp}——基坑内侧地下水至被动土压力强度计算点的垂直距离（对承压水，地下水位取测压管水位），m。

需要说明的是，在土压力影响范围内，存在相邻建筑物地下墙体等稳定界面时，可采用库仑土压力理论计算界面内有限滑动楔体产生的主动土压力。此时，同一土层的土压力可采用沿深度线性分布形式，支护结构与土之间的摩擦角宜取零。需要严格限制支护结构的水平位移时，支护结构外侧的土压力宜取静止土压力。

3. 关于土的黏聚力 (c_i) 和内摩擦角 (φ_i) 取值的说明

土的抗剪强度指标随排水、固结条件及试验方法的不同有多种类型的参数，不同试验方法测出的抗剪强度指标差异很大。计算和验算时不能任意取用，应采用与基坑开挖过程土中孔隙水的排水和应力路径基本一致的试验方法得到的指标。

（1）对地下水位以上的黏性土、黏质粉土，应采用三轴固结不排水抗剪强度指标 c_{cu}、φ_{cu} 或直剪固结快剪强度指标 c_{cq}、φ_{cq}；对地下水位以上的砂质粉土、砂土、碎石土，土的抗剪强度指标应采用有效应力强度指标 c'、φ'。

（2）对地下水位以下的黏性土、黏质粉土，可采用土压力、水压力合算方法。此时，对正常固结和超固结土，土的抗剪强度指标应采用三轴固结不排水抗剪强度指标 c_{cu}、φ_{cu} 或直剪固结快剪强度指标 c_{cq}、φ_{cq}；对欠固结土，宜采用有效自重压力下预固结的三轴不固结不排水抗剪强度指标 c_{uu}、φ_{uu}。

（3）对地下水位以下的砂质粉土、砂土和碎石土，应采用土压力、水压力分算方法。此时，土的抗剪强度指标应采用有效应力强度指标 c'、φ'。对砂质粉土，缺少有效应力强度指标时，也可采用三轴固结不排水抗剪强度指标 c_{cu}、φ_{cu} 或直剪固结快剪强度指标 c_{cq}、φ_{cq} 代替；对砂土和碎石土，有效应力强度指标 φ' 可根据标准贯入试验实测击数和水下休止角等物理力学指标取值。土压力、水压力采用分算方法时，水压力可按静水压力计算。当地下水渗流时，宜按渗流理论计算水压力和土的竖向有效应力；当存在多个含水层时，应分别计算各含水层的水压力。

（4）有可靠的地方经验时，土的抗剪强度指标尚可根据室内试验、原位测试得到的其他物理力学指标，按经验方法确定。

5.3.2　地下连续墙的弯矩和剪力设计值

地下连续墙作为混凝土受弯构件，其正截面受弯承载力、斜截面受剪承载力应按《混凝土结构设计规范》（GB 50010—2010）的有关规定进行截面与配筋设计。

地下连续墙的弯矩和剪力设计值应分别按下式确定：

弯矩设计值

$$M=\gamma_0\gamma_F M_k \tag{5-11}$$

剪力设计值

$$V=\gamma_0\gamma_F V_k \tag{5-12}$$

式中　M——弯矩设计值，kN · m；

M_k——作用标准组合的弯矩值，kN · m；

V——剪力设计值，kN；

V_k——作用标准组合的剪力值，kN；

γ_0——支护结构重要性系数，对安全等级为一级、二级、三级的支护结构，其结构重要性系数分别不应小于 1.1、1.0、0.9；

γ_F——作用基本组合的综合分项系数，支护结构构件按承载能力极限状态设计时，该系数不应小于 1.25。

5.3.3　结构计算

无支撑地下连续墙宜采用平面杆系结构弹性支点法进行分析；支撑式地下连续墙结构，可将整个结构分解为挡土结构、内支撑结构分别进行分析。挡土结构宜采用平面杆系结构弹性支点法进行分析，内支撑结构可按平面结构进行分析。挡土结构传至内支撑的荷载应取挡土结构分析时得出的支点力，对挡土结构和内支撑结构分别进行分析时，应考虑其相互之间的变形协调。

采用平面杆系结构弹性支点法时，应采用图 5-3 所示的结构分析模型，且应符合以下规定：① 主动土压力强度标准值由式（5-1）、（5-7）确定；② 主动土压力计算宽度和土反力计

算宽度 (b_0) 应取包括接头的单幅墙宽度。

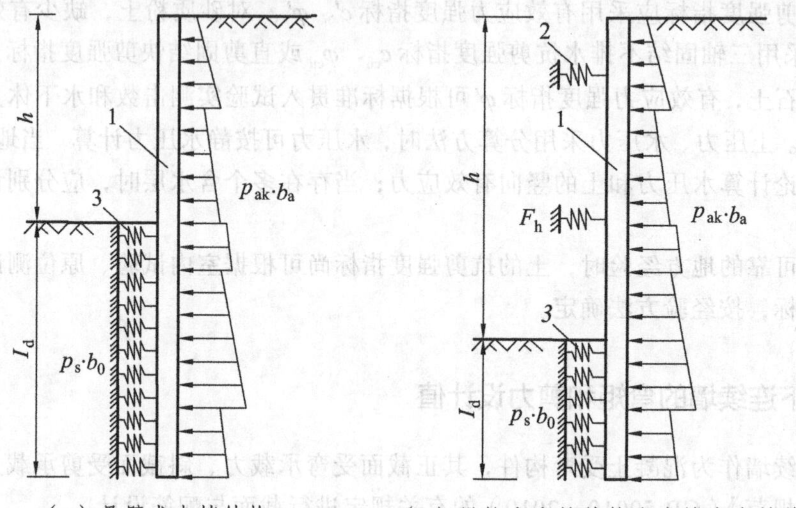

（a）悬臂式支挡结构　　（b）锚拉式支挡结构或支撑式支挡结构

图 5-3　弹性支点法结构分析模型

1—地下连续墙墙体；2—由锚杆或支撑简化而成的弹性支座；3—计算土反力的弹性支座

1. 分布土反力

分布土反力按下式计算：

$$p_s = k_s v + p_{s0} \tag{5-13}$$

式中　p_s——分布土反力，kPa；

k_s——土的水平反力系数，kN/m^3；

v——挡土构件在分布土反力计算点使土体压缩的水平位移值，m；

p_{s0}——初始分布土反力［挡土构件嵌固段上的基坑内侧初始分布土反力可按式（5-1）或（5-7）计算，但应将公式中的 p_{ak} 用 p_{s0} 代替、σ_{ak} 用 σ_{pk} 代替，u_a 用 u_p 代替，且不计 $(2c_i\sqrt{K_{a,i}})$］，kPa。

基坑内侧土的水平反力系数可按下式计算：

$$k_s = m(z-h) \tag{5-14}$$

式中　m——土的水平反力系数的比例系数，kN/m^4；

z——计算点距离地面的深度，m；

h——计算工况下的基坑开挖深度，m。

土的水平反力系数的比例系数可按以下经验公式计算：

$$m = \frac{0.2\varphi^2 - \varphi + c}{v_b} \tag{5-15}$$

式中　m——土的水平反力系数的比例系数，MN/m^4；

c，φ——土的黏聚力（kPa）、内摩擦角（°），对多层土，按不同土层分别取值；

v_b——基坑底处墙的水平位移量（mm），当水平位移不大于 10 mm 时，取 10 mm。

2. 嵌固段上基坑内侧土反力

地下连续墙嵌固段上的基坑内侧土反力应符合下列条件：

$$P_{sk} \leqslant P_{pk} \tag{5-16}$$

式中 P_{sk}——嵌固段上的基坑内侧土反力标准值（kN），由分布土反力计算得出；

E_{pk}——嵌固段上的被动土压力标准值（kN），由式（5-3）或式（5-8）计算的被动土压力强度标准值计算得出。

当不符合式（5-16）要求时，应增加嵌固长度或取 $P_{sk}=P_{pk}$ 时的分布土反力。

3. 内支撑对地下连续墙的作用力

内支撑对地下连续墙的作用力应由下式确定：

$$F_h = k_R(v_R - v_{R0}) + P_h \tag{5-17}$$

式中 F_h——计算宽度内的弹性支点水平反力，kN；

k_R——计算宽度内弹性支点刚度系数，kN/m；

v_R——支点处的水平位移值，m；

v_{R0}——支点的初始水平位移值，m；

P_h——计算宽度内的法向预加力［采用竖向斜撑时，$P_h = P\cdot\cos\alpha\cdot b_a/s$；采用水平对撑时，$P_h = P\cdot b_a/s$］，kN；

P——预加轴向压力值（kN），取 $0.5N_k \sim 0.8N_k$；

N_k——轴向压力标准值，kN；

α——支撑仰角，°；

b_a——单幅地下连续墙宽度（包括接头宽度）；

s——支撑的水平间距，m。

计算宽度内弹性支点刚度系数(k_R)可按下式计算：

$$k_R = \frac{\alpha_R EAb_a}{\lambda l_0 s} \tag{5-18}$$

式中 λ——支撑不动点调整系数［支撑两对边基坑的土性、深度、周边荷载等条件相近，且分层对称开挖时，取 $\lambda=0.5$；支撑两对边基坑的土性、深度、周边荷载等条件或开挖时间有差异时，对土压力较大或先开挖的一侧，取 $\lambda=0.5\sim1.0$，且差异大时取大值，反之取小值；对土压力较小或后开挖的一侧，取 $(1-\lambda)$；当基坑一侧取 $\lambda=1$ 时，基坑另一侧应按固定支座考虑；对竖向斜撑构件，取 $\lambda=1$］；

α_R——支撑松弛系数（对混凝土支撑和预加轴向压力的钢支撑，α_R 取 1.0；对不预加轴向压力的钢支撑，α_R 取 0.8 ~ 1.0）；

E——支撑材料的弹性模量，kPa；

A——支撑截面面积，m^2；

l_0——受压支撑构件的长度，m；

s——支撑水平间距，m。

5.3.4 稳定性验算

如果在设计地下连续墙时，先计算嵌固深度，然后再进行结构计算，那么稳定性的问题自然就能满足，无需进行验算。但是，假如需要设计嵌固深度小一些，可能就不满足稳定性要求。对于缺少经验的设计者，可能会忽略这些稳定性的验算。因此，根据《建筑基坑支护技术规程》（JGJ 120—2012）的规定，把嵌固深度的计算改为验算。虽然验算的计算过程相对烦琐，但可供设计人员选择的嵌固深度范围增大了。

1. 地下连续墙的（嵌固稳定性）抗倾覆稳定性验算

（1）无支撑地下连续墙的抗倾覆稳定性验算。

无支撑地下连续墙的抗倾覆稳定性应满足下式要求（图 5-4）：

$$\frac{P_{pk}a_{p1}}{P_{ak}a_{a1}} \geqslant K_s \tag{5-19}$$

式中，K_e——嵌固稳定安全系数；安全等级为一级、二级和三级时，K_e 分别取 1.25、1.2 和 1.15；

P_{ak}，P_{pk}——基坑外侧主动土压力、基坑内侧被动土压力标准值，kN；

a_{a1}，a_{p1}——基坑外侧主动土压力、基坑内侧被动土压力合力作用点至墙底端的距离，m。

从图 5-4 可以看出，只要满足式（5-19），则嵌固深度（l_d）就能满足设计的抗倾覆稳定性要求。

（2）单层支撑地下连续墙的抗倾覆稳定性验算。

单层支撑地下连续墙的抗倾覆稳定性应满足下式要求（见图 5-5）：

$$\frac{P_{pk}a_{p2}}{P_{ak}a_{a2}} \geqslant K_s \tag{5-20}$$

式中　a_{a2}，a_{p2}——基坑外侧主动土压力、基坑内侧被动土压力合力作用点至支点的距离，m。

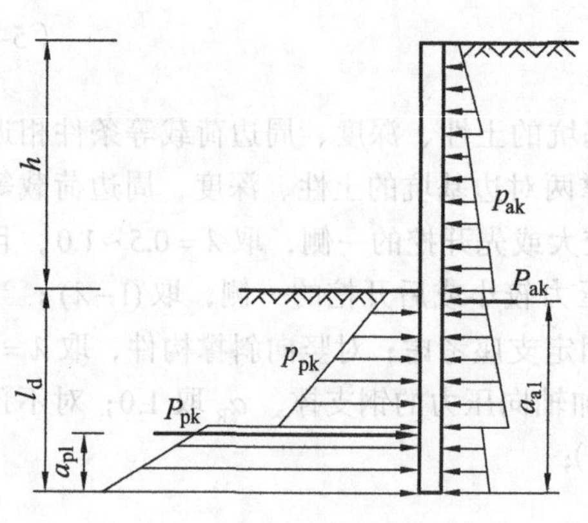

图 5-4　无支撑地下连续墙嵌固稳定性验算示意图

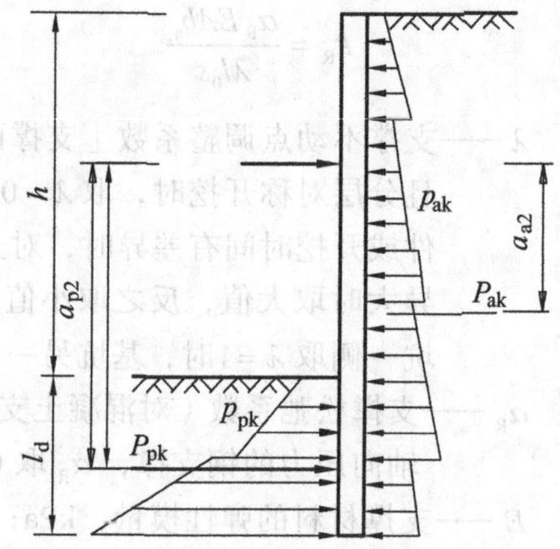

图 5-5　单层支撑地下连续墙嵌固稳定性验算示意图

2. 地下连续墙的抗滑动稳定性验算

地下连续墙整体滑动稳定性验算采用瑞典条分法边坡稳定性计算公式。最危险滑弧的搜索范围限于通过地下连续墙底端和在地下连续墙下方的各个滑弧。对于穿过地下连续墙的各个滑弧不需验算，因为支护结构的平衡性和结构强度已通过结构分析解决。在截面抗剪强度满足要求的情况下，挡土构件不会被剪断。

地下连续墙整体滑动稳定性应满足以下规定：

（1）各个圆弧滑动体的抗滑力矩与滑动力矩比值的最小值不小于圆弧滑动稳定安全系数（见图5-6）：

$$\min\{K_{s1},K_{s2},\cdots,K_{si},\cdots\}\geqslant K_s \tag{5-21}$$

$$K_s=\frac{\sum\{c_jl_j+[(q_jb_j+\Delta G_j)\cos\theta_j-u_jl_j]\tan\varphi_j\}}{\sum(q_jb_j+\Delta G_j)\sin\theta_j} \tag{5-22}$$

式中　K_s——圆弧滑动稳定安全系数；安全等级为一级、二级和三级时，安全系数分别不小于1.35、1.3和1.25；

K_{si}——第 i 个圆弧滑动体的抗滑力矩与滑动力矩的比值；

c_j，φ_j——第 j 土条滑弧面处土的黏聚力（kPa）、内摩擦角（°），按5.3.2的有关说明取值；

b_j——第 j 土条的宽度，m；

θ_j——第 j 土条滑弧面中点处的法线与垂直面的夹角，°；

l_j——第 j 土条的滑弧长度（m），取 $l_j=b_i/\cos\theta_j$；

q_j——第 j 土条上的附加分布荷载标准值，kPa；

ΔG_j——第 j 土条的自重（kN），按天然重度计算；

u_j——第 j 土条滑弧面上的水压力［采用落底式截水帷幕时，对地下水位以下的砂土、碎石土、砂质粉土，在基坑外侧可取 $u_j=\gamma_w h_{waj}$，在基坑内侧可取 $u_j=\gamma_w h_{wpj}$；滑弧面在地下水位以上或对地下水位以下的黏性土，取 $u_j=0$；γ_w 为地下水重度（kN/m³），h_{waj} 为基坑外侧第 j 土条滑弧面中点的压力水头（m），h_{wpj} 为基坑内侧第 j 土条滑弧面中点的压力水头（m）］，kPa。

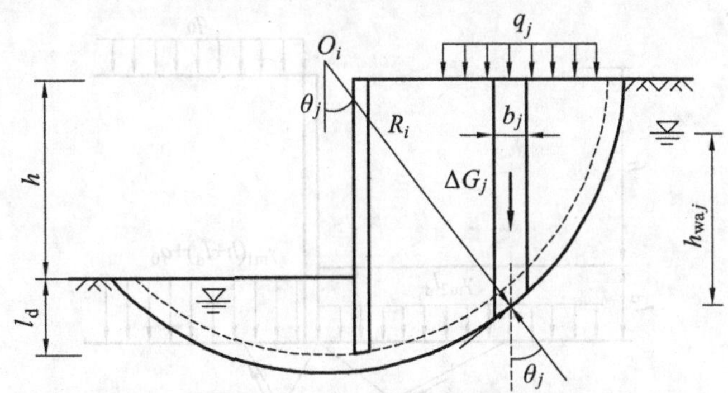

图5-6　圆弧滑动条分法整体稳定性验算

（2）当地下连续墙底端以下存在软弱下卧土层时，整体稳定性验算滑动面中应包括由圆弧与软弱土层层面组成的复合滑动面。

3. 地下连续墙的抗隆起稳定性验算

对深度较大的基坑，当嵌固深度较小、土的强度较低时，土体从墙底端以下向基坑内隆起挤出是支撑式地下连续墙的一种破坏模式。由于支撑只能提供水平方向的平衡力，对隆起破坏不起作用，因此需要对这种形式的地下连续墙结构进行抗隆起稳定性验算。对无支撑地下连续墙结构可不进行抗隆起稳定性验算。

支撑式地下连续墙抗隆起稳定性验算应满足下式要求（见图 5-7）：

$$\frac{\gamma_{m2} l_d N_q + c N_c}{\gamma_{m1}(h+l_d)+q_0} \geqslant K_b \tag{5-23}$$

式中 K_b——抗隆起安全系数（安全等级为一级、二级和三级时，安全系数分别不小于 1.8、1.6 和 1.4）；

γ_{m1}，γ_{m2}——基坑外、基坑内墙底面以上土的天然重度（对多层土，取各层土按厚度加权的平均重度），kN/m³；

l_d——嵌固深度，m；

h——基坑深度，m；

q_0——地面均布荷载，kPa；

N_c，N_q——承载力系数，

$$N_c = (N_q - 1)/\tan\varphi \tag{5-24}$$

$$N_q = \mathrm{e}^{\pi\tan\varphi}\tan^2\left(45° + \frac{\varphi}{2}\right) \tag{5-25}$$

c，φ——墙底面以下土的黏聚力（kPa）、内摩擦角（°），按 5.3.2 的有关说明取值；

当地下连续墙底面以下有软弱下卧层时，坑底隆起稳定性的验算部位应包括软弱下卧层。软弱下卧层的隆起稳定性可按式（5-23）验算，但式中的 γ_{m1}、γ_{m2} 应取软弱下卧层顶面以上土的重度（见图 5-8），l_d 应以 D 代替；D 为基坑底面至软弱下卧层顶面的土层厚度（m）。

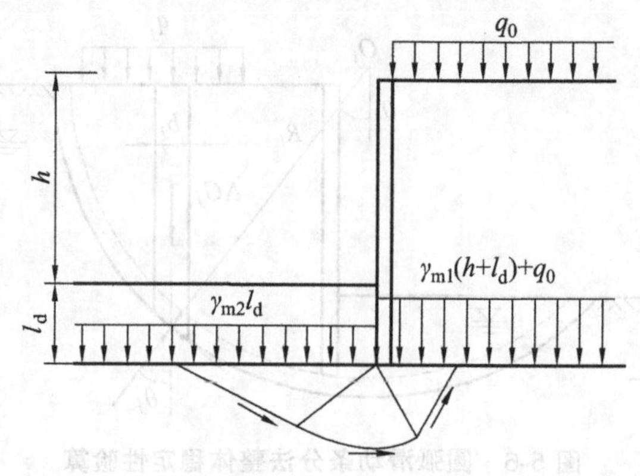

图 5-7 地下连续墙底端平面下土的隆起稳定性验算

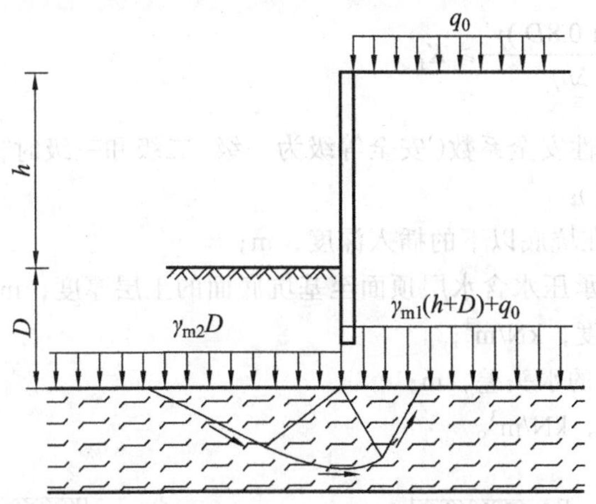

图 5-8　软弱下卧层的隆起稳定性验算

需要说明的是，抗隆起稳定性验算采用的是地基极限承载力的普朗德尔（L. Prandtl）极限平衡理论公式。这个理论公式的有些假设与实际情况存在差异，具体应用时有一定的局限：① 对无黏性土，当嵌固深度为零时，安全系数为零。实际上在一定基坑深度内不会出现隆起。因此，当嵌固深度很小时，不能采用该公式进行验算。② 由于该公式忽略了墙底以下滑动区内土的重力对隆起的抵抗作用，对浅部滑移体和深部滑移体得出的安全系数是一样的，与实际情况有一定偏差。

4. 地下连续墙的渗透稳定性验算

地下连续墙往往具有隔水的功能，在其稳定性计算中还需要进行渗透稳定性验算。

（1）当坑底以下有水头高于坑底的承压水含水层，且未用截水帷幕隔断其基坑内外的水力联系时（见图 5-9），承压水作用下的坑底突涌稳定性需满足下式要求：

$$\frac{D\gamma}{h_w\gamma_w} \geqslant K_h \tag{5-26}$$

式中　K_h——突涌稳定安全系数，不应小于 1.1；

D——承压水含水层顶面至坑底的土层厚度，m；

γ——承压水含水层顶面至坑底土层的天然重度（kN/m^3），对多层土，按土层厚度加权的平均天然重度；

h_w——承压水含水层顶面的压力水头高度，m；

γ_w——水的重度，kN/m^3。

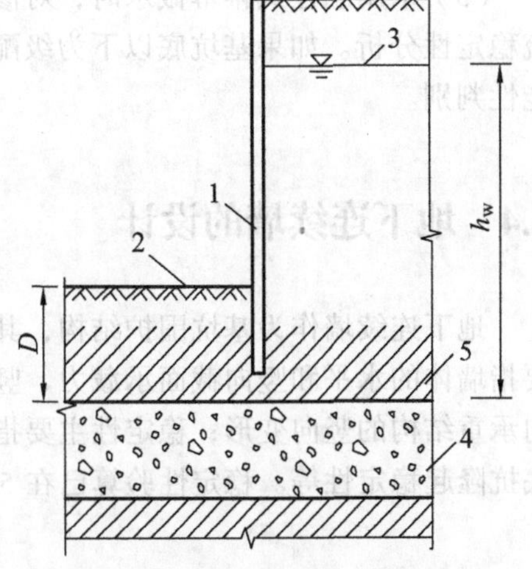

图 5-9　坑底土体的突涌稳定性验算

1—截水帷幕；2—基底；3—承压水测管水位；4—承压水含水层；5—隔水层

（2）悬挂式截水帷幕底端位于碎石土、砂土或粉土含水层时（见图 5-10），对均质含水层，地下水渗流的流土稳定性应满足下式要求：

$$\frac{(2l_{\rm d}+0.8D_1)\gamma'}{\Delta h\gamma}\geqslant K_{\rm f} \tag{5-27}$$

式中 $K_{\rm f}$——流土稳定性安全系数（安全等级为一级、二级和三级时，安全系数不应小于 1.6、1.5 和 1.4）；

$l_{\rm d}$——截水帷幕在坑底以下的插入深度，m；

D_1——潜水面或承压水含水层顶面至基坑底面的土层厚度，m；

γ'——土的浮重度，kN/m^3；

Δh——基坑内外的水头差，m；

$\gamma_{\rm w}$——水的重度，kN/m^3。

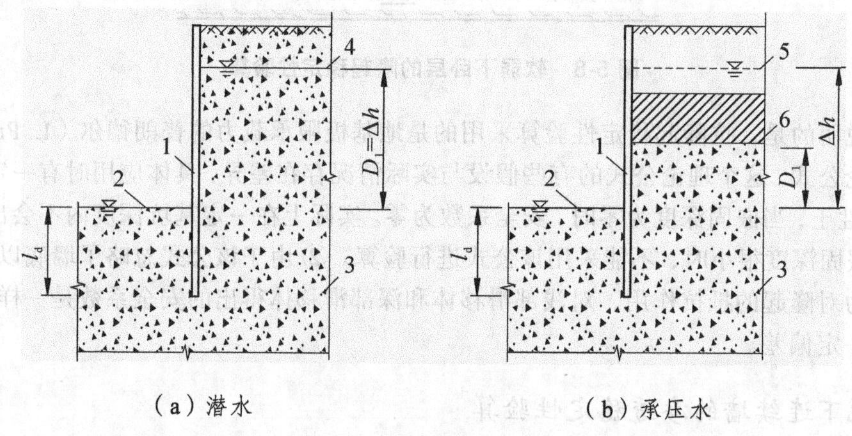

图 5-10 采用悬挂式帷幕截水时的流土稳定性验算

1—截水帷幕；2—基坑底面；3—含水层；4—潜水水位；5—承压水测管水位；6—承压水含水层顶面

（3）采用悬挂式帷幕截水时，对渗透系数不同的非均质含水层，宜采用数值方法进行渗流稳定性分析。如果基坑底以下为级配不连续的砂土、碎石土含水层时，应进行土的管涌可能性判别。

5.4 地下连续墙的设计

地下连续墙作为基坑围护结构，其设计主要基于强度、变形和稳定性三大方面。强度主要指墙体的水平和竖向截面承载力、竖向地基承载力；变形主要指墙体的水平变形和作为竖向承重结构的竖向变形；稳定性主要指作为基坑围护结构的整体稳定性、抗倾覆稳定性、坑底抗隆起稳定性等。稳定性验算已在 5.3 节中进行了详细介绍，此处不再赘述。

5.4.1 墙体厚度和槽段长度

地下连续墙的厚度应根据成槽机械的规格、墙体的抗渗要求、墙体的受力和变形计算等综合确定。目前常用的墙厚为 0.6 m、0.8 m、1.0 m 和 1.2 m。随着挖槽设备大型化和施工工艺的改进，墙厚可达 2.0 m 以上。

地下连续墙单元槽段的平面形状和成槽长度，需要根据结构受力特性、槽壁稳定性、施工要求和施工条件等综合确定。一般来讲，“一”字形槽段长度宜取 4 ~ 6 m。当槽壁稳定性较差或成槽施工可能对周边环境产生不利影响时，应通过槽壁稳定性验算，合理划分槽段长度。必要时，宜采用搅拌桩对槽壁进行加固。地下连续墙的转角处或有特殊要求时，单元槽段的平面形状可采用“L”形、“T”形等。

5.4.2 地下连续墙嵌固深度

在基坑工程中，地下连续墙既作为承受侧向土（水）压力的受力结构，又兼有隔水的作用，其嵌固深度需考虑挡土和隔水两方面的要求。作为挡土结构，嵌固深度需满足各项稳定性和强度要求；作为隔水帷幕，嵌固深度需根据地下水控制要求确定。

1. 根据稳定性要求确定嵌固深度

作为挡土结构，地下连续墙底部需插入基底以下足够深度，以满足稳定性要求。在软土地层中，地下连续墙在基底以下的嵌固深度一般接近或大于开挖深度方能满足稳定性要求。对于物理力学性质较好的土（岩）层，地下连续墙在基底以下的嵌入深度可大大减小。

2. 根据隔水要求确定嵌固深度

当根据地下水控制要求需隔断地下水或增加地下水绕流路径时，地下连续墙底部需进入隔水层隔断坑内外潜水及承压水的水力联系，或插入基底以下足够深度以确保形成可靠的隔水边界。如根据隔水要求确定的地下连续墙嵌固深度大于受力和稳定性要求确定的嵌固深度时，为了减少经济投入，地下连续墙为满足隔水要求加深的部分可采用素混凝土浇筑。

总之，地下连续墙嵌固深度必须满足稳定性计算的要求。嵌固深度的计算可通过稳定性验算来确定。此外，嵌固深度除满足稳定性验算要求外，对于无支撑地下连续墙结构不宜小于 $0.8h$（h 为基坑深度）；单支撑结构不宜小于 $0.3h$；对多支撑结构不宜小于 $0.2h$。

5.4.3 地下连续墙构造设计

1. 墙身混凝土

地下连续墙的混凝土设计强度等级宜取 C30 ~ C40。用于截水时，墙体混凝土抗渗等级不宜小于 P6。当地下连续墙同时作为主体地下结构构件时，墙体混凝土抗渗等级应满足国家标准《地下工程防水技术规范》（GB 50108—2008）等相关标准的要求。

地下连续墙的混凝土浇筑面宜高出设计标高以上 300 ~ 500 mm，凿去浮浆层后的墙顶标高和墙体混凝土强度应满足设计要求。

2. 钢筋笼

地下连续墙钢筋笼由纵向钢筋、水平钢筋、封口钢筋和构造加强钢筋构成。

纵向受力钢筋应按内力大小沿墙身两侧均匀配置，其中通长配置的纵向钢筋不应小于总数的 50%，其余可沿墙体纵向分段配置。纵向受力钢筋宜选用直径不宜小于 16 mm 的 HRB400 或 HRB500 钢筋，钢筋净间距不宜小于 75 mm。

水平钢筋及构造钢筋宜选用直径不小于 12 mm 的 HRB300 或 HRB400 钢筋，钢筋间距宜取 200 ~ 400 mm。冠梁按构造设置时，纵向钢筋伸入冠梁的长度宜取冠梁厚度。冠梁按结构受力构件设置时，墙身纵向受力钢筋伸入冠梁的锚固长度应符合国家标准《混凝土结构设计规范》（GB50010—2010）对钢筋锚固的有关规定。当不能满足锚固长度的要求时，钢筋末端可采取机械锚固措施。

纵向受力钢筋的保护层厚度，在基坑内侧不宜小于 50 mm，在基坑外侧不宜小于 70 mm。钢筋笼端部与槽段接头之间、钢筋笼端部与相邻墙段混凝土面之间的间隙不应大于 150 mm，纵向钢筋下端 500 mm 长度范围内宜按 1∶10 的斜度向内收口。

具体配筋详见图 5-11。

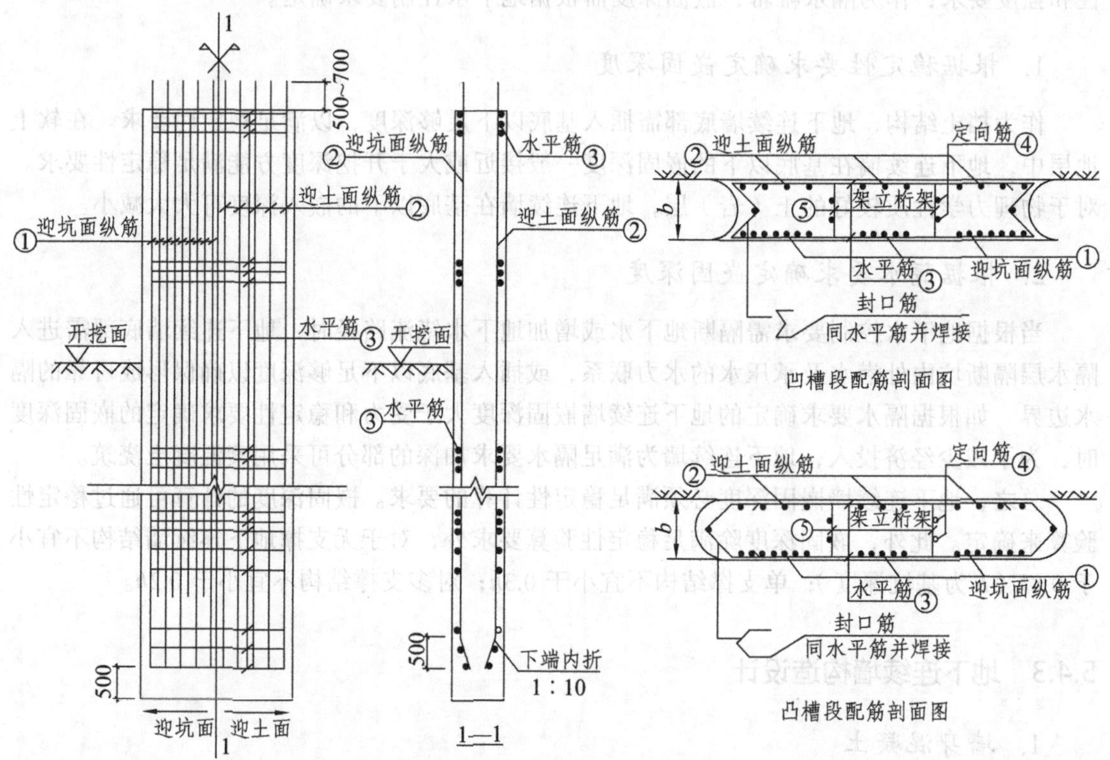

图 5-11 地下连续墙槽段典型配筋图

3. 槽段接头

槽段接头是地下连续墙的重要部件，应按下列原则选用：

（1）地下连续墙宜采用圆形锁口管接头、波纹管接头、楔形接头、工字形钢接头或混凝土预制接头等柔性接头，见图 5-12。

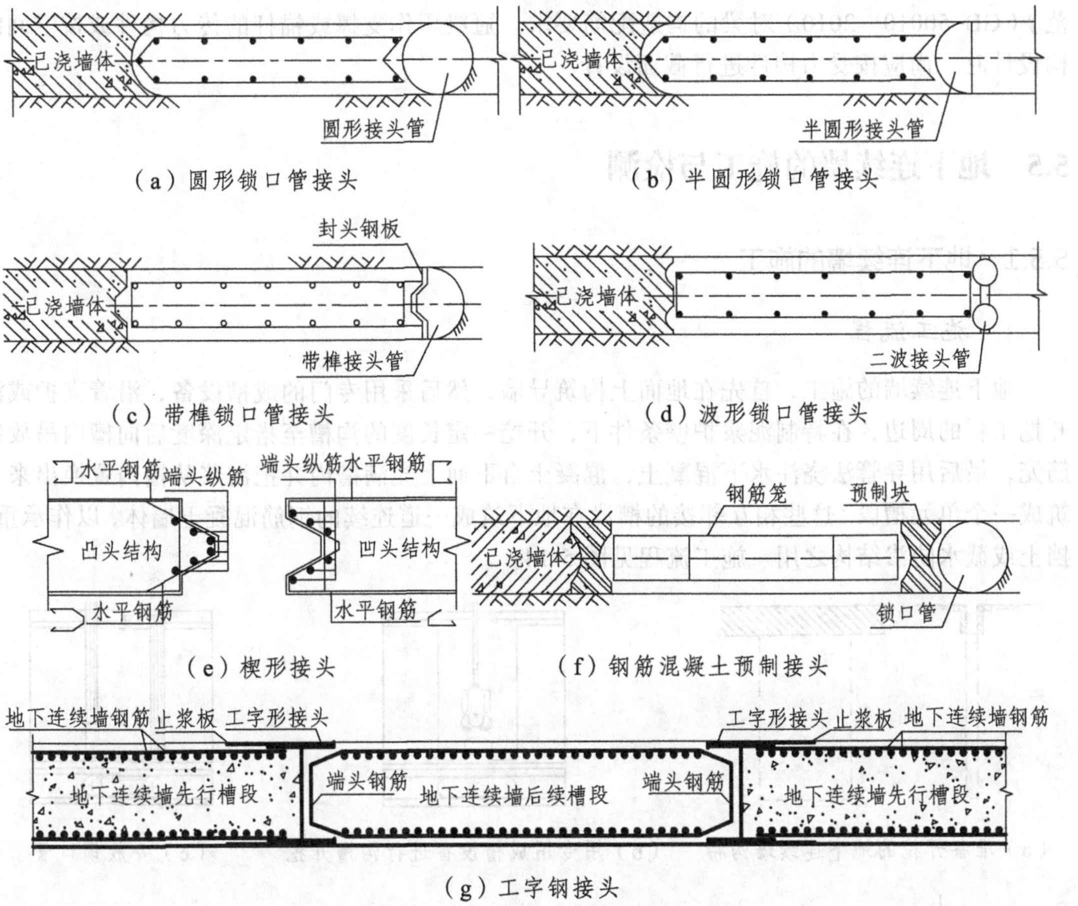

（a）圆形锁口管接头 （b）半圆形锁口管接头

（c）带榫锁口管接头 （d）波形锁口管接头

（e）楔形接头 （f）钢筋混凝土预制接头

（g）工字钢接头

图 5-12 地下连续墙柔性施工接头形式

（2）当地下连续墙作为主体地下结构外墙，且需要形成整体墙体时，宜采用刚性接头。刚性接头可采用一字形或十字形穿孔钢板接头、钢筋承插式接头等，见图 5-13。当采取地下连续墙顶设置通长冠梁、墙壁内侧槽段接缝位置设置结构壁柱、基础底板与地下连续墙刚性连接等措施时，也可采用柔性接头。

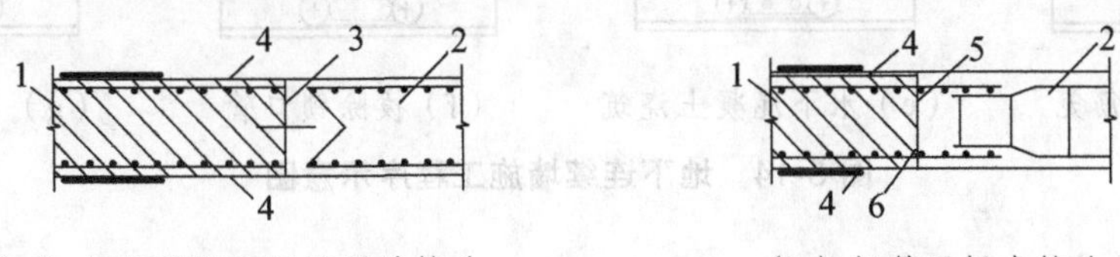

（a）十字形穿孔钢板刚性接头 （b）钢筋承插式接头

图 5-13 地下连续墙刚性接头

1—先行槽段；2—后续槽段；3—十字钢板；4—止浆片；5—加强筋；6—隔板

4. 墙顶冠梁

地下连续墙采用分幅施工，墙顶设置通长的冠梁将地下连续墙连成结构整体。冠梁宽度不宜小于墙厚，高度不宜小于墙厚的 0.6 倍。冠梁钢筋应符合国家标准《混凝土结构设计规范》（GB 50010—2010）对梁的构造配筋要求。冠梁用作支撑或锚杆的传力构件或按空间结构设计时，尚应按受力构件进行截面设计。

5.5 地下连续墙的施工与检测

5.5.1 地下连续墙的施工

1. 施工流程

地下连续墙的施工，首先在地面上构筑导墙，然后采用专门的成槽设备，沿着支护或深开挖工程的周边，在特制泥浆护壁条件下，开挖一定长度的沟槽至指定深度后向槽内吊放钢筋笼，最后用导管法浇注水下混凝土，混凝土自下而上充满槽内并把泥浆从槽内置换出来，筑成一个单元槽段。这些相互邻接的槽段在地下筑成一道连续的钢筋混凝土墙体，以作承重、挡土或截水防渗结构之用。施工流程见图 5-14。

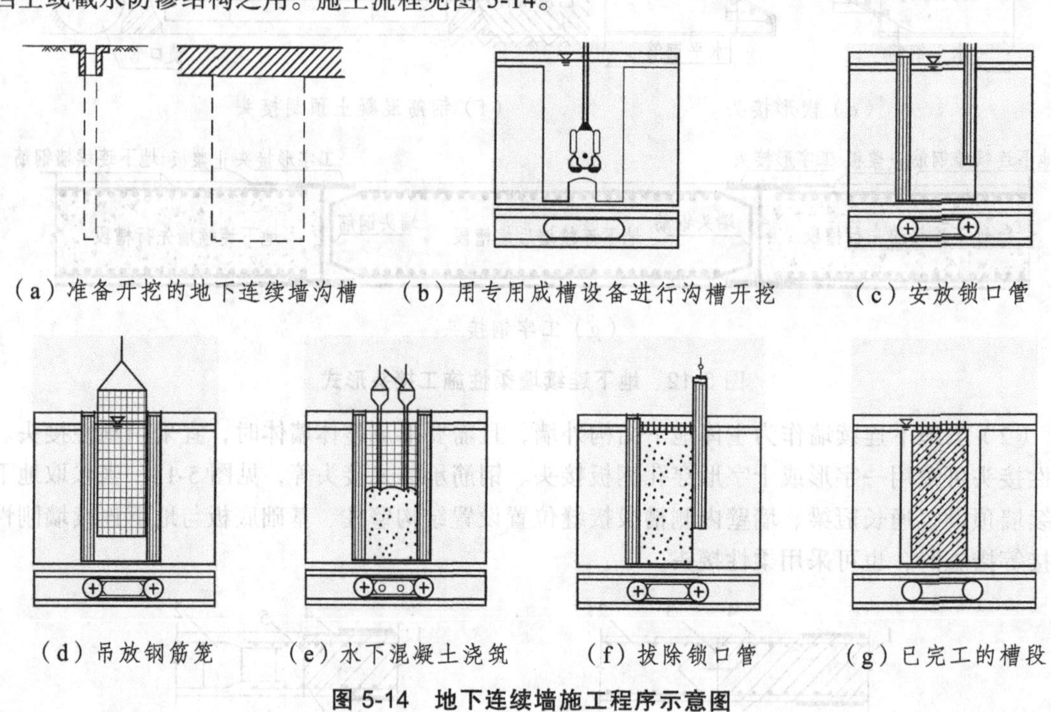

（a）准备开挖的地下连续墙沟槽　（b）用专用成槽设备进行沟槽开挖　（c）安放锁口管

（d）吊放钢筋笼　（e）水下混凝土浇筑　（f）拔除锁口管　（g）已完工的槽段

图 5-14 地下连续墙施工程序示意图

2. 施工要求

（1）导墙宜采用强度等级不低于 C20 的混凝土结构。导墙底面不宜设置在新近填土上，且埋深不小于 1.5 m；顶部可高出地面 100 ~ 200 mm，以防地表水流入。

（2）成槽设备应根据深度情况、地质条件等因素选择。在软土中可采用常规的抓斗式成槽设备；当在硬土层或岩层中，可选用钻抓、抓铣结合的成槽工艺。成槽施工前应进行成槽试验，并通过试验确定施工工艺及施工参数。

（3）泥浆配比应根据地质条件进行试配及室内性能试验确定。泥浆拌制后应储放 24 h，以确保泥浆材料充分水化。泥浆的性能应符合相关技术指标的要求。

（4）槽段接头应满足混凝土浇筑压力对其强度和刚度的要求。安放槽段接头时，应紧贴槽段垂直缓慢沉放至槽底。遇到阻碍时，槽段接头应在清除障碍后入槽。混凝土浇灌过程中应采取防止混凝土产生绕流的措施。

（5）钢筋笼制作时，纵向受力钢筋的接头不宜设置在受力较大处。钢筋笼应设置定位垫块，垫块在垂直方向上的间距宜取 3 ~ 5 m，在水平方向上宜每层设置 2 ~ 3 块。单元槽段的钢筋笼宜整体装配和沉放。需要分段装配时，宜采用焊接或机械连接，钢筋接头的位置宜选在受力较小处，并应符合国家标准《混凝土结构设计规范》（GB 50010—2010）对钢筋连接的有关规定。钢筋笼应根据吊装的要求，设置纵横向起吊桁架；桁架主筋宜采用直径不小于 20 mm 的 HRB400 级钢筋。钢筋连接点出现位移、松动或开焊时，钢筋笼不得入槽，应重新制作或修整完好。有防渗要求时，应在吊放钢筋笼前，对槽段接头和相邻墙段混凝土面用刷槽器等进行清刷，清刷后的槽段接头和混凝土面不得夹泥。

（6）槽段长度不大于 6 m 时，混凝土宜采用两根导管同时浇筑；槽段长度大于 6 m 时，宜采用三根导管同时浇筑，每根导管分担的浇筑面积应基本均等。钢筋笼就位后应及时浇筑混凝土。浇筑过程中，导管埋入混凝土面的深度宜为 2 ~ 4 m，浇筑液面的上升速度不宜小于 3 m/h。混凝土浇筑面宜高于地下连续墙设计顶面 500 mm。

（7）冠梁施工时，应将桩顶浮浆、低强度混凝土及破碎部分清除。冠梁混凝土浇筑采用土模时，土面应修理整平。

（8）当地下连续墙邻近的既有建（构）筑物、地下管线等对地基变形敏感时，应根据相邻建筑物的结构与基础形式，相邻地下管线的类型、位置、走向和埋藏深度，场地的工程地质和水文地质特性等因素，按其允许变形要求采取相应的防护措施。例如，采用间隔成槽施工顺序、对松散软弱土层可采用增强槽壁稳定性措施等。

5.5.2　地下连续墙的检测

（1）槽壁垂直度检测：检测数量不得小于同条件下总槽段数的 20%，且不应少于 10 幅；当地下连续墙作为主体地下结构构件时，应对每个槽段进行槽壁垂直度检测。

（2）槽底沉渣厚度检测：当地下连续墙作为主体地下结构构件时，应对每个槽段进行槽底沉渣厚度检测。

（3）墙体混凝土质量进行检测：应采用声波透射法对墙体混凝土质量进行检测；检测墙段数量不宜少于同条件下总墙段数的 20%，且不得少于 3 幅；每个检测墙段的预埋超声波管数不应少于 4 个，且宜布置在墙身截面的四边中点处。当根据声波透射法判定的墙身质量不合格时，应采用钻芯法进行验证。

（4）地下连续墙作为主体地下结构构件时，其质量检测尚应符合相关标准的要求。除有特殊要求外，地下连续墙的施工偏差应符合国家标准《建筑地基基础工程施工质量验收规范》（GB 50202—2002）的规定。

第 6 章 排桩支护

6.1 概 述

排桩支护是指由成队列式间隔布置的钢筋混凝土人工挖孔桩、钻孔灌注桩、沉管灌注桩或打入预应力管桩等组成的挡土结构。排桩支护结构可以是桩与桩连接起来，也可以在钻孔灌注桩间加一根素混凝土树根桩把钻孔灌注桩连接起来，或用挡土板置于钢板桩及钢筋混凝土板之间形成的围护结构。为了保证结构的稳定和刚度，可设置内支撑或锚杆，在排桩顶部浇筑混凝土圈梁。

排桩支护结构具有刚度较大、抗弯能力强、变形相对小、适应性强、施工简单、无振动、噪声小、无挤土现象和对周围环境影响小等优点。排桩支护是深基坑支护的一种重要措施，在工程中已得到广泛的应用。

排桩支护根据桩的布置形式，可分为柱列式排桩支护、连续排桩支护和组合式排桩支护三类（见图 6-1）。柱列式排桩支护以稀疏钻孔灌注桩或挖孔桩支挡土体，适用于土质较好，地下水位较低，可利用土拱作用提供支撑的情况。由于在软土中一般不能形成土拱，支挡桩应该连续密排，形成连续排桩支护形式。密排的钻孔桩可以互相搭接，或在桩身混凝土强度尚未形成时，在相邻桩之间做一根素混凝土树根桩把它们连起来，如图 6-1（c）所示；也可以采用钢板桩、钢筋混凝土板桩，如图 6-1（d)、(e）所示。组合式排桩支护是指采用钻孔灌注桩排桩与水泥土桩防渗墙组合的支护形式，主要适用于地下水位较高的软土地区，如图 6-1（f）所示。

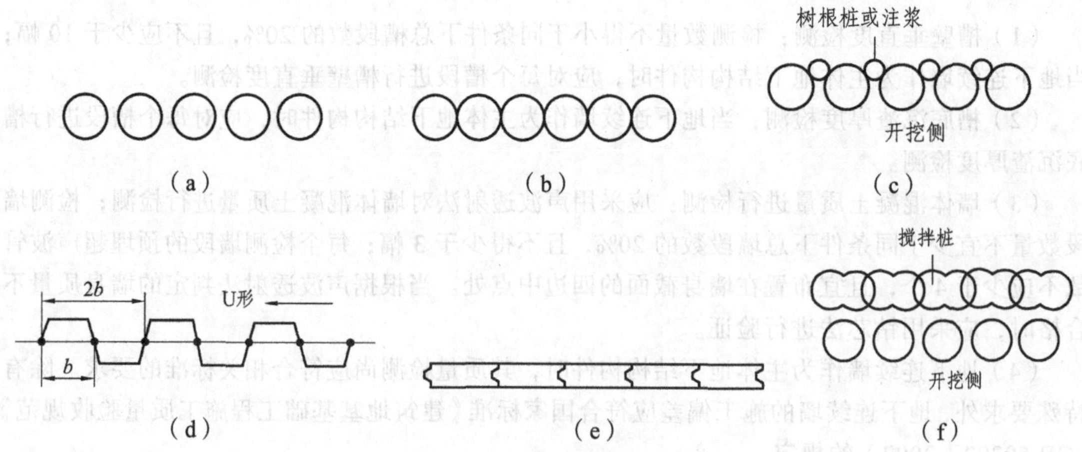

图 6-1 排桩支护的类型

根据基坑开挖深度和支撑情况，排桩支护可分为悬臂（无支撑）支护结构、单支撑支护结构和多支撑支护结构。悬臂支护结构适用于基坑开挖深度不大，利用悬臂作用就可以有效挡住墙后土体的情况。单支撑支护结构用于基坑开挖深度较大，为支护结构的安全和减小变形，在支护结构顶部附近设置一道支撑（或拉锚）。多支撑支护结构则是在基坑开挖深度较深时，设置多道支撑（或拉锚）。

6.2 排桩支护结构构造

排桩支护的桩型应根据土层的性质、地下水条件及基坑周边环境要求等选择混凝土灌注桩、钢板桩、钢筋混凝土板桩、钢管桩、型钢桩等。下面简要介绍前三种桩的构造及要求。

6.2.1 混凝土灌注桩构造

采用混凝土灌注桩时，对悬臂式排桩，支护桩的桩径宜大于或等于 600 mm；对锚拉式排桩或支撑式排桩，支护桩的桩径宜大于或等于 400 mm；排桩中心距不宜大于桩直径的 2 倍。

混凝土桩身强度等级不宜低于 C25。纵向受力钢筋宜选用 HRB400、HRB500 钢筋。单桩的纵向受力钢筋不宜少于 8 根，净间距不应小于 60 mm。纵向受力钢筋保护层厚度不应小于 35 mm；当采用水下灌注混凝土工艺时，不应小于 50 mm。支护桩顶部设置钢筋混凝土构造梁时，纵向钢筋伸入冠梁的长度宜取冠梁厚度。冠梁按结构受力构件设置时，桩身纵向受力钢筋伸入冠梁的锚固长度应符合国家标准《混凝土结构设计规范》（GB 50010—2010）对钢筋锚固的有关规定。当不能满足锚固长度要求时，钢筋末端可采取机械锚固措施。

箍筋可采用螺旋式箍筋，直径不应小于纵向受力钢筋最大直径的 1/4，且不应小于 6 mm。箍筋间距宜取 100 ~ 200 mm，且不应大于 400 mm 及桩的直径。沿桩身布置的加强箍筋应满足钢筋笼吊起安装的要求，宜选用 HRB300、HRB400 钢筋，间距宜取 1 000 ~ 2 000 mm。

6.2.2 钢板桩构造

钢板桩围护墙一般采用 U 形或 Z 形截面形状，当基坑较浅时可采用正反扣的槽钢；当基坑较深时可采用钢管、H 钢及其他组合截面钢桩。钢板桩的边缘一般应设置通长锁口，使相邻板桩能相互咬合成既能截水又能共同承力的连续护壁；当采用钢管或其他型钢作围护墙时，在其两侧也应加焊通长锁口。带锁口的钢板桩一般能起到隔水作用，但考虑到施工中的不利因素，在地下水位较高的地区，环境保护要求较高时，应与柱列式围护墙一样，桩背另加设水泥土之类的隔水帷幕。

钢板桩围护墙可用于圆形、矩形、多边形等各种平面形状的基坑。对于矩形、多边形基坑，在转角处应根据转角平面形状做相应的异形转角桩。无成品角桩时，可将普通钢板桩裁开后，加焊型钢或钢板后拼装成角桩。

6.2.3 钢筋混凝土板桩构造

钢筋混凝土板桩截面尺寸应根据受力要求按强度和抗裂计算结果确定，并满足打桩设备的能力。

墙体一般由预制钢筋混凝土板桩组成。当考虑重复使用时，宜采用预制的预应力混凝土板桩。桩身截面通常为矩形，也可以用 T 形或工字形截面。

板桩两侧一般做成凹凸榫，也有做成 Z 形缝或其他形式的企口缝。一般要求阳榫各面尺寸应比阴榫小 5 mm。板桩的桩尖沿厚度方向做成楔形。为使邻桩靠接紧密，减小接缝和倾斜，在阴榫一侧的桩尖削成 45° ~ 60° 的斜角，阳榫一侧不削。角桩及定位桩的桩尖做成对称形。矩形截面板桩宽度通常为 500 ~ 800 mm，厚度 250 ~ 500 mm。T 形截面板桩的肋厚一般为 200 ~ 300 mm，肋高 500 ~ 750 mm，混凝土强度等级不宜小于 C25，预应力板桩不宜低于 C40。考虑沉桩时锤击的冲击应力作用，桩顶应配 4 ~ 6 层钢筋网，桩顶以下和桩尖以上各 1.0 ~ 1.5 m 内箍筋间距不宜大于 100 mm，中间部位箍筋间距 250 ~ 300 mm。当板桩打入硬土层时，桩尖宜采用钢桩靴加强，在榫壁内应配构造筋。

在基坑转角处应根据转角的平面形状做成相应的异形转角桩。转角桩或定位桩的长度应比一般部位的桩长 1 ~ 2 m。

当钢筋混凝土板桩墙形成后，桩的头部应找平并用钢筋混凝土冠梁嵌固。

锚杆一般采用钢筋，可用螺栓与板桩连接。挖方时用土锚；填方时用锚定板拉住锚杆。

铁路、公路常用板桩挡土墙，是由板桩和桩间的墙面板共同组成的，板桩截面一般为矩形。墙面板可采用槽形板，也可用空心板。

6.3 排桩支护结构设计

6.3.1 设计内容

排桩支护结构应根据其自身和周围影响范围内建筑物的安全等级，按承载力极限状态和正常使用极限状态的要求，分别进行下列计算。

1. 按承载力极限状态设计

（1）水平承载力计算。

（2）地基竖向承载力计算。

（3）板桩及其承载力的圈梁、支撑、土锚及基底板等应进行强度承载力计算；对预制钢筋混凝土板桩，还应进行吊运阶段的强度、刚度验算。

（4）整体稳定性及基底稳定性计算。

（5）如有软弱下卧层，其承载力应进行验算。

2. 按正常使用极限状态设计

（1）桩墙及其构筑物在施工各阶段的横向与竖向变形不得超过规定的允许值。

（2）抗裂度与裂缝宽度验算。

6.3.2 结构内力计算

排桩可根据受力条件分段按平面问题计算。排桩水平荷载计算宽度可取排桩的中心距。

结构内力与变形的计算值、支点力的计算值应根据基坑开挖、地下结构施工过程等不同工况计算。

1. 板桩挡土墙应根据各种工况按下列规定计算

（1）一般情况下应按弹性支点法计算，支点刚度系数 K_T 及地基土水平抗力系数 m 应取地区经验值，可参考《建筑桩基技术规范》（JGJ 94—2008）和《建筑基坑支护技术规程》（JGJ 120—2012）。

（2）对于悬臂及单层支点结构的支点力 T_{dl}、截面弯矩 M_c、剪力计算值 V_c，可按静力平衡条件确定。

2. 结构内力及支点力的设计值应按下列规定计算

（1）截面弯矩设计值：

$$M = 1.25\gamma_0 M_c \tag{6-1}$$

（2）截面剪力设计值：

$$V = 1.25\gamma_0 V_c \tag{6-2}$$

（3）支点结构第 j 层支点力设计值：

$$T_{dj} = 1.25\gamma_0 T_{cj} \tag{6-3}$$

3. 计算方法

（1）弹性支点法。

弹性支点法是把排桩墙按平面问题计算，如图 6-2 所示。此时，排桩墙竖向计算条视为弹性地基梁；荷载计算宽度取排桩的中心距，荷载大小为基坑外侧水平荷载标准值；排桩插入土中的坑内侧视为弹性地基。排桩的基本挠曲方程如下：

$$EI\frac{d^4 y}{dx^4} - e_{aki}b_s = 0 \quad (0 \leqslant z \leqslant h_n) \tag{6-4}$$

$$EI\frac{d^4 y}{dx^4} + mb_0(z-h_n)y - e_{aki}b_s = 0 \quad (z = h_n) \tag{6-5}$$

式中　EI——排桩墙计算宽度的抗弯刚度，kN · m^2；

m——地基土水平抗力系数的比例系数，MN/m^4；

b_0——抗力计算宽度，m；

z——排桩顶点至计算点的距离，m；

h_n——第 n 工况基坑开挖深度，m；

y——计算点水平变形；

b_s——荷载计算宽度（m），排桩可取桩中心距。

弹性支点法的解法有：① 有限单元法；② 有限差分法；③ 解析法。求解之后，可按下列规定计算支护结构的内力计算值（见图 6-3）：

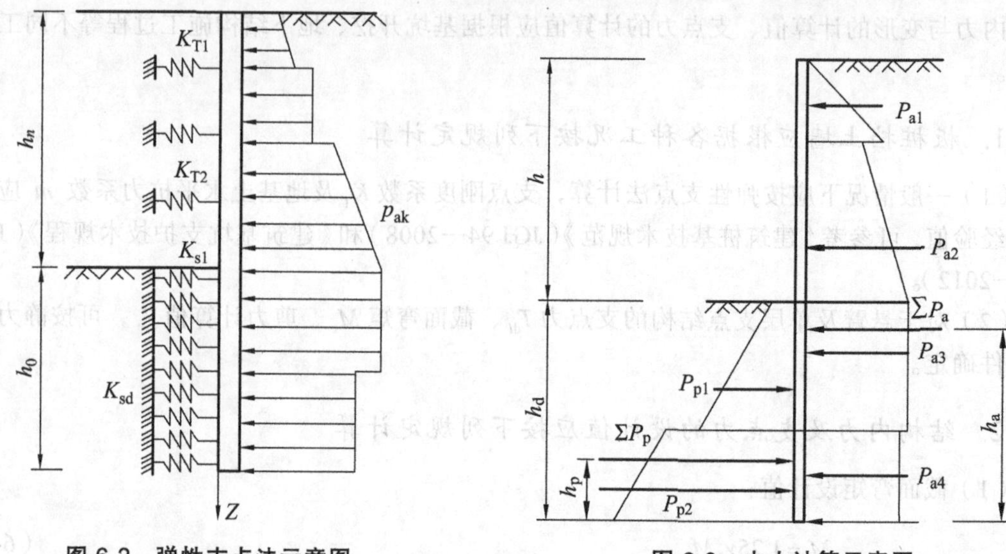

图 6-2 弹性支点法示意图

图 6-3 内力计算示意图

① 悬臂式支护弯矩和剪力计算值分别按下列公式计算：

弯矩

$$M_c = h_{mz}\sum E_{mz} - h_{az}\sum E_{az} \tag{6-6}$$

剪力

$$V_c = \sum E_{mz} - \sum E_{az} \tag{6-7}$$

式中 $\sum E_{mz}$——计算截面以上按弹性支点法计算得出的基坑内侧各土层弹性抗力值 $mb_0(z-h_n)y$ 的合力之和；

h_{mz}——合力 $\sum E_{mz}$ 作用点到计算截面的距离；

$\sum E_{az}$——计算截面以上按弹性支点法计算得出的基坑外侧土层水平荷载标准值 $e_{aik}b_s$ 的合力；

h_{az}——合力 $\sum E_{az}$ 作用点到计算截面的距离。

② 支点支护结构弯矩，剪力计算值可按下列公式计算：

$$M_c = \sum T_j(h_j + h_c) + h_{mz}\sum E_{mz} - h_{az}\sum E_{az} \tag{6-8}$$

$$V_c = \sum T_j + \sum E_{mz} - \sum E_{az} \tag{6-9}$$

式中 h_j——支点力 T_j 至基坑底的距离；

h_c——基坑底面至计算截面的距离，当计算截面在基坑底面以上时取负值。

（2）极限平衡法。

极限平衡法计算方法简单，是广大技术人员熟悉的一种设计计算方法。在《建筑地基基础设计规范》（GB 50007—2011）及《建筑基坑支护技术规程》（JGJ 120—2012）中明确指出：对于悬臂式及单支点支挡结构嵌固深度应按极限平衡法确定，也可应用于悬臂及单支点支挡结构的内力计算。但是，由于静力平衡法假定比较简单，难以表达支挡结构体系各参数变化的要求，在多支点支挡结构设计中逐渐被弹性支点法所代替。不过，在今后一段时期内极限平衡法还在一定范围内应用，此处专门介绍这种计算方法。

① 悬臂式排桩计算法。

无黏性均质土在经典的悬臂板桩设计中，作了如图 6-4 所示的简化假定。用传统方法解这个问题时假定在填土侧开挖面以上受主动土压力。在主动土压力作用下，由于墙趋于旋转，在墙前面产生被动土压力。在支点 B 处，墙后土从主动转到被动压力，而在剩下的到桩底的距离墙前是主动土压力。

a. 土压力系数及土压力 p、p'、p''。

由图 6-5 可知，计算所需各点土压力值：

$$p = \gamma(K_p - K_a)y \tag{6-10}$$

$$p' = \gamma(h+a)K_a - \gamma a K_p \tag{6-11}$$

$$p'' = \gamma(h+D)K_a - \gamma D K_p \tag{6-12}$$

为分析方便，设被动土压力系数 K_p 与主动土压力系数 K_a 之比为

$$\xi = K_p / K_a \tag{6-13}$$

b. 开挖面以下板桩受压力为零点至开挖面的距离（a）。

板桩受压力为零点是指主动土压力与被动土压力相等的位置，即 $p'=0$，则由式（6-11）可求得

$$a = n_1 h \tag{6-14}$$

这里，$n_1 = \dfrac{1}{\xi - 1}$

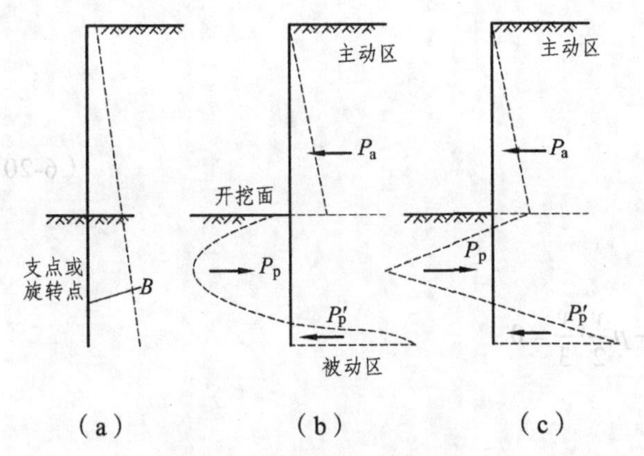

图 6-4　悬臂桩简化示意图

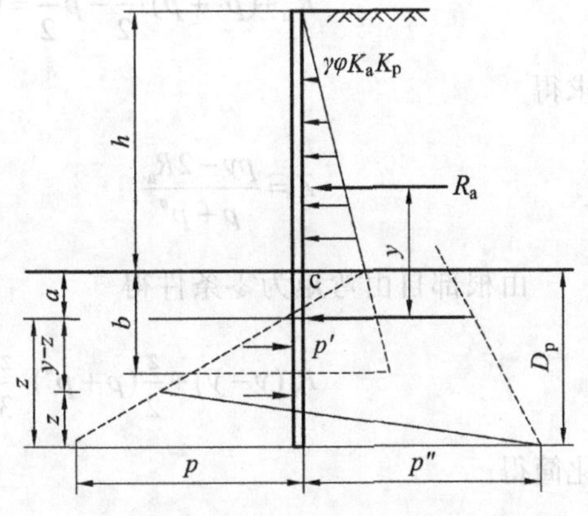

图 6-5　粒状土中悬臂板桩压力图

c. 开挖面下最大弯矩作用点 B，亦即结构断面剪力为零的点，依此可推得

$$\frac{b}{2}\gamma b K_p - \frac{(h+b)}{2}\gamma(h+b)K_a = 0$$

整理得

$$\frac{K_p}{K_a}=\left(\frac{h}{b}+1\right)^2 \tag{6-15}$$

则 $$b=n_2h \tag{6-16}$$

这里，$n_2=\dfrac{1}{\sqrt{\xi}-1}$。

d. 最大弯矩值 $M_{\max}$ 为

$$M_{\max}=\frac{h+b}{3}\cdot\frac{(h+b)2}{2}\gamma K_a-\frac{b}{3}\cdot\frac{\gamma b^2}{2}K_p=\frac{\gamma}{6}[(h+b)^3K_a-b^3K_p] \tag{6-17}$$

整理上式得

$$M_{\max}=\frac{\gamma h^3K_a}{6}n_2^2\xi \tag{6-18}$$

令 $$a=n_2^2\xi$$

代入上式则有

$$M_{\max}=a\frac{\gamma h^3K_a}{6} \tag{6-19}$$

e. 嵌入深度 D。

嵌入深度必须满足静力平衡条件，即作用于结构上的全部水平力平衡条件和绕桩底弯矩总和为零的条件：

由水平力平衡条件得

$$R_a+(p''+p)\cdot\frac{z}{2}-p\frac{y}{2}=0$$

求得

$$Z=\frac{py-2R_a}{p+p''} \tag{6-20}$$

由根部自由弯矩为零条件得

$$R_a(y-\overline{y})+\frac{z}{2}(p+p'')\cdot\frac{z}{3}-p\frac{y}{2}\cdot\frac{y}{3}=0$$

化简得

$$6R_a(y-\overline{y})+z^2(p+p'')-py^2=0 \tag{6-21}$$

将式（6-10）及式（6-12）代入上式，整理成为 y 的四次方程式：

$$y^4+\left(\frac{p'}{\beta}\right)y^3-\left(\frac{8R_a}{\beta}\right)y^2-\left[\frac{6R_a}{\beta^2}(2\beta\overline{y}+p')\right]y-\frac{6R_a\overline{y}p'+4R_a^2}{\beta^2}=0 \tag{6-22}$$

式中 $$\beta=\gamma(K_p-K_a)$$

对式（6-22）求解较为繁复。为计算方便，假定墙的旋转点不是 B 点而是绕桩根 O 点转动，则为保证墙体不绕 O 转动，其最小嵌入深度应满足弯矩平衡条件：

$$\frac{1}{6}\gamma(h+D)^3K_a-\frac{1}{6}\gamma D^3K_p\geqslant 0$$

即
$$(h+D)^3\geqslant\frac{K_p}{K_a}D^3=\xi D^3 \tag{6-23}$$

令
$$D=n_lh \tag{6-24}$$

则
$$n_l=\frac{1}{\sqrt[3]{\xi}-1} \tag{6-25}$$

式（6-24）可作为初步设计预估最小嵌入深度，实际应是式（6-22）解得 y，真正嵌入深度 $D_p=y+a$。令 $\lambda=D_p/D$。对于不同 φ 值求 λ 值列入表 6-1 最后一行。从表中可看出，随 φ 值增加，λ 值趋于 1。两种方法比值随 φ 增大，误差变小，最大比为 1.121，因此，为简化计算，可应用式（6-24）求得结果乘以大于 1 的系数。

表 6-1 朗肯土压力悬臂式排桩结构计算系数

$\varphi/°$	5	10	15	20	25	30	35	40	45	50
K_p	1.191	1.420	1.698	2.040	2.464	3.000	3.690	4.600	5.828	7.549
$\xi=K_p/K_a$	1.418	2.017	2.884	4.160	6.071	9.000	13.62	21.16	33.97	56.99
$n_1=1/(\xi-1)$	2.392	0.983	0.531	0.316	0.197	0.125	0.079	0.050	0.030	0.018
$n_2=1/(\sqrt{\xi}-1)$	5.241	2.380	1.432	0.962	0.683	0.500	0.372	0.278	0.207	0.153
$n_l=1/(\sqrt[3]{\xi}-1)$	8.100	3.795	2.362	1.644	1.213	0.926	0.720	0.566	0.447	0.351
$\lambda=D_p/D$	1.121	1.119	1.116	1.112	1.106	1.101	1.093	1.085	1.078	1.068

② 单层支点排桩结构计算。

当填方或挖方高度较大时，不能采用悬臂式排桩挡土墙。此时，可在排桩顶部附近设置锚定拉杆或锚杆，或加内支撑成为锚定式排桩挡土墙。

锚定式排桩挡土墙，一般可视为有支撑点的竖直梁。一个支点是顶端的锚定拉杆或锚杆；另一个支点是排桩下端埋入基坑以下的土。下端支承情况与板桩入土深度、岩性有关，可分为铰支承（桩埋入土中较浅，排桩下端可转动）和固定端支承（排桩下端埋入土中较深，基岩岩性较好，可认为下端在土中嵌固）。

a. 下端铰支承时土压力分布。

排桩在土压力作用下产生弯曲变形，两端为铰支，墙后产生的主动土压力为 P_a。由于排桩下端可以转动，故墙后下端不产生被动土压力；墙前由于排桩挤压而产生被动土压力 P_p。由于排桩下端入土较浅，排桩挡土墙的稳定安全度可以用墙前的被动土压力 P_p 除以安全系数 K 确定，通常安全系数取 $K=2$。

如图 6-6 所示，按朗肯理论计算求得主动土压力为

$$P_{\mathrm{a}}=\frac{1}{2}\gamma(h+t)^2K_{\mathrm{a}}$$

$$\frac{P_{\mathrm{p}}}{K}=\frac{\gamma}{2}t^2K_{\mathrm{P}}/K$$

对锚固点 O 取矩：

$$P_{\mathrm{a}}\left[\frac{2}{3}(h+t)-d\right]=\frac{P_{\mathrm{p}}}{K}\left(h-d+\frac{2}{3}t\right) \tag{6-26}$$

求解式（6-26），可求得入土深度 t。

由 $\sum x=0$，得锚杆的拉力为

$$T=\left(P_{\mathrm{a}}-\frac{P_{\mathrm{p}}}{K}\right)\times a \tag{6-27}$$

式中　a——锚杆的水平间距。

由剪力等于零而求得最大弯矩截面：

$$x=\sqrt{\frac{2T}{K_{\mathrm{a}}\gamma a}} \tag{6-28}$$

而最大弯矩值：

$$M_{\max}=\frac{T}{a}(x-d)\cdot\frac{\gamma x^3}{6}K_{\mathrm{a}} \tag{6-29}$$

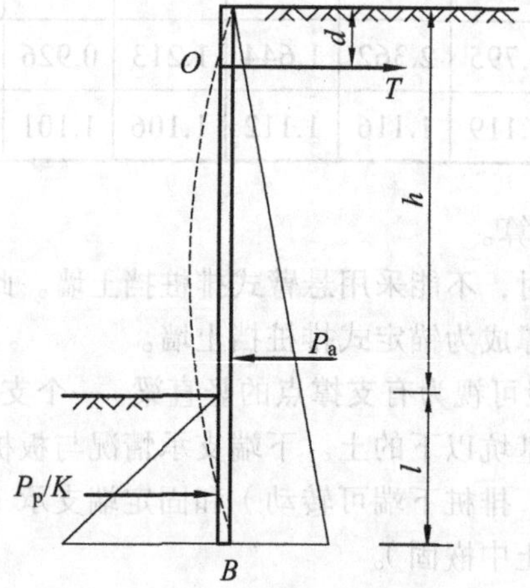

图 6-6　下端铰支承锚定板桩计算简图

b. 排桩下端固定支承土压力分布。

排桩下端入土较深，岩性坚硬，可视为固定端。排桩在墙后除主动土压力 P_{a} 外，还有嵌固点以下的被动土压力 P_{p2}。假定 P_{p2} 作用在桩底 B 点处，具体处理同悬臂排桩。排桩的入土深度可按计算值适当增加 10%～20%。排桩前侧有被动土压力 P_{p1} 作用。由于排桩入土较深，排桩挡土墙的稳定性由桩的入土深度来保证，故被动土压力 P_{p1} 不再考虑安全系数。

由于排桩下端嵌固点位置不知道，因此不能用静力平衡条件直接求得排桩的入土深度 t。在图 6-7 中给出了排桩的挠曲形状，在排桩下部有一反弯点 C。在 C 点以上排桩有最大正弯矩；C 点以下将产生最大负弯矩。挠曲线反弯点是相对于弯矩为零的截面。太沙基给出了均匀土中，当表面无超载、墙后无较高地下水位时，反弯点 C 的深度 y 值与土的内摩擦角 φ 间存在着近似关系，见表 6-2。

表 6-2　反弯点 C 深度 y 与土的内摩擦角 φ 之间的关系

土的内摩擦角 φ	20°	30°	40°
y	$0.25h$	$0.08h$	$-0.007h$

反弯点 C 确定后，则将板桩分成 AC、BC 两段，根据平衡条件可求得板桩入土深度及最大正、负弯矩。在 C 点截面处 $M_c=0$，剪力 $V_c\neq 0$，取排桩 AC 段来研究，对锚杆 O 点取矩，$\sum M_O=0$ 得

$$V_c=\frac{1}{2(h+y-d)}\left\{p_{ac}(h+y)\left[\frac{2}{3}(h+y)-d\right]-p_{pc}y\times\left(h+\frac{2}{3}y-d\right)\right\} \tag{6-30}$$

由式（6-30）求得 V_c。

由排桩 CD 段上作用力，对 B_y 点取矩 $\sum M_b=0$ 得

$$V_c(t-y)=\frac{\gamma}{6}(K_p-K_a)(t-y)^3+\frac{1}{2}p_n(t-y)^2$$

式中，

$$p_n=p_{pC}-p_{aC}=\gamma yK_p-\gamma(y+h)K_a$$

解得

$$t-y=\frac{-3p_n+[9p_n^2+24(K_p-K_a)\gamma V_c]^{\frac{1}{2}}}{2\gamma(K_p-K_a)} \tag{6-31}$$

则可求得入土深度 t，排桩实际入土深度用 $1.2t$。

对锚杆拉力 T，由 AC 段水平力平衡方程求得

$$T=\left[\frac{1}{2}p_{aC}(h+y)-\frac{1}{2}p_{pC}y-V_C\right]\times a \tag{6-32}$$

由排桩所受到的外力可知，见图 6-7。

$$M_0=\frac{1}{6}\gamma d^3K_a \tag{6-33}$$

最大弯矩应发生在剪力为零截面 D，其位置为

$$V=\frac{T}{a}-\frac{\gamma}{2}x^2K_a=0$$

则

$$x=\sqrt{\frac{2T}{\gamma K_{\mathrm{a}}a}} \tag{6-34}$$

最大弯矩：

$$M_d=\frac{\gamma x^3}{b}K_{\mathrm{a}}-\frac{T(x-d)}{a} \tag{6-35}$$

排桩在反弯点以下的最大负弯矩所在截面 E 距反弯点，由剪力为零得

$$V_E-p_n x_1-\frac{p_{ne}-p_n}{t-y}x_1\cdot\frac{x_1}{2}=0 \tag{6-36}$$

可求得 x_1 值。最大负弯矩为

$$M_C=V_E x_1-p_{\mathrm{n}}\frac{x_1^2}{2}-\frac{x_1^3}{6}\cdot\frac{p_{\mathrm{n}E}-p_{\mathrm{n}}}{t-y} \tag{6-37}$$

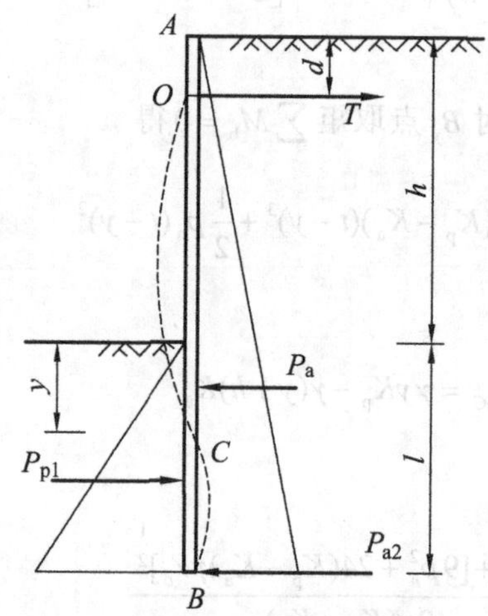

图 6-7 下端为固定端锚定板桩计算图

（3）多支点排桩计算。

对于多撑排桩墙，因施加撑的方式不同，其土压力分布和墙体变形及内力不同。一般情况下，应根据地基及邻近地基是否允许变形或由施工时是否对撑施加预加荷载来决定土压力的变化。如不施加预加应力，则墙体上所承受的土压力在未开挖侧处于静止土压力和主动土压力之间；在开挖一侧，土压力处于静止土压力和被动土压力之间。

对于多层支点排桩墙的内力和变形求解，采用弹性支点法更加合理。弹性支点法能较好地反映基坑开挖和回填过程中各种基本因素和复杂情况对排桩墙受力的影响，如施工过程中基坑开挖，支撑设置，失效和拆除，荷载变化，预加压力，墙体刚度改变，与主体结构板、墙的结合方式，内支撑式挡土结构和基坑两侧非对称荷载等的影响；结构与地层的相互作用及开挖过程中土体刚度变化的影响；围护结构的空间效应及围护结构与支撑体系的共同作用；以及施工过程及施工完成后的使用阶段墙体受力变化的连续性。

弹性支点法的计算精度主要取决于一些基本计算参数的取值是否符合实际，如基床系数、墙背与墙前土压力分布、支撑的松弛系数等，可通过地区经验加以完善。

6.3.3　排桩墙稳定性计算

排桩墙稳定性计算应包括抗倾覆、抗滑移、抗隆起、整体稳定及防渗漏等。根据理论分析和实验验证，满足抗倾覆要求，则其他各种稳定性基本都能得到保证。本节分别对悬臂式排桩、单层支点排桩和多支点排桩墙抗倾覆稳定性进行简单介绍。满足抗倾覆稳定性的桩嵌固深度即可作为排桩嵌固深度设计值。

1. 悬臂式排桩抗倾覆稳定计算

悬臂式排桩抗倾覆稳定性应满足下式要求（见图 6-8）：

$$h_{\mathrm{d}}\sum P_{\mathrm{p}j}-1.2\gamma_0 h_{\mathrm{a}}\sum P_{\mathrm{a}i}\geqslant 0 \tag{6-38}$$

式中　$\sum P_{\mathrm{p}j}$——桩底以上基坑内侧各土层水平抗力标准 $p_{\mathrm{pk}j}$ 合力之和，kPa；

h_{d}——桩的嵌固深度，m；

h_{p}——合力 $\sum P_{\mathrm{p}j}$ 作用点至桩底的距离，m；

$\sum P_{\mathrm{a}i}$——桩底以上基坑外侧水平荷载标准值 $p_{\mathrm{ak}j}$ 的合力之和，kPa；

h_{a}——合力 $\sum P_{\mathrm{a}i}$ 作用点至桩底的距离，m。

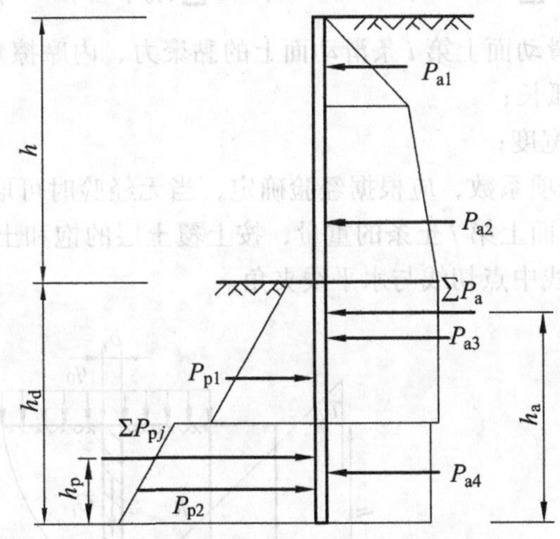

图 6-8　悬臂式排桩抗倾覆稳定性计算简图

2. 单层支点排桩抗倾覆稳定计算

单层支点排桩抗倾覆稳定性应满足下式要求（见图 6-9）：

$$h_{\mathrm{d}}\sum P_{\mathrm{p}j}+T_{\mathrm{c1}}(h_{\mathrm{t}}+h_{\mathrm{d}})-1.2\gamma_0 h_{\mathrm{a}}\sum P_{\mathrm{a}i}\geqslant 0 \tag{6-39}$$

式中　T_{c1}——支点的支撑力，kPa；

h_{t}——支点至基坑底的距离，m。

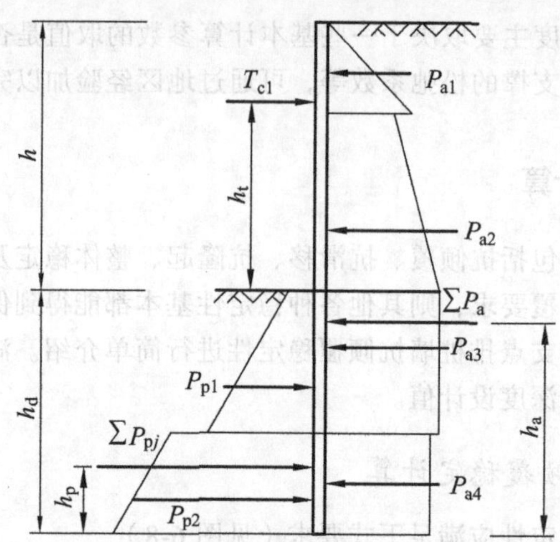

图 6-9 单支点桩抗倾覆稳定性计算简图

工程实践表明，按式（6.39）确定的嵌固深度值大于整体稳定及抗隆起的要求。对于悬臂或单层支点排桩按式（6-38）和式（6-39）求得嵌固深度设计值(h_d)小于 0.3h 时，h_d 宜取 0.3h。

3. 多支点排桩整体稳定性计算

多支点排桩的稳定性宜按整体稳定性计算，采用圆弧滑动条分法确定（见图 6-10）：

$$\sum c_i l_i + \sum (q_0 b_i + G_i)\cos\theta_i \tan\varphi_i - \gamma_k \sum (q_0 b_i + G_i)\sin\theta_i \geqslant 0 \tag{6-40}$$

式中 c_i, φ_i——最危险滑动面上第 i 条滑动面上的黏聚力、内摩擦角；

l_i——第 i 土条的弧长；

b_i——第 i 土条的宽度；

γ_k——整体稳定分项系数，应根据经验确定，当无经验时可取 1.3；

G_i——作用于滑裂面上第 i 土条的重量，按上覆土层的饱和土重计算；

θ_i——第 i 土条弧线中点切线与水平线夹角。

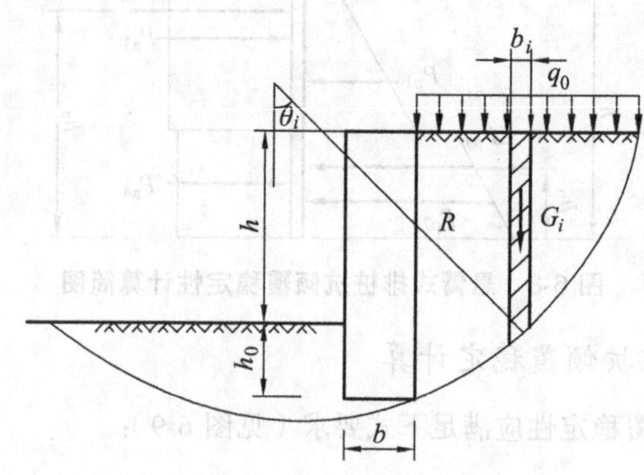

图 6-10 多支点排桩整体稳定性计算简图

当嵌固深度下部存在软弱土层时，尚应验算软弱下卧层整体稳定性，可参考土钉墙坑底隆起稳定性验算。

6.4　排桩结构施工

6.4.1　钻孔灌注桩施工

钻孔灌注桩墙体可按钻孔灌注桩机械和施工规程中有关技术要求进行施工。

在钻孔时，为了防止邻桩混凝土坍落或损伤，相邻桩位的施工间隔时间不应小于 24 h。实际施工时宜采用隔桩施工，最好采用每间隔 3 ~ 5 根桩位跳打方法。此时在每一个跳打间隔内，总有一根桩是在左右已成桩的条件下嵌入施工。为了能使桩正确就位，要求围护桩轴线和垂直轴线方向桩位偏差不宜超过 50 mm，垂直度偏差不宜大于 0.5%，桩径变化应控制在 50% 以下。在地下水位较高的软土地区，应采用一般回转式钻机成孔，除必须采用优质泥浆护壁时，钻杆不应小于 89 mm，最好采用 114 mm 钻杆，必要时可在钻头上加配重，以保证成孔垂直度。此外，钻头旋转速度应控制在 40 ~ 70 r/min，在淤泥土内应小于 40 r/min，在土层中钻进速度应控制在 4 ~ 5 m/h。

钻孔灌注桩桩底沉渣不宜超过 200 mm；当用作承重结构时，桩底沉渣按《建筑桩基技术规范》(JGJ 94—2008) 要求执行。

非均匀配筋排桩的钢筋笼在绑扎、吊装和埋设时，应保证钢筋笼的安放方向与设计方向一致。冠梁施工前，应将支护桩桩顶浮浆凿除干净，桩顶以上露出的钢筋长度应达到设计要求。

6.4.2　钢板桩施工

钢板桩通常采用锤击、静压或振动等方法沉入土中，可以单独或相互配合使用。沉桩前，现场钢板桩应逐块检查分类编号，钢板桩尺寸的允许偏差按下列标准控制：① 截面高度 ± 3 mm；② 桩端平面平整≤3 mm；③ 截面宽度 + 10 mm，- 5 mm；④ 长度挠曲 1%。

板桩边缘锁口应以一块长 1.5 ~ 2.0 m 同型标准锁口做通长检查，不合格时应予修正。经检验合格的锁口应涂上黄油或其他油脂待用。

打钢板桩应分段进行，不宜单块打入。封闭或半封闭围护墙应根据板桩规格和封闭段的长度事先计算好块数，第一块沉入的钢板桩应比其他的桩长 2 ~ 3 m，并应确保它的垂直度。有条件时，最好在打桩前沿围护墙位置先设置导架，将一组钢板桩沿导架正确就位后逐根沉入土中。

钢板桩一般作为临时性的基坑支护，在地下主体工程完成后即可将钢板桩拔出。拔桩起点可根据沉桩时的情况确定，必要时也可以用间隔拔的方法。拔桩的顺序最好与打桩时相反。当钢板桩拔不出时，可用振动锤或柴油锤再复打一次，可克服土的黏着力或将板桩上铁锈消除，以便顺利拔出。拔桩时会带出土粒形成孔隙，并使土层受到扰动，特别是在软土地层中，会使基坑内已施工的结构或管道发生沉降，并引起地面沉降而严重影响附近建筑和设施的安全。此时，必须采取有效的措施，对拔桩造成的土的孔隙要及时用中粗砂填实或用膨润土浆液填充；当控制土层位移有较高要求时，必须采取在拔桩时跟踪注浆等填充方法。

6.4.3　钢筋混凝土板桩施工

施工方法与钢板桩相同。由于钢筋混凝土板桩施工简易，造价相对较低，往往在工程结束后不再拔出，不致因拔桩造成对附近建筑物的影响和危害。

第 7 章 抗滑桩工程

7.1 概 述

抗滑桩是滑坡防治工程中较常采用的一种工程结构。它是一种穿过滑坡体深入滑床的桩柱，用于抵挡滑体的滑动力，起稳定边坡的作用，适用于浅层和中厚层的滑坡（见图 7-1）。抗滑桩的作用机理是依靠桩与桩周岩、土体的共同作用把滑坡推力传递到稳定地层，利用稳定地层的锚固作用和被动抗力，来平衡滑坡推力，从而改善滑坡状态，促使其趋向稳定。

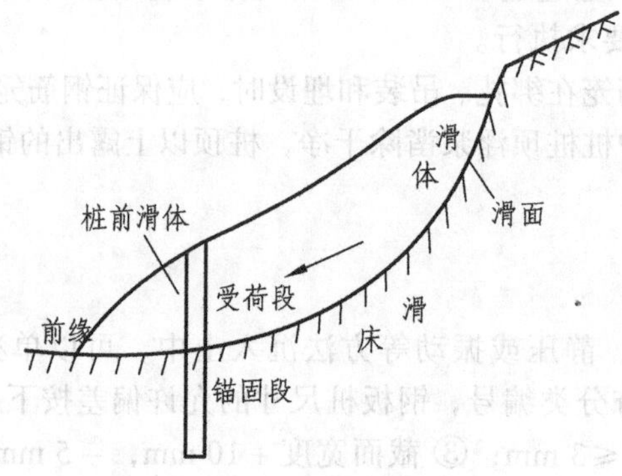

图 7-1 抗滑桩示意图

抗滑桩用于治理滑坡国外始于 20 世纪 30 年代，我国则是于 20 世纪 60 年在铁路建设实践中开始应用。目前，国内在铁路、公路、厂矿等工程的滑坡治理中，广泛采用抗滑桩，实践证明这种支挡结构效果良好。

经过几十年的应用和发展，已经开发出了多种类型的抗滑桩。按施工方法分，有打入桩、钻孔桩和挖孔桩；按材料分，有木桩、钢桩和钢筋混凝土桩；按截面形状分，有圆形桩、管形桩和矩形桩；按桩与土的相对刚度分，有刚性桩和弹性桩；按结构型式分，有排式单桩、承台桩和排架桩等。

抗滑桩与传统的滑坡治理措施，如排水、减载、挡土墙等工程相比，具有以下优点：

（1）抗滑能力强，圬工数量小，能用于滑动带埋深大的滑坡治理。

（2）桩位灵活，可设在最有利于抗滑部位；既可单独使用，也可与其他支挡结构配合使用。

（3）可根据弯矩大小沿桩长合理布置钢筋，更经济。

（4）施工设备简单，操作方便，采用混凝土或少筋混凝土护壁，安全、可靠。

（5）间隔开挖桩孔不易恶化滑坡状态，有利于整治正在活动的滑坡和抢修工程。

（6）利用开挖的桩孔，能直接校核地质情况，便于检验和修改原来的设计，使之更切合实际。

7.2　作用在抗滑桩上的力

7.2.1　滑坡推力

滑坡推力作用于滑面以上部分的桩背上，可假定与滑面平行。由于目前还没有完全弄清桩间土拱对滑坡推力的影响，通常假定每根桩所承受的滑坡推力等于桩距范围内的滑坡推力。滑坡推力可按传递系数法计算，对于土质滑坡必要时可用毕肖普法进行补充计算。推力计算结果可作为抗滑桩的设计荷载。具体计算过程参见 1.4 节的“滑坡推力计算”。

滑坡推力分布及其作用点的位置，与滑坡类型、部位、地层性质、变形情况和地基系数等有关。由于影响因素多，很难给出各类滑坡推力的分布图形。在计算滑坡推力时，通常假定滑坡体沿滑面均匀下滑。当滑体为砾石类土或块石时，下滑力采用三角形分布；当滑体为黏性土时，采用矩形分布；介于两者之间时，采用梯形分布。根据铁二院模拟滑体的抗滑桩模型试验结果，当滑体为松散介质时，下滑力中心约在滑动面上桩长 1/4 处；当滑体为黏性土时，虽然比松散介质稍高，但也未超过滑动面以上桩长的 1/3。另外，从多次试验结果可看出，滑体的完整性越好，其下滑力的重心越低。

7.2.2　桩前岩（土）抗力

抗滑桩受到滑坡推力作用后，将滑坡推力传递到滑动面以下的桩周岩（土）中，桩下部的岩（土）受力变形。不同变形阶段，桩前岩（土）的抗力计算方法不同。在弹性变形阶段，按弹性抗力计算；在塑性变形阶段，近似地等于该地层的地基系数乘以与变形方向一致的土的弹性极限状态时的压缩变形值，或用该地层的侧向允许承载力代替；如沿桩身的岩、土处于塑性变形阶段的范围较大或岩体很松散时，则全桩可用极限平衡办法计算滑床内桩周岩、土的抗力值。

由于滑动面的存在，桩前滑动面以上的滑体不能充分发挥其弹性抗力。桩前滑动面处的剩余抗滑力是桩前滑体所能提供抗力的控制值。若桩前滑动面以上的滑体可能滑走（无剩余抗滑力），则桩上部受荷段假定无抗力作用；若桩前滑动面以上的滑体基本稳定（有剩余抗滑力），则桩上部受荷段有抗力作用，但此抗力不应大于桩前滑体的剩余抗滑力或被动土压力。

7.2.3　锚固段岩（土）体的抗力

锚固段桩周岩（土）体的抗力分为两种情况：一种是抗滑桩锚固在完整岩层中，把滑动面以下的地层当作半无限空间弹性体，抗滑桩视为插入其中的一根杆件。由于按空间弹性体计算较为复杂，一般应用弹性力学中简便的链杆法计算，滑动面处的抗力图形，有些尖锐的应力集中现象，如图 7-2（a）所示。另一种是抗滑桩锚固在破碎岩层或堆积层中，把地层视作弹性介质，采用地基系数法进行计算，滑动面处的抗力比较小，如图 7-2（b）所示。

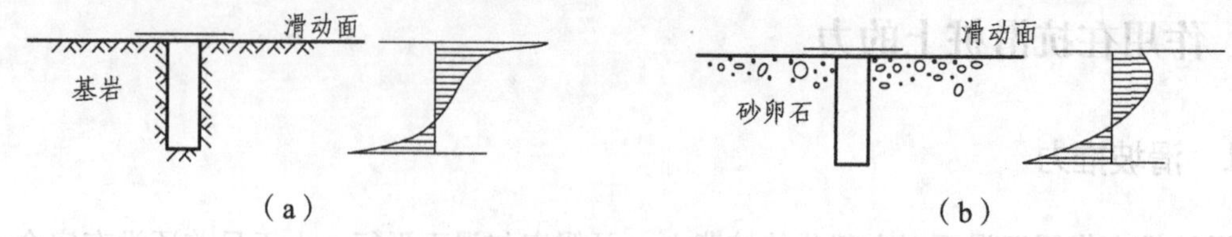

图 7-2 抗滑桩桩周岩（土）抗力分布示意图

关于地基系数：一般情况下，锚固段前后相同标高位置岩土的地基系数，可以视为相同；当桩前后的地面有高差时或桩前滑体薄、桩后滑体厚，以及严重分化、破碎的岩层，第四系松散堆积层等，地基系数值可以不同。关于地基系数的确定和取值，可参考《新型支挡结构设计与工程实例》。

7.3 抗滑桩的内力计算

抗滑桩的受力状态很复杂，其计算理论及计算方法随着对桩结构及地基土假定的不同而不同。目前，较常用的方法是将抗滑桩分为受荷段和锚固段分别计算，受荷段按悬臂梁计算，锚固段按地基系数法计算。本节主要介绍地基系数法分析桩的基本原理及桩身各截面内力的计算。

7.3.1 地基系数的确定

地基系数是指单位岩土体在弹性限度内产生单位变形时所需施加于单位面积上的力，也称弹性抗力系数或基床系数。假定地层为弹性介质，桩为弹性构件，作用于桩侧任一点 y 处的弹性抗力为

$$\sigma_y = Kb_p x_y \tag{7-1}$$

式中 K——地基系数，kN/m³；

b_p——桩的计算宽度，m；

x_y——水平位移值，m。

地基系数与地层的物理力学性质有关，随深度变化的规律比较复杂，变化幅度大。当地基系数随深度变化时，宜按下式计算：

$$K = m(y_0 + y)^n \tag{7-2}$$

式中 m——地基系数随深度变化的比例系数（$kN/m^{(n+3)}$），宜通过试验确定；

y_0——与岩土类别有关的常数，指锚固段的地基系数分布曲线在滑动面以上延长至 K 为零点的高度，m；

y——滑动面以下计算位置距离滑动面的深度，m；

n——计算指数。

地基系数的确定通常有以下三种方法：

（1）“K”法：当 n=0 时，K 值为常数，其图形为矩形，见图 7-3（a）。按这种规律变化的计算方法称为“K”法，适用于较完整的硬质岩石、未扰动的硬黏土或性质相近的半岩质地层。

（2）“C”法：当 $0 < n < 1$ 时，K 值随深度为外凸的抛物线形变化，见图 7-3（b）。按这种规律变化的计算方法称为“C”法。我国公路部门实测资料反算 n 值取 0.5 ~ 0.6，建议取 0.5。

（3）“m”法：当 n=1 时，K 值随深度成梯形变化，见图 7-3（c）。如果地基系数在地面处 $y_0 = 0$ 时，则按这种规律变化的计算方法称为“C”法。我国公路部门实测资料反算 n 值取 0.5 ~ 0.6，建议取 0.5。

$$K = my \tag{7-3}$$

这种假定是我国铁路、公路桥梁规范中所采用的方法，称为“m”法，适用于一般硬塑-半坚硬的砂黏土、碎石土或风化破碎成土状的软质岩以及密实度随深度而增加的地层。

当 $n > 1$ 时，K 值随深度为内凹的抛物线形变化，见图 7-3（d）。

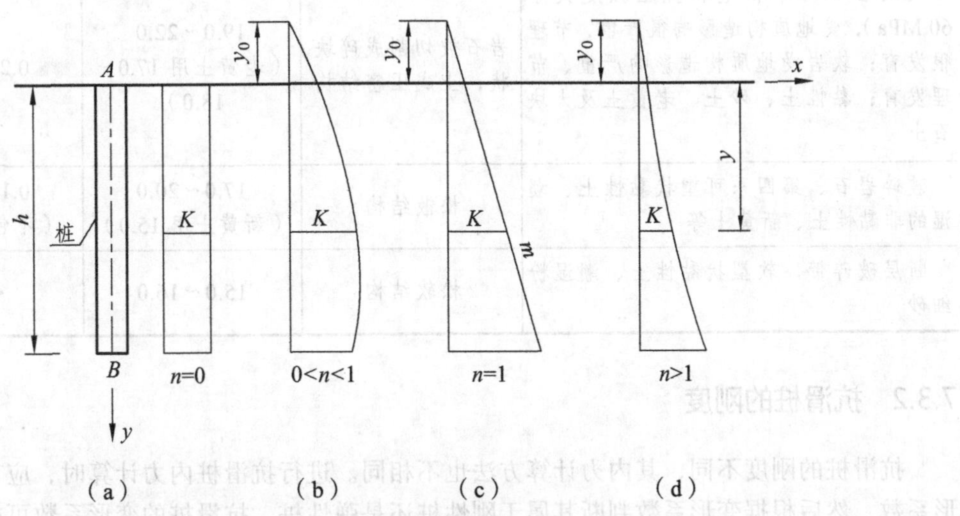

图 7-3　地基系数随深度变化

地基系数应通过试验确定，在无试验资料的情况下，可参考表 7-1。

表 7-1　不同岩土层物理力学指标与地基系数关系参考表

岩石工程地质特征	结构特征与完整性	重度/（kN/m³）	地基系数 K（$\times 10^4$ kN/m³）
坚硬岩类（单轴饱和抗压强度大于 60 MPa），节理不发育，无软弱夹层，受地质构造影响小；厚层层状岩层且层间结合良好	巨块状整体结构	26.0 ~ 28.0	1.80 ~ 2.80

续表 7-1

岩石工程地质特征	结构特征与完整性	重度/（kN/m^3）	地基系数 K（$\times 10^4\ kN/m^3$）
硬质岩石（单轴饱和抗压强度在 30~60 MPa），受地质构造影响较强，节理较发育，有少量软弱面；中厚层岩层，层间结合一般。或受地质构造影响小、节理不发育的软岩（单轴饱和抗压强度小于 30 MPa）	块状结构	25.0 ~ 27.0	1.20 ~ 1.80
坚硬岩类（单轴饱和抗压强度大于 60 MPa），节理发育，有软弱夹层，受地质构造影响严重；中层或薄层层状岩层且层间结合差。或受地质构造影响严重、节理发育的软岩（单轴饱和抗压强度小于 30 MPa）	镶嵌结构	23.0 ~ 25.0	0.50 ~ 1.20
硬质岩石（单轴饱和抗压强度大于 60 MPa），受地质构造影响很严重，节理很发育；软岩受地质构造影响严重、节理发育；黏性土、砂土、老黄土及大块石土	岩石被切割成碎块状；土成压密结构	19.0 ~ 22.0（老黄土用 17.0 ~ 18.0）	0.20 ~ 0.50
破碎岩石、第四系可塑状黏性土、潮湿的非黏性土、新黄土等	松散结构	17.0 ~ 20.0（新黄土用 15.0）	0.10 ~ 0.20（不包括黄土）
断层破碎带、软塑状黏性土、潮湿粉细砂	松软结构	15.0 ~ 16.0	< 0.10

7.3.2 抗滑桩的刚度

抗滑桩的刚度不同，其内力计算方法也不相同。进行抗滑桩内力计算时，应首先计算变形系数，然后根据变形系数判断其属于刚性桩还是弹性桩。抗滑桩的变形系数可按以下方法进行计算：

1. 按“K”法计算

$$\beta=\sqrt[4]{\frac{K_{\mathrm{h}}B_{\mathrm{p}}}{4EI}} \tag{7-4}$$

式中 β——按“K”法计算时桩的变形系数，m^{-1}；

K_{h}——滑动面以下某深度处的水平地基系数，宜通过试验确定，也可采用水平比例系数(m_{h})按式（7-2）计算；

B_{p}——抗滑桩正面计算宽度［矩形 $B_{\mathrm{p}}=B+1$，圆柱形 $B_{\mathrm{p}}=0.9\times(D+1)$，$B$ 为矩形抗滑桩的正面宽度（m），D 为圆形桩的直径（m）］；

当$\beta h_2 \leqslant 1.0$时，抗滑桩属于刚性桩，否则属于弹性桩（h_2为抗滑桩的锚固长度）。

2. 按“m”法计算

$$\alpha = \sqrt[5]{\frac{m_h B_p}{EI}} \tag{7-5}$$

式中 α——按“m”法计算时桩的变形系数，m^{-1}；

m_h——水平向地基系数随深度变化的比例系数（kN/m^3），宜通过试验确定。

当$\alpha h_2 \leqslant 2.5$时，抗滑桩属于刚性桩，否则属于弹性桩。

7.3.3 刚性桩的内力及变形计算

滑动面以上的地层对桩的作用力均视为外力，在滑动面处换算为剪力Q_0及弯矩M_0，将滑面以下桩体作为一独立体，通过力学平衡求解桩的内力，见图7-4。

1. 地基土为单一地层

边界条件：桩底$Q_h = 0$，$M_h = 0$

剪力：
$$Q_y = Q_A - \frac{1}{2} b_p K \Delta\varphi (2l_0 - l) - \frac{1}{6} b_p K \Delta\varphi l^2 (2l_0 - 2l) \tag{7-6}$$

弯矩：
$$M_y = M_A + Q_A l - \frac{1}{6} b_p K \Delta\varphi l^2 (3l_0 - l) - \frac{1}{12} b_p K \Delta\varphi l^3 (2l_0 - l) \tag{7-7}$$

式中 Q_A——滑动面处的剪力，kN；

M_A——滑动面处的弯矩，kN·m；

l——桩体位于滑动面以下的深度，m；

l_0——桩体旋转的中心点位于滑动面以下的深度，m；

$\Delta\varphi$——旋转角，rad。

当地层为均质岩层时，取$m = 0$，根据边界条件解得l_0及$\Delta\varphi$，即可求得桩内力。

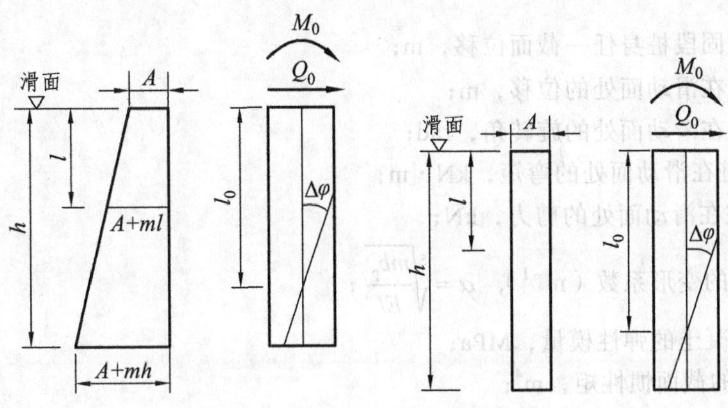

图7-4 桩的内力计算示意图

2. 地基土为多种地层

当锚固段为两种以上地层时，桩底按自由端考虑，仍根据边界条件 $Q_h=0$，$M_h=0$ 来求解 l_0 及 $\Delta\varphi$，进而计算桩的内力。由于表达式较繁冗，具体计算过程可参见相关文献及规范，此处不再罗列。

7.3.4 弹性桩的内力及变形计算

弹性桩的计算方法视桩为弹性地基上的竖向弹性梁，将滑动面以上的外力换算为剪力 Q_0 和弯矩 M_0，建立挠曲微分方程，然后求解可得到抗滑桩身任一深度处的内力及变位的一般表达式，再根据桩底边界条件计算出滑面处的位移和转角，进而计算出桩身任一深度处的变位和内力，计算简图见图 7-5。

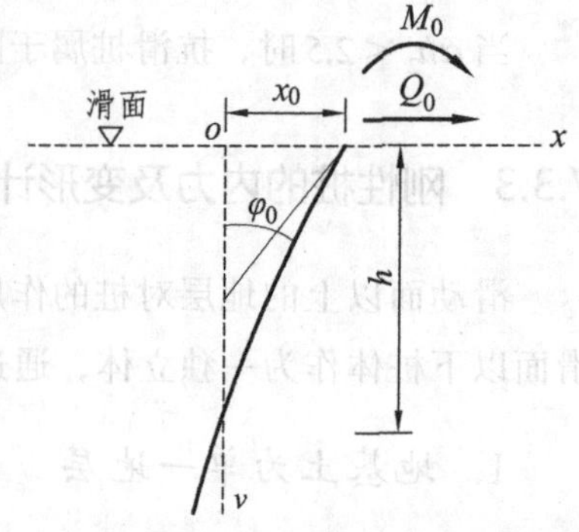

图 7-5 弹性桩的内力计算示意图

1. 按"m"法计算

桩在水平外力作用下的挠曲微分方程为

$$EI\frac{\mathrm{d}^4x}{\mathrm{d}y^4}=myxb_\mathrm{p}=0 \qquad (7\text{-}8)$$

通过对式（7-6）求解，可以得到任一深度桩身的内力及变位一般表达式：

$$x_y=x_0A_1+\frac{\varphi_0}{\alpha}B_1+\frac{M_0}{\alpha^2EI}C_1+\frac{Q_0}{\alpha^3EI}D_1 \qquad (7\text{-}9)$$

$$\varphi_y=\alpha\left(x_0A_2+\frac{\varphi_0}{\alpha}B_2+\frac{M_0}{\alpha^2EI}C_2+\frac{Q_0}{\alpha^3EI}D_2\right) \qquad (7\text{-}10)$$

$$M_y=\alpha^2EI\left(x_0A_3+\frac{\varphi_0}{\alpha}B_3+\frac{M_0}{\alpha^2EI}C_3+\frac{Q_0}{\alpha^3EI}D_3\right) \qquad (7\text{-}11)$$

$$Q_y=\alpha^3EI\left(x_0A_4+\frac{\varphi_0}{\alpha}B_4+\frac{M_0}{\alpha^2EI}C_4+\frac{Q_0}{\alpha^3EI}D_4\right) \qquad (7\text{-}12)$$

式中 x_y——锚固段桩身任一截面位移，m；
x_0——桩在滑动面处的位移，m；
φ_0——桩在滑动面处的旋转角，rad；
M_0——桩在滑动面处的弯矩，kN·m；
Q_0——桩在滑动面处的剪力，kN；
α——桩的变形系数（m^{-1}），$\alpha=\sqrt[5]{\dfrac{mb_\mathrm{p}}{EI}}$；
E——混凝土的弹性模量，MPa；
I——桩的截面惯性矩，m^4；
b_p——桩的计算宽度，m；

A_j，B_j，C_j，D_j——随桩的换算深度而异的“m”法影响函数值，影响函数值的取值可参考相关计算手册或《抗滑桩设计计算》。

常根据以下不同的边界条件计算滑面处的位移和旋转角：

（1）当桩嵌固于坚硬岩石，桩底可视为固定端，边界条件：$x_h = 0,\ \varphi_h = 0$。

（2）当桩支撑在岩石层面上，桩底可视为铰接端，边界条件：$x_h = 0,\ M_h = 0$。

（3）当桩埋于土层或风化破碎岩层内，桩底可视为自由端，边界条件：$Q_h = 0,\ M_h = 0$。

由上述边界条件确定了 x_0、φ_0 后，代入式（7-9）~（7-12），即可求出滑动面以下桩身任一截面处的位移、转角、弯矩和剪力。

2．按“K”法计算

桩在水平外力作用下的挠曲微分方程为

$$EI\frac{\mathrm{d}^4x}{\mathrm{d}y^4}+xK_\mathrm{h}b_\mathrm{p}=0 \tag{7-13}$$

式中 $xK_\mathrm{h}b_\mathrm{p}$——地基作用于桩上的水平抗力。

引入变形系数 $\beta=\left(\dfrac{K_\mathrm{h}b_\mathrm{p}}{4EI}\right)^{\frac{1}{4}}$，即 $K_\mathrm{h}b_\mathrm{p}=4EI\beta^4$，式（7-13）可写为

$$\frac{\mathrm{d}^4x}{\mathrm{d}y^4}+4\beta^4x=0 \tag{7-14}$$

通过数学求解，得到滑动面以下任一截面的变位、侧向应力和内力的计算公式：

变位
$$x_y=x_0\varphi_1+\frac{\varphi_0}{\beta}\varphi_2+\frac{M_0}{\beta^2EI}\varphi_3+\frac{Q_0}{\beta^3EI}\varphi_4 \tag{7-15}$$

转角
$$\varphi_y=\beta\left(-4x_0\varphi_4+\frac{\varphi_0}{\beta}\varphi_1+\frac{M_0}{\beta^2EI}\varphi_2+\frac{Q_0}{\beta^3EI}\varphi_3\right) \tag{7-16}$$

弯矩
$$M_y=-4x_0\beta^2EI\varphi_3-4\varphi_0\beta EI\varphi_4+M_0\varphi_1+\frac{Q_0}{\beta}\varphi_2 \tag{7-17}$$

剪力
$$Q_y=-4x_0\beta^3EI\varphi_2-4\varphi_0\beta^2EI\varphi_3-4M_0\beta\varphi_4+Q_0\varphi_1 \tag{7-18}$$

侧向应力
$$\sigma_y=K_\mathrm{h}x_y \tag{7-19}$$

式中 φ_1，φ_2，φ_3，φ_4——“K”法的影响函数值，影响函数值的取值可参考相关计算手册或《抗滑桩设计计算》。

计算时也必须先求得滑动面处的 x_0 和 φ_0，才能求桩身任一深度截面的变位、内力和地基对该截面的侧向应力。为此，需要根据下述三种边界条件确定滑面处的参数：

（1）当桩嵌固于坚硬岩石时，桩底可视为固定端，边界条件：$x_h = 0,\ \beta_h = 0$；

（2）当桩支撑在岩石层面上时，桩底可视为铰接端，边界条件：$x_h = 0,\ M_h = 0$；

（3）当桩埋于土层或风化破碎岩层内时，桩底可视为自由端，边界条件：$M_h = 0,\ Q_h = 0$。

将上述各种边界条件相应的 x_0 和 φ_0 代入式（7-15）~（7-19），可求得滑动面以下桩身任一截面的变位及内力。

7.4 抗滑桩设计

7.4.1 设计的一般要求

抗滑桩的设计应该满足以下几点要求：

（1）当设置抗滑桩以后，整个滑坡要有足够的稳定性。通过桩的作用将滑坡的剩余抗滑力，传递到滑动面以下稳定地层中，使滑坡的安全系数提高到规定的要求；保证滑体不越过桩顶，不从桩间挤出。

（2）桩身要有足够的稳定性。桩的截面、间距及埋深适当，锚固段的侧壁应力在容许值之内。

（3）桩身要有足够的强度。钢筋配置合理，能够满足截面内力要求。

（4）保证安全，施工方便，经济、合理。

满足以上要求的抗滑桩设计，就是要确定桩的平面布置以及桩的锚固深度、截面尺寸和结构强度等。

7.4.2 设计步骤

（1）弄清楚滑坡的成因、性质、范围、厚度，分析滑坡的稳定状态和发展趋势。

（2）根据滑坡地质横断面及滑动面处岩、土的抗剪强度指标，计算滑坡推力。

（3）根据地形、地质及施工条件等确定设桩的位置及范围。

（4）根据滑坡推力大小、地形及地层性质，拟定桩长、锚固深度、桩截面尺寸及桩间距。

（5）确定桩的计算宽度，并根据滑体的地层性质，确定地基系数。

（6）根据选定的地基系数及桩的截面形式和尺寸，计算桩的变形系数（α 或 β）及其计算深度（α_h 或 β_h），据以判断按刚性桩或弹性桩来设计。

（7）根据桩底的边界条件采用相应的公式计算桩身各截面的变位、内力及侧壁应力等，并计算最大剪力、弯矩及其部位。

（8）校核地基强度。若桩身作用于地基的弹性应力超过地层容许值或者小于其容许值过多时，则应调整桩的埋深，或桩的截面尺寸，或桩的间距，重新计算，直至符合要求为止。

（9）根据计算结果，绘制桩的剪力图和弯矩图。

7.4.3 桩的平面布置及桩截面

抗滑桩平面位置一般根据滑体物质组成、滑坡推力大小、滑动面坡度、滑体厚度和施工条件等因素综合考虑确定。通常情况下，抗滑桩宜设在边坡或滑坡体的前缘阻滑区或主滑段的前部；排桩抗滑桩的布置方向与主滑方向垂直。

抗滑桩的桩间距应根据滑坡体的性质、滑坡推力的大小、桩截面尺寸、锚固深度及锚固段地基横向允许压应力等综合考虑。桩间距宜为 5 ~ 10 m；当滑坡体完整或滑坡推力较小时，桩间距宜大些，反之应小些。

抗滑桩的截面形状以矩形为好，也可采用圆形。当滑坡体滑动方向明确时，宜采用矩形断面，短边与滑动方向正交；当滑动方向难以准确确定时，宜采用圆形断面。挖孔桩的最小边宽（或直径）不宜小于 1.25 m。

抗滑桩的截面尺寸应根据单桩承担的推力大小、锚固段地层横向容许承载力和桩间距等确定。初步选定时，矩形断面的短边边长可为 1.5 ~ 3.0 m，长边边长不宜小于短边的 1.5 倍；圆形截面的直径可为 1.5 ~ 5.0 m。

对于可能产生塑性流动破坏，地下水较发育，且处于移动状态的滑坡体，抗滑桩宜按下列方法进行技术经济比较后设置：① 采用小间距、小断面的抗滑桩；② 在抗滑桩之间设置连接板或连系梁。

7.4.4　桩的锚固深度和桩底支承条件

1．锚固深度

桩的锚固深度与稳定地层的强度、滑坡推力、桩的刚度、桩的截面和间距等诸多因素有关。目前，工程上多从控制锚固段桩周地层强度来考虑桩的锚固深度，即要求抗滑桩传递到滑动面以下地层的侧壁应力，不大于地层的侧向容许抗压强度。地层的侧壁应力计算方法如下：

（1）土层或严重风化破碎岩层。

抗滑桩在滑体推力作用下，发生转动变位。当桩周岩、土达到极限状态时，桩前岩、土产生被动抗力，桩后岩、土产生主动压力。桩身某点对地层的侧壁压应力，不应大于该点被动抗力与主动压力之差。

根据土的极限平衡条件，桩前岩、土作用于桩身的被动抗力为

$$\sigma_{p}=\gamma y\tan^{2}\left(45°+\frac{\varphi}{2}\right)+2c\cot\left(45°+\frac{\varphi}{2}\right) \tag{7-20}$$

桩后岩、土作用于桩身的主动压应力为

$$\sigma_{a}=\gamma y\tan^{2}\left(45°-\frac{\varphi}{2}\right)-2c\cot\left(45°-\frac{\varphi}{2}\right) \tag{7-21}$$

桩前被动抗力与桩后主动压力之差为

$$\sigma_{p}-\sigma_{a}=\frac{4}{\cos\varphi}(\gamma y\tan\varphi+c) \tag{7-22}$$

因此，桩身对地层的最大侧壁压应力（σ_{max}）应满足下式要求：

$$\sigma_{max}\leqslant\frac{4}{\cos\varphi}(\gamma y\tan\varphi+c) \tag{7-23}$$

式中　γ——地层岩、土的重度，kN/m^3；

φ——地层岩、土的内摩擦角，°；

c——地层岩、土的内聚力，kPa；

y——地面至计算点的深度，m。

如果检算桩身侧壁压应力最大处不符合式（7-23）的要求，则需调整桩的锚固深度或桩

的截面尺寸、间距，直到满足为止。

（2）比较完整的岩质、半岩质地层。

桩身作用于围岩的侧向压应力容许值($\sigma_{\max}$)为

$$\sigma_{\max} \leqslant \mu CR \tag{7-24}$$

式中 μ——根据岩层构造在水平方向的岩石容许承压力的换算系数，取 0.5 ~ 1.0；

C——折减系数，根据岩石的裂隙、风化及软化程度确定，取 0.3 ~ 0.5；

R——岩石单轴抗压极限强度，kPa。

对于圆形截面桩，桩周最大压应力为平均应力的 1.27 倍，则式（7-24）可写为

$$\sigma_{\max} \leqslant \frac{1}{1.27}\mu CR \tag{7-25}$$

如果检算结果不满足要求，则需调整桩的锚固深度或桩的截面尺寸、间距，直到满足为止。

上述地层侧壁应力的计算，只能作为确定桩锚固深度和校核地基强度时的参考依据。根据已有的工程经验，对于土层或软质岩层，桩的锚固深度为桩长的 1/3 ~ 1/2；对于完整、较坚硬的岩层，桩的锚固深度可采用桩长的 1/4。

2. 桩底支承条件

抗滑桩的顶端一般为自由支承，而底端因锚固程度不同而不同。通常可分为自由支承、铰支承和固定支承三种。

（1）自由支承。

如图 7-6（a）所示，在滑动面以下桩的 AB 段，地层为土体、松软破碎岩层时，在滑坡推力作用下，桩底有明显的位移和转动。在这种条件下，桩底按自由支承处理，可令 $Q_B = 0$，$M_B = 0$。

（2）铰支承。

如图 7-6（b）所示，当桩底岩层完整，并较 AB 段地层坚硬，但桩嵌入此层不深时，桩底按铰支承处理，可令 $x_B = 0$，$M_B = 0$。

（3）固定支承。

如图 7-6（c）所示，当桩底岩层完整、极坚硬，桩嵌入此层较深时，桩身 B 点处按固定端处理，可令 $x_B = 0$，$\varphi_B = 0$。但抗滑桩出现此种支承情况是不经济的，故在工程中很少采用。

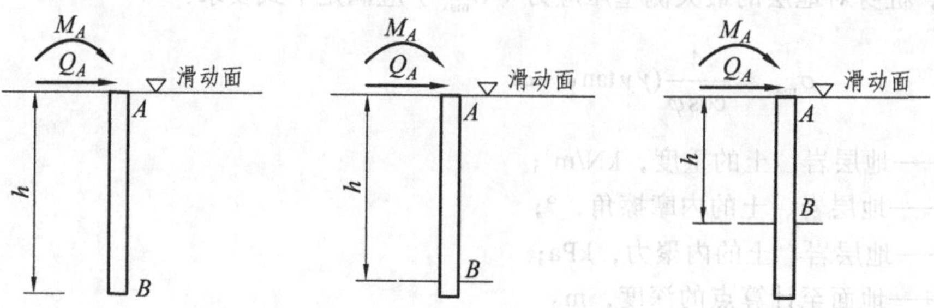

图 7-6 桩底支承情况示意图

7.4.5 桩的结构设计

抗滑桩为受弯构件，其结构设计按极限应力状态法考虑，截面强度根据《混凝土结构设计规范》（GB 50010—2010）进行计算，无特殊要求，一般不作变形、抗裂、挠度等项验算。

1. 正截面设计

抗滑桩截面形状通常为矩形，配筋时按单筋矩形梁考虑，见图 7-7。矩形截面受弯承载力的计算公式如下：

$$M \leqslant \alpha_1 f_c bx\left(h_0 - \frac{x}{2}\right) \tag{7-26}$$

式中 M——弯矩设计值，kN · m；

α_1——系数（混凝土强度等级不超过 C50 时，取 1.0；混凝土强度等级为 C80 时，取 0.94；中间通过内插取值）；

f_c——混凝土轴心抗压强度设计值，kPa；

b——矩形截面宽度，m；

x——混凝土受压区高度，m；

h_0——截面有效高度，m。

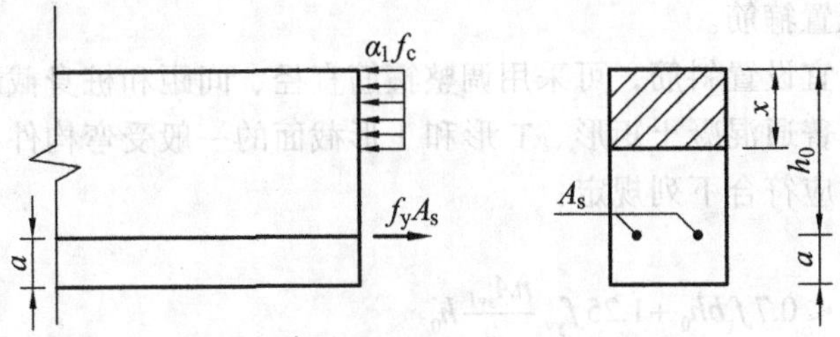

图 7-7 矩形截面正截面受弯承载力计算示意图

混凝土受压区高度按下式计算：

$$x = \frac{f_y A_B}{\alpha_1 f_c b} \tag{7-27}$$

式中 f_y——普通钢筋抗拉强度设计值，kPa；

A_B——受拉区纵向普通钢筋的截面面积，m^2。

混凝土受压区高度还应满足以下条件：

$$x \leqslant \xi_b h_0 \tag{7-28}$$

$$\xi_b = \frac{\beta_1}{1 + f_y / E_s \varepsilon_{cu}} \tag{7-29}$$

$$\varepsilon_{cu} = 0.003\,3 - (f_{cuk} - 50) \times 10^{-5}$$

式中 β_1——系数（混凝土强度等级不超过 C50 时，取 0.8；混凝土强度等级为 C80 时，取 0.74；中间通过内插取值）；

E_s——钢筋弹性模量，kPa；

$f_{cu,k}$——混凝土立方体抗压强度标准值，kPa。

2. 斜截面设计

抗滑桩桩身除受弯矩外，还承受剪应力。为了施工方便，桩身不宜设斜筋，斜截面上的剪应力由混凝土和箍筋承受。矩形截面的受弯构件，其受剪截面应符合下列条件：

$$\left.\begin{array}{l}\text{当}\dfrac{h_0}{b}\leqslant 4\text{时，}V\leqslant 0.25\beta_c f_c bh_0\\ \text{当}\dfrac{h_0}{b}\geqslant 6\text{时，}V\leqslant 0.2\beta_c f_c bh_0\\ \text{当}4<\dfrac{h_0}{b}<6\text{时，按线性内插法确定}\end{array}\right\}\tag{7-30}$$

式中 V——构件斜截面上的最大剪力设计值，kN；

β_c——混凝土强度影响系数（混凝土强度等级不超过 C50 时，取 1.0；混凝土强度等级为 C80 时，取 0.8；中间通过内插取值）。

普通混凝土矩形、T 形和 I 形截面的一般受弯构件，当符合式（7-31）的要求时，均不进行斜截面的受剪承载力计算，只需按《混凝土结构设计规范》（GB 50010—2010）的有关规定，按构造要求配置箍筋。

由于抗滑桩内不宜设置斜筋，可采用调整箍筋直径、间距和桩身截面尺寸等措施，满足斜截面的抗剪强度。普通混凝土矩形、T 形和 I 形截面的一般受弯构件，当仅配置箍筋时，其截面的受剪承载力应符合下列规定：

$$V\leqslant 0.7f_t bh_0+1.25f_{yv}\frac{nA_{sv1}}{s}h_0\tag{7-31}$$

式中 A_{sv1}——单肢箍筋的截面面积，m^2；

n——同一截面内箍筋的肢数；

s——沿构件长度方向的箍筋间距，m；

f_{yv}——箍筋抗拉强度设计值，kPa。

7.4.6 抗滑桩的构造要求

抗滑桩的构造除满足截面配筋的要求外，还应满足下述规定：

（1）桩身混凝土的强度等级宜为 C30。当地下水有侵蚀时，水泥应按有关规定选用。

（2）抗滑桩井口应设置锁口，桩井位于土层和风化破碎的岩层时宜设置护壁，一般地区锁口和护壁混凝土强度等级宜为 C15，严寒和软弱地基地段宜为 C20。

（3）抗滑桩纵向受力钢筋直径不应小于 16 mm。净距不宜小于 12 cm，困难情况下可适当减少，但不得小于 8 cm。当有束筋时，每束不宜多于 3 根。当配置单排钢筋有困难时，可设置 2 排或 3 排。受力钢筋混凝土保护层不应小于 7 cm。

（4）纵向受力钢筋的截断点应按国家标准《混凝土结构设计规范》（50010—2010）的规定计算。

（5）抗滑桩内不宜设置斜筋，可采用调整箍筋直径、间距和桩身截面尺寸等措施，满足斜截面的抗剪强度。

（6）箍筋宜采用封闭式，肢筋不宜多于 4 肢，其直径不宜小于 14 mm，间距不应大于 4 000 mm。

（7）抗滑桩的两侧和受压边应适当配置纵向构造钢筋，其间距不应大于 300 mm，直径不宜小于 12 mm。桩的受压边两侧应配置架立钢筋，直径不宜小于 16 mm。当桩身较长时，纵向构造钢筋和架立钢筋的直径应增大。

7.5 抗滑桩施工与检测

7.5.1 抗滑桩的施工

抗滑桩施工包括施工准备、桩孔开挖、护壁、钢筋笼制作与安装、混凝土灌注、混凝土养护等程序。为确保施工安全，达到预期治理效果，特别注意规范抗滑桩施工操作及其相关安全要求，严格按设计图施工。施工开挖过程中注意对原有勘察资料的校核，及时进行地质编录，以利于反馈设计。

1. 施工准备

按工程要求进行配料，选用材料的型号、规格符合设计要求，有产品合格证和质检单。钢筋应专门建库堆放，避免污染和锈蚀。使用普通硅酸盐水泥。砂石料的杂质和有机质的含量应符合 GB50204—2002《混凝土结构工程施工质量验收规范》（2011 年版）的有关规定。

2. 桩孔开挖

当采用人工挖孔桩时要遵循下列原则进行：

（1）开挖前应平整孔口，并做好施工区的地表截、排水及防渗工作。预计施工时，孔口应加筑适当高度的围堰。

（2）采用间隔方式开挖，每次间隔 1 ~ 2 孔。

（3）按由浅至深、由两侧向中间的顺序施工。

（4）每开挖一段应及时进行岩性编录，仔细核对滑面（带）情况，综合分析研究，如实际位置与设计有较大出入时，应将发现的异常及时向建设单位和设计人员报告，及时变更设计。实挖桩底高程应会同设计、勘察等单位确定。

（5）松散层段原则上以人工挖孔为主，孔口做锁口处理，桩身做护壁处理。在滑动面附近的护壁应予加强，承受推力较大的锁口和护壁处应增加钢筋。

基岩或坚硬孤石段可采用少药量、多炮眼的松散爆破方式，但每次剥离厚度不宜大于 30 cm。开挖基本成型后再人工刻槽孔壁至设计尺寸。

（6）根据岩土体的自稳性、可能日生产进度和模板高度，经过计算确定一次最大开挖深度。一般自稳性较好的可塑-硬塑状黏性土、稍高以上的碎块石土或基岩中为 1.0 ~ 1.2 m；软弱的黏性土或松散的、易垮塌的碎石层为 0.5 ~ 0.6 m；垮塌严重段宜先注浆后开挖。

（7）弃渣可用卷扬机吊起。吊斗的活门应有双套防开保险装置。吊出后应立即运走，不得堆放在滑坡体上，防止诱发次生灾害。

（8）桩孔开挖过程中应及时排除孔内积水。当滑体的富水性较差时，开采用坑内直接排水；当富水性好，水量很大时，可采用桩孔外管泵排水。

（9）桩孔开挖过程中应及时进行钢筋混凝土护壁，宜采用 C20 混凝土。护壁的单次高度根据一次最大开挖深度确定，一般每开挖 1.0 ~ 1.5 m，护壁一节。护壁厚度应满足设计要求，一般为 10 ~ 20 cm，应与围岩接触良好。护壁后的桩孔应保持垂直、光滑。

3. 钢筋笼的制作

钢筋笼的制作与安装可根据场地的实际情况按如下要求进行：① 钢筋笼尽量在孔外预制成型，在孔内吊放竖筋并安装；② 孔内制作钢筋笼必须考虑焊接时的通风排烟；③ 竖筋的搭接处不得放在土石分界和滑动面（带）处；④ 井孔内渗水量过大时，应采取强行排水、降低地下水位措施。

4. 桩芯混凝土灌注

桩孔应经检查合格后方可进行混凝土灌注，所准备的材料应满足单桩连续灌注。当孔底积水厚度小于 100 mm 时，可采用干法灌注；否则应采取措施处理。

当采用干法灌注时，混凝土应通过串筒或导管注入桩孔，串筒或导管的下口与混凝土面的距离为 1 ~ 3 m。桩身混凝土灌注应连续进行，一般不留施工缝。当必须留置施工缝时，应按 GB50204—2002《混凝土结构工程施工质量验收规范》（2011 年版）有关规定进行处理。桩身混凝土，每连续灌注 0.5 ~ 0.7 m 时，应插入振动器捣密实一次。对出露地表的抗滑桩应及时用麻袋、草帘加以覆盖并浇清水进行养护。养护期应在 7 d 以上。

桩身混凝土灌注过程中，应取样做混凝土试块。每班、每百立方米或每搅拌百盘取样应不少于一组。

若孔底积水深度大于 100 mm，但有条件排干时，应尽可能采取增大抽水能力或增加抽水设备等措施进行处理。若孔内积水难以排干，应采用水下灌注方法进行混凝土施工，保证桩身混凝土质量。

水下混凝土必须具有良好的和易性，其配合比按计算和试验综合确定。水灰比宜为 0.5 ~ 0.6，坍落度宜为 250 ~ 350 mm。使用导管前应进行试验，检查水密、承压和接头抗拉、隔水等性能。

进行水密试验的水压不应小于孔内水深的 1.5 倍压力。

5. 施工安全注意事项

（1）监测应与施工同步进行。当滑坡出现险情并危及施工人员安全时，应及时通知人员撤离。

（2）孔口必须设置围栏，用以防止地表水、雨水流入。严格控制非施工人员进入现场。人员上下可用卷扬机和吊斗等升降设施。同时应准备软梯和安全绳备用。孔内有重物起吊时，应有联系信号，统一指挥。升降设备应由专人操作。

（3）井下工作人员必须戴安全帽，不宜超过 2 人。

（4）每日开工前必须检测井下有害气体。孔深超过 10 m 后，或 10 m 内有 CO、CO_2、NO、NO_2、CH_4 等有害气体含量超标或氧气不足时，均应使用通风设备向作业面送风。井下爆破后，必须向井内通风，炮烟粉尘全部排除后，方能下井作业。

（5）井下照明必须采用 36 V 安全电压。进入井内的电气设备必须接零接地，并装设漏电保护装置，防止漏电触电事故。

（7）井内爆破前，必须经过设计计算，避免药量过多造成孔壁坍塌。需由已取得爆破操作证的专门技术工人负责。起爆装置宜用点雷管，若用导火索时，其长度应能保证点炮人员安全撤离。

另外，抗滑桩属于隐蔽工程，施工过程中，应做好各种施工和检验记录。对于发生的故障及其处理情况，应记录备案。

7.5.2 抗滑桩的检测

抗滑桩的质量检验内容包括原材料质量、桩孔开挖、护壁、钢筋笼制作与安装、桩身混凝土灌注质量检验。

抗滑桩的实测项目如下：

（1）桩孔开挖：桩孔开挖中心位置、开挖断面尺寸、孔底高程、孔底浮土厚度、桩周土与滑带土等。

（2）护壁：混凝土强度、混凝土与围岩的结合情况、护壁后净空尺寸、壁面垂直度。

（3）桩身：钢筋配置、钢筋笼焊接、竖向主钢筋的搭接位置、主筋间距、箍筋间距、混凝土种类、混凝土强度、混凝土密度、混凝土与护壁的结合情况、桩顶高程等。

抗滑桩的检测方法主要为目测、尺检、测量、取样试验等。

抗滑桩的整体桩身质量检测按表 7-2 执行。

表 7-2 抗滑桩质检数量

序号	防治工程级别	检验数量		检测方法
		占总桩数	最少数量	
1	Ⅰ级	10%	5	动力检测或钻孔取芯检测
2	Ⅱ级	8%	4	动力检测或钻孔取芯检测
3	Ⅲ级	3%	2	动力检测或钻孔取芯检测

抗滑桩的质量评定标准需保证下列项目：

（1）成桩深度、锚固段长度和桩身断面必须达到设计要求。

（2）设计浇筑混凝土体积严禁小于计算体积，桩身连续完整。

（3）原材料和混凝土强度必须符合设计要求和有关规范的规定。

（4）钢筋配置数量应符合设计要求，竖向主钢筋或其他钢材的搭接应避免设在土石分界和滑动面处。

抗滑桩的允许偏差项目应符合表 7-3 规定。

表 7-3 抗滑桩允许偏差项目表

序号	检测项目	允许偏差	检查方法
1	桩 位	±10 mm	每桩，经纬仪测、尺量
2	桩身断面尺寸	−50 mm	尺检，每桩上、中、下部各计一点
3	桩的垂直度	H≤5 m，50 mm；H>5 m，0.01H但不大于 250 mm	每桩吊线测量
4	主筋间距	±20 mm	每桩 2 个断面，尺量
5	箍筋间距	±10 mm	每桩 5～10 个间距，尺量
6	保护层厚度	±10 mm	每桩沿护壁检测 8 处，尺量

第 8 章　加筋土挡土墙

8.1　概　述

加筋土挡土墙是在土中加入拉筋以形成复合土的一种支挡结构物。如图 8-1 所示，它由基础、墙面板、帽石、拉筋和填料等几部分组成。加筋土挡土墙的工作原理是依靠填料与拉筋之间的摩擦力来平衡墙面板所承受的水平土压力，并以基础、墙面板、帽石、拉筋和填料等组成的复合结构抵抗拉筋尾部填料所产生的土压力，从而保证挡土墙的稳定。填料与拉筋之间的摩擦力主要用于维持复合结构内部稳定，以形成类似于重力式挡土墙的土墙。

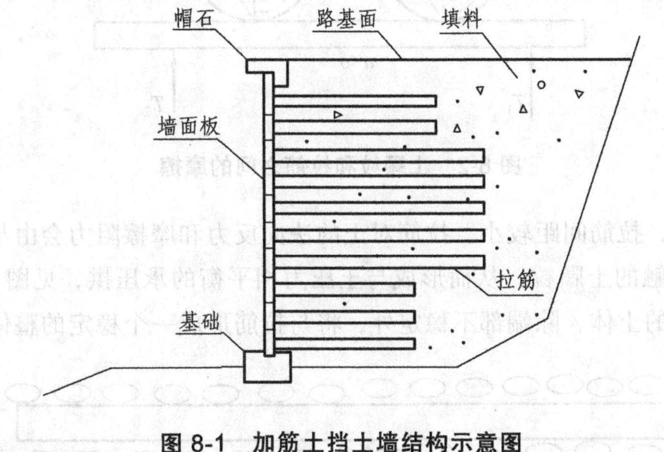

图 8-1　加筋土挡土墙结构示意图

加筋土挡土墙属于轻型支挡结构物，其优点是对地基承载力要求低，适合在软弱地基上建造，构件便于预制，施工简便，圬工量少，投资省，占地少，外形美观。它一般用于地形较为平坦且宽敞的填方地段；浸水条件下应慎重应用；在抗震烈度Ⅷ度以上地区、具有强烈腐蚀环境、挖方地段和地形陡峭的山坡，不宜使用。

8.2　加筋土加固的基本原理

砂性土在自重或外力作用下易产生严重的变形或坍塌。如果在土中沿应变方向埋置具有挠性的拉筋材料形成加筋土，由于拉筋与土之间的摩擦作用，使加筋土具有某种程度的“黏聚性”，起到改良土体力学特性的作用。加筋土加固土体的基本原理，目前主要有两种观点：① 摩擦加固原理，认为加筋土是复合体结构，用摩擦原理来解释和分析；② 准黏聚力原理，认为加筋土是复合材料结构，用莫尔-库仑理论来解释和分析。下面简要介绍这两种原理。

8.2.1 加筋土摩擦加固原理

在加筋土结构中，填土自重和外荷载产生的侧压力通过面板上的拉筋连接件传递给拉筋。拉筋只要有足够的强度，拉筋与土之间只要有足够的摩擦阻力，加筋土体就可以保持稳定。拉筋与填土之间的摩擦阻力形成机理可用图 8-2 来说明。图 8-2 表示两个与拉筋相接触的土颗粒。当土颗粒与拉筋之间有相互错动（趋势）时，存在于二者之间的力主要是土颗粒与拉筋之间的摩擦阻力和垂直于拉筋平面的法向压力。假设其合力与拉筋的法向平面成α角，那么，当α比土颗粒与拉筋间的摩擦角小或者$\tan\alpha$比土颗粒与拉筋间的摩擦系数小时，土颗粒与拉筋之间不会相对滑移。此时土颗粒与拉筋之间好像直接相连似的发挥着作用。如果每一层加筋均能满足这个要求，那么整个加筋土结构的内部抗拔稳定性就能得到保证。

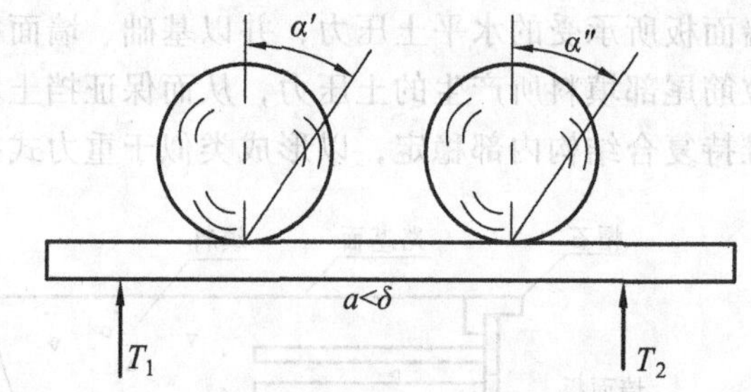

图 8-2 土颗粒和拉筋之间的摩擦

如果土体密实，拉筋间距较小，拉筋对土的法向反力和摩擦阻力会由与其接触的土颗粒传递给没有直接接触的土颗粒，从而形成与土压力相平衡的承压拱，见图 8-3。在承压拱的作用下，拉筋之间的土体，除端部不稳定外，将与拉筋形成一个稳定的整体。

图 8-3 拉筋间土体的承压拱效应

当填土颗粒较细或（和）拉筋间距较大时，拉筋间的土体较难形成稳定的土拱，土体将失去约束而出现坍落和侧向位移。为了保证加筋土的稳定应在拉筋端部加设墙面板，以支挡端部不稳定土体并承受相应的土压力，再通过连接件将拉力传递给拉筋。

摩擦加固理论概念明确、易于理解，在高模量加筋土结构中得到广泛的应用。

8.2.2　准黏聚力理论（莫尔-库仑理论）

加筋土结构可看作是各向异性的复合材料，拉筋的强度远大于土体。因此在拉筋与填土的共同作用下，加筋土体的强度得到明显提高。由三轴试验可知，砂土中埋置筋带后，在土体自重和外力作用下，当加筋土试样沿筋带方向发生膨胀变形时，筋带对土体起到了约束作用，阻止其侧向变形。这种约束作用主要是拉筋与土体之间的静摩阻力，相当于在土体侧向施加一个侧压应力，称为“约束应力($\Delta\sigma_3$)”。按照三轴试验的条件，根据莫尔-库仑定律，加筋（砂）土试件达到新的极限平衡时应满足：

$$\sigma_1 = (\sigma_3 + \Delta\sigma_3)\tan^2\left(45° + \frac{\varphi}{2}\right) \tag{8-1}$$

砂土在加筋前后土本身性质没有发生变化，但如果把加筋后增加的强度以“内聚力(C_r)”的形式加到加筋土体内来表达（见图 8-4），那么按照黏性土极限平衡条件有

$$\sigma_1 = \sigma_3\tan^2\left(45° + \frac{\varphi}{2}\right) + 2C_r\tan\left(45° + \frac{\varphi}{2}\right) \tag{8-2}$$

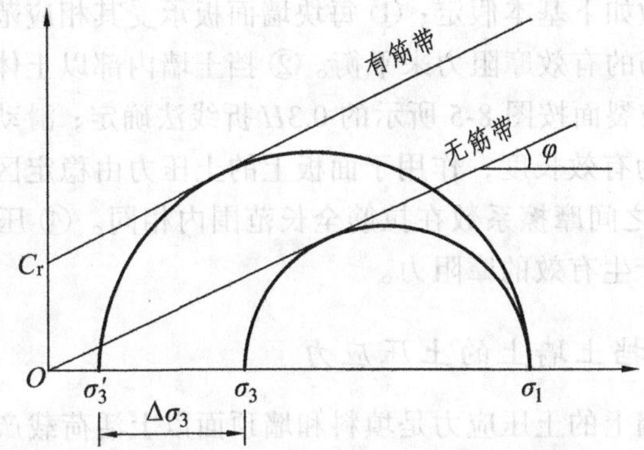

图 8-4　加筋砂土与未加筋砂土的强度试验曲线

比较式（8-1）和（8-2），可得

$$\Delta\sigma_3\tan^2\left(45° + \frac{\varphi}{2}\right) = 2C_r\tan\left(45° + \frac{\varphi}{2}\right) \tag{8-3}$$

由式（8-3）可求得“内聚力(C_r)”：

$$C_r = \frac{1}{2}\Delta\sigma_3\tan\left(45° + \frac{\varphi}{2}\right) \tag{8-4}$$

由于加筋后砂土本身性质没有变化，那么“内聚力(C_r)”不是砂土固有的性质，而是加筋后产生的内聚力效应，所以称其为“准黏聚力”，也称为“表观黏聚力”。

需要说明的是，前面推导出来的“准黏聚力”是基于高强度、高模量拉筋材料形成的加筋土。这种加筋土体的强度主要取决于拉筋与土体之间的静摩阻力；而对于低模量、大延伸

率的拉筋材料，加筋土的变形则主要取决于拉筋的强度。为了确定后者的“准黏聚力”，假设拉筋的横截面面积为 A_s、强度为 σ_s，布置的水平间距为 S_x、垂直间距为 S_y。那么拉筋产生的“约束应力 $(\Delta\sigma_3)$”应为

$$\Delta\sigma_3=\sigma_s\cdot\frac{A_s}{S_x\cdot S_y} \tag{8-5}$$

把式（8-5）代入式（8-4）可求得“内聚力 (C_r)”：

$$C_r=\frac{\sigma_s A_s\tan\left(45^\circ+\dfrac{\varphi}{2}\right)}{2S_xS_y} \tag{8-6}$$

式（8-6）即为由低模量、大延伸率加筋产生的“准黏聚力”。

8.3 土压力计算

由于加筋土为各向异性复合材料，土压力计算的相关理论还不成熟。为了便于计算加筋土挡土墙的土压力，需做如下基本假定：① 每块墙面板承受其相应范围内填料产生的主动土压力，并由墙面板上拉筋的有效摩阻力来平衡。② 挡土墙内部以土体的破裂面为界将加筋体分为滑动区和稳定区，破裂面按图 8-5 所示的 0.3H 折线法确定；滑动区内拉筋长度为无效长度，稳定区内拉筋长度为有效长度，作用于面板上的土压力由稳定区的拉筋与填土之间摩阻力平衡。③ 拉筋与填土之间摩擦系数在拉筋全长范围内相同。④ 压在拉筋有效长度上的填土自重及荷载对拉筋均产生有效的摩阻力。

1. 作用于加筋土挡土墙上的土压应力

作用于加筋土挡土墙上的土压应力是填料和墙顶面以上活荷载产生的土压应力之和。

（1）墙后填料作用于墙面板上土压应力

国内实测资料表明，墙后填料土压力值接近于静止土压力，而应力图形成折线形分布，如图 8-6 所示。

当 $h_i\leqslant H/2$ 时：

$$p=K_0\gamma h_i \tag{8-7}$$

当 $h_i>H/2$ 时：

$$p=0.5K_0\gamma H \tag{8-8}$$

式中 p——距离墙顶 h_i 处主动土压应力，kPa；

γ——填土的重度，kN/m³；

h_i——墙顶距离第 i 层墙面板中心高度，m；

H——全墙高，m；

K_0——静止土压力系数，$K_0=1-\sin\varphi$（φ 为填土有效内摩擦角）。

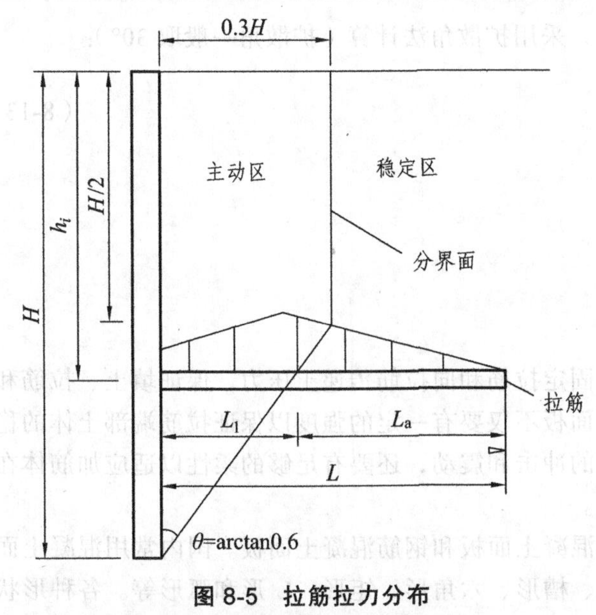

图 8-5 拉筋拉力分布

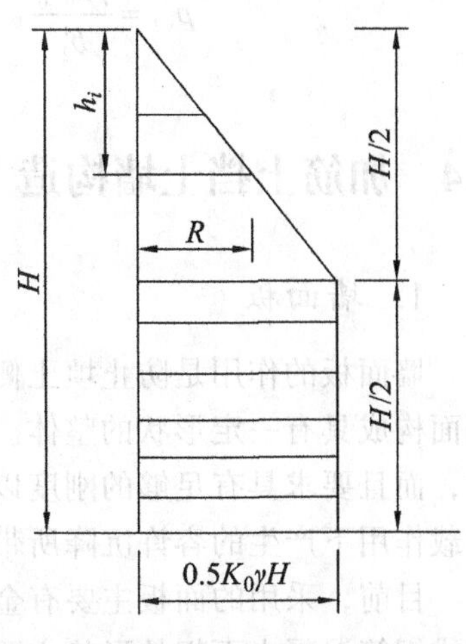

图 8-6 土压力分布

（2）墙顶面上荷载产生的土压应力。

由实测资料可知，离墙顶距离越远，荷载的影响越小。为简化计算，其值可由荷载引起的竖向土压应力乘以静止土压应力系数计算得到：

$$p_2 = K_0 \frac{\gamma h_0 b_0}{b_i'} \tag{8-9}$$

式中 p_2——墙顶面上荷载产生的土压应力，kPa；

b_0——荷载换算土柱宽度，m；

h_0——荷载换算土柱高度，m；

b_0'——第 i 层拉筋深度处，荷载在土中的扩散宽度［若扩散分布线与墙面相交，交点以下荷载扩散宽度只计算墙面与另一侧分布线间的水平距离：当 $h_i \leqslant a \cdot \tan 60°$ 时，$b_0' = b_0 + 2h_i \cdot \tan 30°$；当 $h_i > a \cdot \tan 60°$ 时，$b_0' = a + b_0 + h_i \cdot \tan 30°$（$a$ 为荷载内边缘至墙背的距离；h_i 为第 i 层到墙顶的深度，单位均为 m）］。

墙顶面上荷载产生的水平土压应力应按弹性理论条形荷载考虑，采用下式计算：

$$p_2 = \frac{\gamma h_0}{\pi}\left[\frac{a \cdot h_i}{a^2 + h_i^2} - \frac{h_i(a+b_0)}{h_i^2 + (a+b_0)^2} + \arctan\frac{(a+b_0)}{h_i} - \arctan\left(\frac{a}{h_i}\right)\right] \tag{8-10}$$

2. 作用于拉筋所在位置的竖向压应力

作用于拉筋所在位置的竖向压应力等于填土自重应力（p_{vi}）与荷载引起的压应力（p_{v2}）之和：

$$p_v = p_{vi} + p_{v2} \tag{8-11}$$

（1）墙后填土的自重应力：

$$p_{vi} = \gamma h_i \tag{8-12}$$

（2）荷载作用下拉筋上的竖向压应力，采用扩散角法计算（扩散角一般取 30°）：

$$p_{v2}=\frac{\gamma h_0 b_0}{b_2'} \tag{8-13}$$

8.4 加筋土挡土墙构造

1. 墙面板

墙面板的作用是防止填土侧向挤出、固定拉筋和向拉筋传递土压力，保证填土、拉筋和墙面构成具有一定形状的整体。因此，墙面板不仅要有一定的强度以保证拉筋端部土体的稳定，而且要求具有足够的刚度以抵抗预期的冲击和震动，还要有足够的柔性以适应加筋体在荷载作用下产生的容许沉降所带来的变形。

目前，采用的面板主要有金属面板、混凝土面板和钢筋混凝土面板。国内常用混凝土面板或钢筋混凝土面板的形状主要有十字形、槽形、六角形、矩形、L 形和弧形等。各种形状的墙面板参考尺寸列于表 8-1。墙面板混凝土强度不低于 C20，板厚度不小于 8 cm。板四周应设楔口和相互连接装置，以便将墙面板从上、下、左、右串成整体墙面。墙面板还应预留泄水孔，当板后填筑细粒土时，需设置反滤层。

表 8-1　加筋挡土墙墙面板尺寸表

类　型	简　图	高度/cm	宽度/cm	厚度/cm	备　注
十字形		50 ~ 150	50 ~ 150	8 ~ 25	槽形面板和翼缘厚度不应小于 5 cm； “L”形面板下缘宽度一般采用 20 ~ 25 cm、厚 8 ~ 12 cm
槽　形		30 ~ 75	100 ~ 200	14 ~ 20	
六角形		60 ~ 120	70 ~ 180	8 ~ 25	
L　形		30 ~ 50	100 ~ 200	8 ~ 12	
矩　形		50 ~ 100	100 ~ 200	8 ~ 25	
弧　形		50 ~ 100	100 ~ 200	8 ~ 15	

2. 拉　筋

拉筋是加筋土挡土墙最重要的构件，对挡土墙至关重要。它既要承受水平方向的拉力，又要承受垂直方向的压力并与周围填土产生摩擦力。因此，拉筋材料应具备以下特性：

① 较高的抗拉强度，以保证结构物安全。

② 较强的柔韧性，以适应容许范围内的土体变形。

③ 较大的摩擦系数，与填土之间可形成足够的摩擦力，以平衡面板传递来的土压力。

④ 较强的耐腐蚀性和耐久性，以保证永久结构物在使用年限内的安全。

⑤ 较好的加工性能，以便于加工和方便施工。

⑥ 较好的经济性能，以降低成本。

拉筋通常采用钢筋混凝土带、聚丙烯土工带或钢塑复合带。下面简要介绍以上三种筋带。

（1）钢筋混凝土带。

钢筋混凝土带一般分节预制，每节长度不宜大于 3 m，做成串连状。平面为长条矩形或楔形，横断面为矩形，带宽 10 ~ 25 cm，厚度为 6 ~ 10 cm，如图 8-7 所示。钢筋混凝土带的混凝土标号不低于 C20，主要钢筋直径不宜小于 8 mm，可在拉筋纵向配置一定构造筋和箍筋，以防止混凝土被压裂。筋带的连接多用焊接，也可用螺栓连接，外露钢筋表面采用沥青纤维布处理，以减缓锈蚀。

钢筋混凝土带由于表面粗糙，筋带宽，与填土摩擦力大，所以拉筋的长度可以做得较短，造价较低。

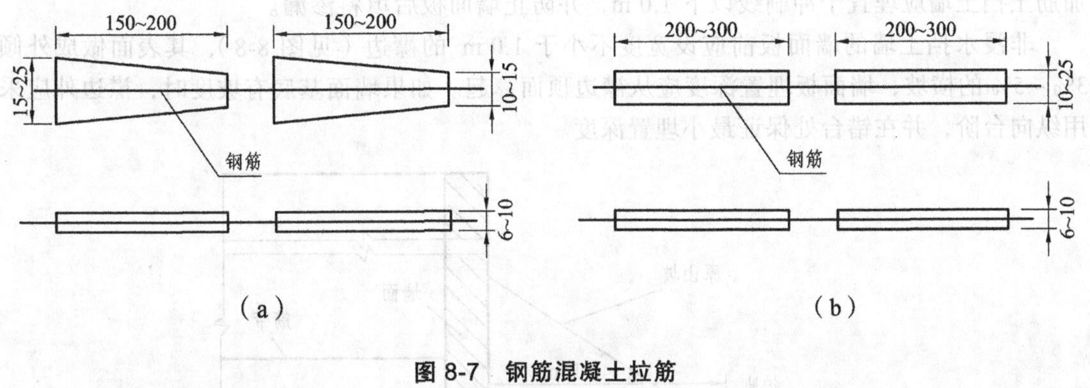

图 8-7　钢筋混凝土拉筋

（2）聚丙烯土工带。

聚丙烯土工带由专业厂家定型生产，施工简便，为工程界所选用。但它是一种低模量、高蠕变材料，其抗拉强度受蠕变控制。由于产品性质差异较大，选用时应做抗断裂试验，以确定其断裂强度。一般要求断裂强度不小于 220 MPa，断裂伸长率不大于 10%，容许应力值应小于断裂强度的 1/5。在含有硬质尖棱的碎石土中不得使用该材料作为拉筋，以免筋带被割断。

（3）钢塑复合带。

钢塑复合带采用高强度钢丝和添加抗老化剂的塑料复合而成。抗拉强度由钢丝承担，塑料对钢丝起防腐作用。它的宽度应大于 30 mm，厚度应大于 1.5 mm，断裂伸长率不大于 2%，表面有粗糙花纹。其设计强度应考虑接头处或破损处的钢丝锈蚀的影响而折减。

3. 加筋土挡土墙填料

理论上来讲，只要能提高土体的抗剪强度，任何土都可用于加筋土结构。但一般来讲，加筋土结构要求具有良好级配的粗粒料，或者具有高黏聚力和摩擦角的填土。尤其是对于永久性结构，土中不应有超过规定含量的黏粒。除了细粒土不宜用于作加筋土填料外，具有腐蚀性的物质也不能用作加筋土填料，如石灰、煤炭、腐质土、淤泥、盐渍土、白垩土、硅藻土以及生活垃圾等。若采用聚丙烯土工带作拉筋时，填料中还不宜含有二价以上的铜、镁、铁离子以及氯化钙、碳酸钠和硫化物等化学物质，它们会加速聚丙烯土工带的老化和溶解。

4. 墙面板下基础

加筋土挡土墙一般采用条形基础，混凝土现浇或片(块)石砌筑，宽 0.3 ~ 0.5 m，厚 0.25 ~ 0.40 m。当地基为土质时，应铺设一层 0.10 ~ 0.15 m 厚的砂砾垫层。当为岩石地基时，一般在基岩上打一层贫混凝土找平，然后在其上砌筑加筋土挡土墙。如果地基承载力不能满足要求，还需要进行地基处理。

为防止因土粒流失而引起墙面附近加筋体的局部破坏，墙面板应有一定的埋置深度。对于土质地基，基础埋深应不小于 0.6 m；对于岩石地基，需清除表面风化层；如果难以全部清除，基础埋深也应不小于0.6 m。对于季节性冻土地区，在冻深范围内应采用非冻胀性的中砂、粗砂或砾石等换填，并控制粉、黏粒含量不大于 15%，埋深可低于冻结线。对于浸水加筋土挡土墙应埋置于冲刷线以下 1.0 m，并防止墙面板后填料渗漏。

非浸水挡土墙的墙面板前应设宽度不小于 1.0 m 的襟边（见图 8-8），其表面做成外倾 3% ~ 5% 的横坡，墙面板埋置深度应从襟边顶面算起。如果墙面基底有坡度时，襟边外应采用纵向台阶，并在错台处保证最小埋置深度。

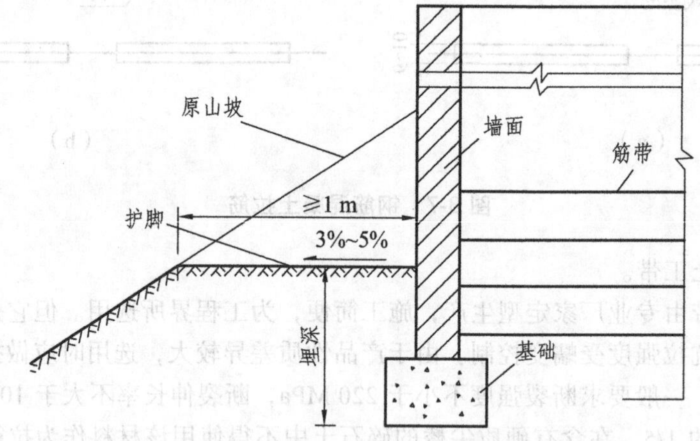

图 8-8 加筋土挡土墙护脚横断面图

8.5 加筋土挡土墙设计

众多的工程实践业已证明，加筋土结构在工程中的应用是成功的。但是，由于筋材的多样化以及筋材与土间相互作用机理复杂，其设计方法仍处于发展阶段。现阶段，加筋土挡土墙基本上仍应用经典土力学分析技术，采用简化的设计方法，设计结果偏于安全。

8.5.1　墙面板设计

墙面板的形状、大小通常根据施工条件和其他要求确定，设计时主要计算其厚度。计算厚度时，假定每块板单独受力，土压力均匀分布，并由拉筋平均承担，即将墙面板视为均布荷载作用下的简支板。厚度估算公式如下：

$$t=\sqrt{\frac{60M_{\max}}{K[\sigma_{\mathrm{WL}}]a}} \tag{8-14}$$

式中　t——墙面板厚度，m；

$[\sigma_{\mathrm{WL}}]$——混凝土的容许弯拉应力，MPa；

K——材料容许应力提高系数；

a——计算宽度，m；

$M_{\max}$——计算断面内的最大弯矩，按简支梁或悬臂梁计算（kN · m），当按悬臂梁计算时：

$$M_{\max}=\frac{1}{8}q_iS_x^2 \tag{8-15}$$

$$q_i=\frac{0.75T_i}{S_xS_y} \tag{8-16}$$

其中　q_i——深度 h_i 处的土压应力，kPa；

T_i——深度 h_i 处的拉筋拉力（kN），$0.75\,T_i$ 为墙面板处的拉筋拉力；

S_x——拉筋的水平间距，m；

S_y——拉筋的垂直间距，m。

当挡土墙较高时，墙面板厚度可按不同高度分段设计，但分段段数不宜过多。

8.5.2　拉筋设计

1. 拉筋长度设计

拉筋的长度由无效段长和有效段长两部分组成，其中，有效段长应保证在设计拉力作用下拉筋不被拔出。

（1）拉筋无效段长度。

拉筋无效段长度（L_{fi}）指位于滑动区（主动区）的拉筋长度（见图 8-5），可按 0.3H 折线法确定：

当 $h_i\leqslant H/2$ 时，$L_{\mathrm{fi}}=0.3H$

当 $h_i>H/2$ 时，$L_{\mathrm{fi}}=0.6(H-h_i)$

（2）拉筋有效段长度。

拉筋有效长度(L_{ai})应根据填料及荷载在该层拉筋上产生的有效摩阻力与相应拉筋设计拉力相平衡求得。

对于钢筋混凝土拉筋，可按下式进行计算：

$$L_{ai}=\frac{T_i}{2\mu'\beta p_{vi}} \tag{8-17}$$

式中 μ'——填料与拉筋之间的摩擦系数，由试验确定。

β——拉筋宽度，m；

p_{vi}——第 i 层拉筋上的竖向土压应力，kPa；

T_i——第 i 层拉筋设计拉力（kN），由下式确定：

$$T_i=K_f p_i S_x S_y \tag{8-18}$$

其中 K_f——拉筋拉力峰值附加系数，可取 1.5 ~ 2.0；

p_i——第 i 层拉筋对应墙面板中心处的水平土压应力（kPa），包括填料产生的侧压力和外荷载引起的侧压力。

对于聚丙烯土工带拉筋，其有效段长度可按下式进行计算：

$$L_{ai}=\frac{T_i}{2n\mu'\beta p_{vi}} \tag{8-19}$$

式中 n——拉带内拉筋的根数；

β——拉带的宽度，m。

（3）拉筋的实际长度除满足式（8-17）和式（8-19）外，还需考虑以下原则：① 墙高大于 3.0 m 时，拉筋长度不应小于 0.8 倍墙高，且不小于 5.0 m；② 若采用不等长拉筋，同长度拉筋的墙段高度不应小于 3.0 m，且同长度拉筋的截面也应相同，相邻不等长拉筋的长度差不宜小于 1.0 m；③ 墙高低于 3.0 m 时，应设计为等长拉筋，且拉筋长度不应小于 4.0 m；④ 采用钢筋混凝土板条作拉筋时，每节板条的长度不宜大于 2.0 m。

2. 拉筋截面设计

拉筋的截面面积（A）应根据拉筋设计拉力及其抗拉强度设计值来确定：

$$A\geqslant\frac{T_i}{[\sigma]} \tag{8-20}$$

式中 $[\sigma]$——拉筋抗拉强度设计值，kPa。

如果采用钢板作为拉筋，其截面面积除满足式（8-20）的要求外，还应保证有足够的腐蚀厚度。如果采用钢筋混凝土拉筋，计算的配筋直径应增加 2 mm 预留腐蚀量，拉筋内还需布置防裂铁丝。如果采用聚丙烯土工带作为拉筋，应根据试验确定单根拉筋极限断裂拉力，取其 1/7 ~ 1/5 作为每根拉筋的设计拉力，然后根据设计拉力求出每米拉筋的实际根数。

8.6 加筋土挡土墙稳定性验算

加筋土挡土墙稳定性验算包括内部稳定性验算和外部稳定性验算两个方面。

8.6.1 内部稳定性验算

内部稳定性验算是保证加筋土挡土墙在填土自重和外部荷载作用下保持稳定，对加筋配置所作的分析验算。内部稳定性受诸多因素的影响，如拉筋的数量、断面尺寸、强度、间距、长度，以及作用在墙面板上的土压力、填土性质等。验算时，视土压力为作用力，拉筋摩擦阻力为抗拔力，分别验算单板和全墙抗拔稳定。

单板抗拔稳定性用抗拔稳定系数 (K_{fi}) 表示，即单板抗拔力与其所受的水平土压力之比（不计拉筋两侧摩阻力）：

$$K_{fi}=\frac{S_{fi}}{E_{fi}}=\frac{2p_{vi}aL_{a}\mu'}{p_{hi}S_{x}S_{y}} \tag{8-21}$$

式中 S_{fi}——单板抗拔力（单根拉筋的摩擦力），kN；

E_{fi}——单板承受的水平土压力，kN；

p_{vi}——筋条上总的竖向土压应力，kPa；

p_{hi}——面板中心部位承受的水平土压应力，kPa；

a——拉筋宽度，m。

单板抗拔稳定系数不宜小于 2.0；若无法满足时，可适当减小，但不得小于 1.5。

全墙抗拔稳定系数 (K_{p}) 不应小于 2.0，按下式进行计算：

$$K_{p}=\frac{\sum S_{fi}}{\sum E_{fi}} \tag{8-22}$$

8.6.2 外部稳定性验算

加筋土挡土墙的外部稳定性，即整体稳定性，与地基土的性质和墙后土体的侧压力有关。地基土强度不足或墙后土体侧压力过大，会导致加筋土挡土墙失稳破坏。如图 8-9 所示：① 加筋土挡土墙与地基间摩阻力不足或墙后土体侧压力过大时，可能会导致挡土墙整体滑移，见图 8-9（a）；② 加筋土挡土墙墙后土体的侧向推力过大，导致挡土墙倾覆，见图 8-9（b）；③ 地基承载力不足或地基不均匀，导致挡土墙倾斜，见图 8-9（c）；④ 地基土抗剪强度不足，导致墙后土体出现整体滑动，见图 8-9（d）。

根据破坏形式，外部稳定性分析的内容有抗滑稳定性验算、抗倾覆稳定性验算、地基承载力验算、整体抗滑稳定性验算和地基沉降验算。在进行加筋土挡土墙的外部稳定性分析时，把拉筋末端与墙面板之间的填土视为一整体墙，验算方法与普通重力式挡土墙相似。

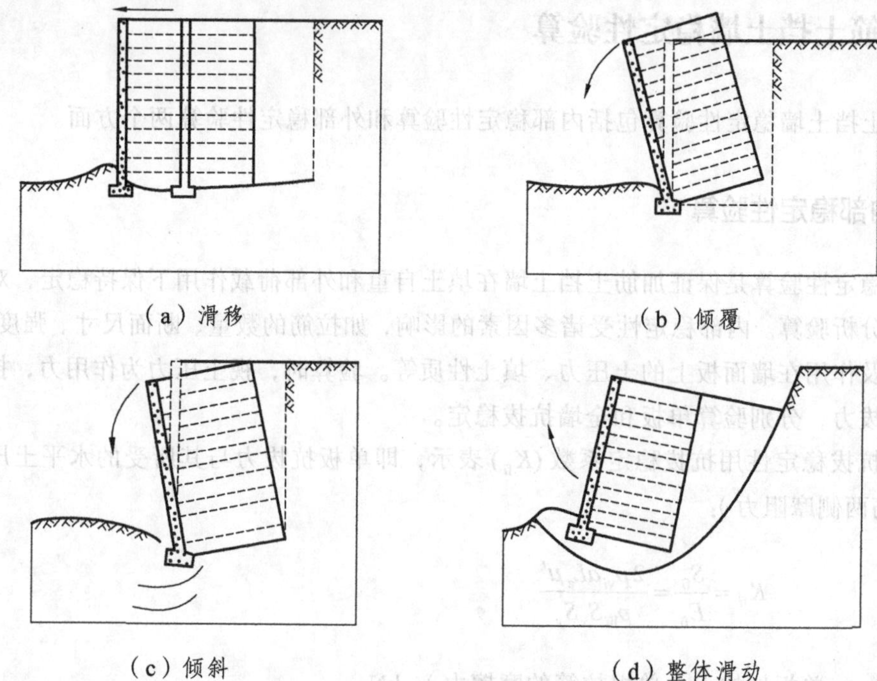

图 8-9 加筋土挡土墙破坏的形式

1. 抗滑稳定性验算

抗滑稳定性用抗滑稳定系数(K_c)表示：

$$K_c = \frac{\mu \sum N + cB}{\sum T} \tag{8-23}$$

式中 $\sum N$——总竖向力（kN），包括加筋体的自重、加筋体上填土重和作用于加筋体上的土压力竖向分力等；

$\sum T$——总水平力，kN；

μ——加筋体底面与地基土之间的摩擦系数，可根据土的性质选定，若填土的强度弱于地基土，可取 0.3 ~ 0.4；

c——加筋体底面与地基土之间的黏聚力，kPa；

B——加筋体基底宽度，m。

2. 抗倾覆稳定性验算

抗倾覆稳定性以墙趾为转动中心进行验算，用抗倾覆稳定系数（K_0）表示：

$$K_0 = \frac{\sum M_y}{\sum M_0} \tag{8-24}$$

式中 $\sum M_y$——稳定力系对加筋体墙趾的力矩，kN·m；

$\sum M_0$——倾覆力系对加筋体墙趾的力矩，kN·m。

3. 地基承载力验算

加筋体在墙后侧向土压力作用下承受偏心荷载，基底应力可按梯形分布或梅耶霍夫（Meyerhof）分布考虑。为简化计算，一般采用梯形分布，基底压应力可按下列公式计算：

$$\left.\begin{aligned}\sigma_{\max}&=\frac{\sum N}{B}\left(1+\frac{6e}{B}\right)\\ \sigma_{\min}&=\frac{\sum N}{B}\left(1-\frac{6e}{B}\right)\end{aligned}\right\} \tag{8-25}$$

式中 $\sigma_{\max}$——基底最大压应力，kPa；

$\sigma_{\min}$——基底最小压应力，kPa；

e——挡土墙基底合力偏心距（m），

$$e=\frac{B}{2}-\frac{\sum M_y-\sum M_0}{\sum N} \tag{8-26}$$

如果$\sigma_{\min}<0$，即$e>B/6$时，应按无拉应力的平衡条件重新计算基底最大压应力：

$$\sigma_{\max}=\frac{2\sum N}{3(B/2-e)} \tag{8-27}$$

基底平均压应力不应大于基底的容许承载力$[\sigma]$。

4. 整体抗滑稳定性验算

整体抗滑稳定性分析，视加筋体为一刚体随地基一起滑动进行验算。破裂面发生在加筋体外，可用条分法按下式计算其安全系数（K_s）：

$$K_s=\frac{\sum(c_i l_i+W_i\cos\alpha_i\tan\varphi_i)}{\sum W_i\sin\alpha_i} \tag{8-28}$$

式中 c_i——第 i 条土体的黏聚力，kPa；

l_i——第 i 条土体的底弧长，m；

W_i——第 i 条土体的自重及其荷载重，kN；

φ_i——第 i 条土体滑动面上土的内摩擦角，°；

α_i——第 i 条土体滑动弧切线与水平线的夹角，°。

整体抗滑稳定系数应不低于 1.25。如果抗滑安全系数小于要求值，则需加长拉筋或进行地基处理。

5. 沉降分析

按浅基础常规方法估算加筋土结构的总沉降和差异沉降，要求满足工程设计规定；如不能满足，则应考虑进行地基处理。在预计有较大不均匀沉降的地段，可把加筋土挡土墙分为若干段，设置沉降缝，以严格控制沿墙面板延长方向的不均匀沉降。

第 9 章 锚定板挡土墙

9.1 概 述

锚定板挡土墙是一种适用于填方地段的支挡结构物。它是由墙面板、拉杆、锚定板和填料共同组成的一个整体。根据墙面结构形式不同，可分为柱板式和壁板式两种，见图 9-1。其中，柱板式的墙面由肋柱和挡土板拼装而成，拉杆直接与肋柱相连；壁板式的墙面板采用矩形或十字形板拼装而成，墙面板直接用拉杆与锚定板相连。锚定板挡土墙有单级和多级之分。单级锚定板挡土墙的高度通常不大于 6 m。多级锚定板挡土墙在上、下级之间应留有平台，平台宽度一般不小于 1.5 m。为了减少因上级墙肋柱下沉对下级墙拉杆的影响，上、下级挡墙肋柱的位置应相互错开。

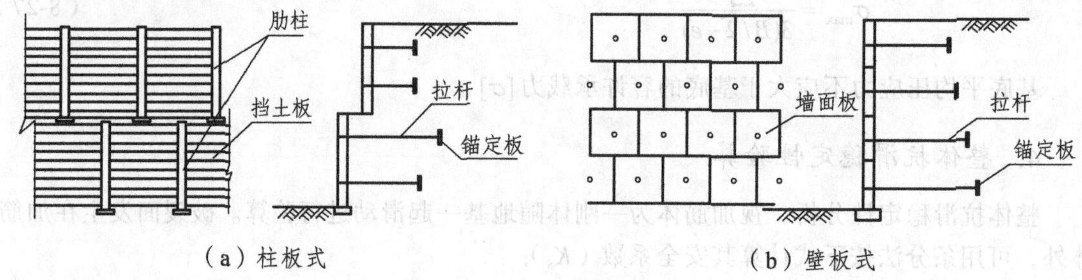

图 9-1 锚定板挡土墙类型

锚定板挡土墙与后面介绍的锚杆挡墙（见第 11 章）虽然都是依靠锚杆的拉力来保持挡土墙及墙后土体的稳定，但二者之间又有明显的区别。锚杆挡墙的锚杆必须锚固在稳定地层中，依靠锚杆与砂浆、孔壁地层之间的摩阻力来提供抗拔力；而锚定板挡土墙的拉杆及其端部的锚定板均埋设在回填土中，抗拔力来源于锚定板前填土的被动抗力。因此，锚定板挡土墙后的填土既对墙面产生主动土压力，又对锚定板产生被动土抗力。填土越高，作用于墙面板的主动土压力越大，同时作用于锚定板的抗拔力也会越大。此外，锚定板挡土墙的拉杆抗拔力主要由锚定板的承载力提供，无需利用拉杆与填土之间的摩擦力，所以填土就不限于摩擦系数较大的填土。

锚定板挡土墙的主要优点：构件断面小、结构轻、柔性大、占地少、圬工省、造价低。此外，构件可预制，便于实现结构轻型化和机械化施工。

9.2 土压力计算

锚定板挡土墙墙面板受到的土压力是由填料及表面荷载引起的。由于墙面、拉杆、锚定板及填土的相互作用，土压力问题比较复杂。它与填土的性质、压实程度、拉杆位置及其长度、锚定板大小等因素相关。根据现场实测和室内模型试验，锚定板挡土墙墙面板受到的土压力值大于库仑主动土压力计算值。为简化计算，作用于墙背上的土压力可近似地按库仑主动土压力理论计算，然后适当放大，以便使计算结果与实际土压力接近。考虑到实测土压力呈抛物线分布，土压力合力作用点在墙底（0.40～0.43）H（H 为墙高）的特点，土压力的图形从墙顶到 $0.45H$ 范围内从零线性增大到 p'_a；深度在 $0.45H$ 以下时，土压力则呈矩形分布，见图 9-2。图中虚线表示按库仑理论计算并乘以增大系数后的土压力，可按下式计算：

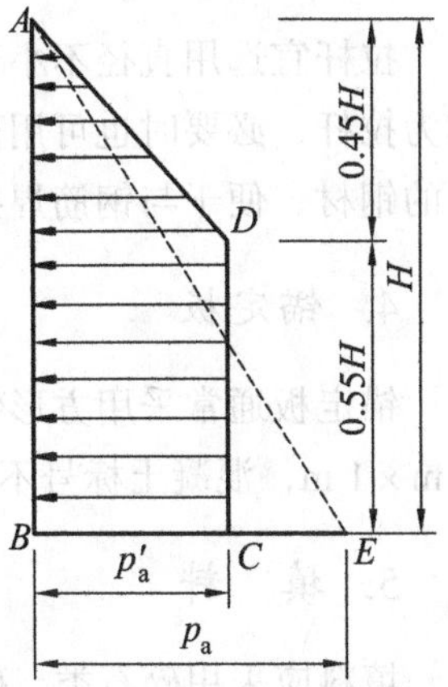

图 9-2　挡土墙土压力计算

$$p_a = m\gamma HK_a \tag{9-1}$$

式中　p_a——土压力，kPa；

m——土压力增大系数，$m = 1.05 \sim 1.20$。

图中 p'_a 为计算图形中的最大土压应力，可根据实际计算图形的面积 $ABCD$ 与按库仑理论计算的土压力图形面积 ABE 相等的原则求得，即

$$p'_a = 0.645m\gamma HK_a \tag{9-2}$$

活荷载对墙面产生的土压力也按库仑主动土压力计算，但不乘增大系数。

9.3　柱板式锚定板挡土墙构造

锚定板挡土墙由肋柱、挡土板、锚定板、钢拉杆和填料等组成，一般情况下还应设基础。下面简要介绍各部分的构造。

1. 肋　柱

肋柱间距一般为 1.5～2.5 m，根据工地的起吊能力和锚定板的抗拔能力而定。肋柱截面多为矩形、T 形、工字形等，截面面积由肋柱所受最大弯矩确定，并满足构造最低要求，且宽度不小于 0.35 m，厚度不小于 0.3 m。每级肋柱的高度通常为 3.0～5.0 m。上下两级肋柱宜用榫接，也可做成平台并相互错开。

肋柱上设置直径大于拉杆直径的椭圆形或圆形拉杆孔道，空隙需填塞防锈砂浆。每根肋柱按高度可布置 2～3 层拉杆，尽量使肋柱受力均匀。

肋柱底端可设计成自由端、铰支端或固定端，具体形式应视地基承载力、地基坚硬程度和埋深情况而定。如果地基承载力较低，可设置基础。

2. 挡土板

挡土板可采用钢筋混凝土槽形板、矩形板或空心板。矩形板厚度不小于 15 cm，高度一般为 50 cm，与肋柱搭接长度不小于 10 cm。挡土板上应留有泄水孔，板后设置反滤层。

3. 钢拉杆

拉杆宜选用直径不小于 22 mm 且不大于 32 mm 的螺纹钢筋。一般情况下选用单根钢筋作为拉杆，必要时也可用两根钢筋组成一根钢拉杆。拉杆的螺丝端应选用可焊性和延伸性良好的钢材，便于与钢筋焊接组成拉杆。如果采用精轧钢筋，则不必焊接螺钉端杆。

4. 锚定板

锚定板通常采用方形钢筋混凝土板，也可采用矩形板，其面积不小于 0.5 m^2，一般选用 1 m×1 m，混凝土标号不低于 C20。锚定板预制时应留拉杆孔，其要求同肋柱的预留孔道。

5. 填　料

填料应采用碎石类、砾石类土，甚至可采用细粒土，但不得使用膨胀性土、盐渍土、有机质土或块石类土。

6. 基　础

肋柱下面的地基承载力不能满足要求时应设置基础。肋柱的基础可采用 C20 混凝土条形基础，其厚度不小于 0.5 m，襟边宽度不小于 0.1 m，基础埋深大于 0.5 m。为减少肋柱起吊时的支撑工作量，常采用杯座基础（见图 9-3）。杯座基础应符合以下要求：当 $h \leqslant 1.0$ m 时，$H_1 \geqslant h$ 或 $H_1 \geqslant 0.05L$（L 为肋柱的长度）；当 $h > 1.0$ m 时，$H_1 \geqslant 0.8h$ 且 $H_1 \geqslant 1.0$ m；当 $b/h \geqslant 0.65$ 时，杯口一般不配筋。

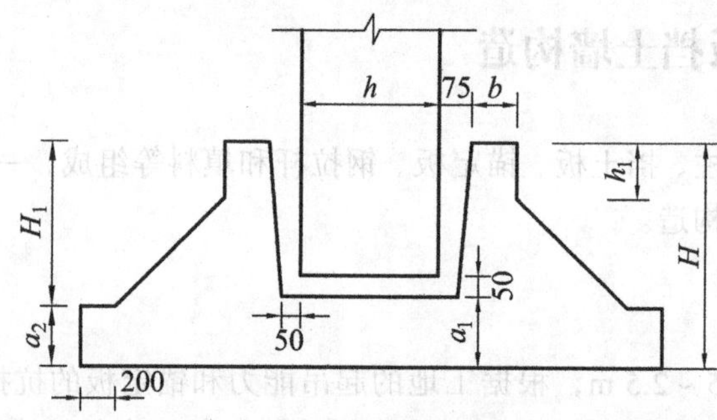

图 9-3　杯座基础

7. 反滤层

当有水流入锚定板挡土墙墙背填料时，应在墙背底部至墙顶以下 0.5 m 范围内填筑不小于 0.3 m 厚的渗水材料或用无砂混凝土板、土工织物作为反滤层，并应采取排水措施。

9.4　柱板式锚定板挡土墙设计

柱板式锚定板挡土墙设计的主要内容包括：肋柱、锚定板、拉杆、挡土板的内力计算及配筋，以及挡土墙的整体稳定性验算。

9.4.1　肋柱设计

1. 肋柱内力计算

肋柱承受由挡土板传递的侧向土压力，按受弯构件设计，设计荷载的计算跨度为相邻肋柱中至肋柱中。根据肋柱上设置拉杆层数以及肋柱与肋柱、肋柱与基础的连接状态可按单跨梁或连续梁计算肋柱内力。

（1）按简支梁（单跨梁）计算肋柱内力。

如果肋柱平置于基础之上或者肋柱与下级用榫连接时，可将肋柱底端视为自由端。当肋柱底端为自由端，且肋柱上设置两层拉杆时，按两端悬出的简支梁计算其弯矩、剪力和支座反力。计算图式如图 9-4 所示，具体计算方法详见 11.3.2 肋柱的设计。

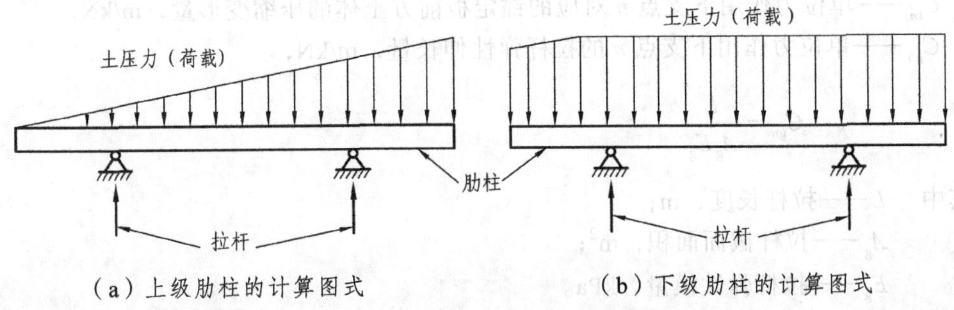

图 9-4　肋柱按简支梁计算图式

（2）按连续梁计算肋柱内力。

当肋柱上设置三层或三层以上拉杆，或者虽然是两层拉杆，但采用条形或分离式杯座基础，肋柱下端插入杯座较深形成铰支时，肋柱的弯矩、剪力及支座反力按连续梁计算。如果各支座受力后水平变形量相同，可按刚性支承连续梁计算；若变形量不同，应按弹性支承连续梁计算。刚性支承梁的内力和支座反力可按三弯矩方程进行计算，具体计算方法详见 11.3.2 肋柱的设计。下面主要介绍一下弹性支承连续梁的计算方法。

弹性支承连续梁（见图 9-5）的内力可采用结构力学中的五弯矩方程进行计算。基本方程为

$$\begin{aligned}&M_{n-2}\frac{C_n-1}{l_{n-1}l_n}+M_{n-1}\left[\frac{l_n}{6EI}-\frac{C_{n-1}}{l_n}\left(\frac{1}{l_{n-1}}+\frac{1}{l_n}\right)+\frac{C_n}{l_n}\left(\frac{1}{l_n}+\frac{1}{l_{n+1}}\right)\right]+M_n\left[\frac{l_n+l_{n+1}}{3EI}+\frac{C_{n-1}}{l_n^2}+\right.\\&\left.C_{n1}+\left(\frac{1}{l_n}+\frac{1}{l_{n+1}}\right)^2+\frac{C_n+1}{l_{n+1}^2}\right]+M_{n+1}\left[\frac{l_{n+1}}{6EI}-\frac{C_n}{l_{n+1}}\left(\frac{1}{l_n}+\frac{1}{l_{n+1}}\right)+\frac{C_{n+1}}{l_{n+1}}\left(\frac{1}{l_{n+1}}+\frac{1}{l_{n+2}}\right)\right]+\\&M_{n+2}\frac{C_{n+1}}{l_{n+1}l_{n+2}}=-\left(\frac{\omega_n a_n}{l_n EI}+\frac{\omega_{n+1}a_{n+1}}{l_{n+1}EI}\right)+R'_{n-1}\frac{C_{n-1}}{l_n}-R'_nC_n\left(\frac{1}{l_n}+\frac{1}{l_{n+1}}\right)+R'_{n+1}\frac{C_{n+1}}{l_{n+1}}\end{aligned}\tag{9-3}$$

式中　E——肋柱的弹性模量，kPa；

I——截面惯性矩，m^4；

R'——外荷载作用下基本结构（简支梁）的支座反力，kN；

C——弹性支座的柔度系数，m/kN。

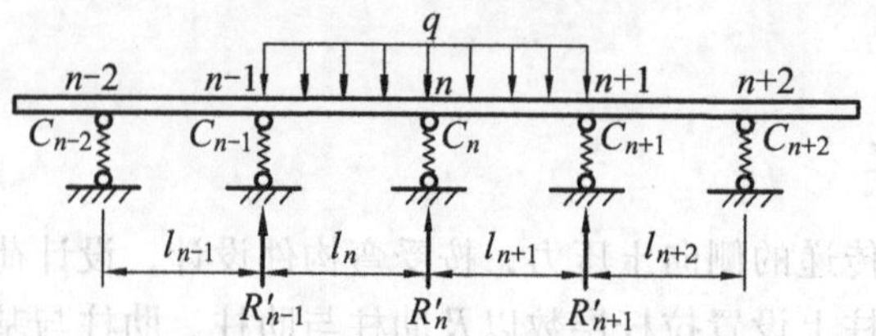

图 9-5 弹性支承连续梁五弯矩方程计算简图

柔度系数 C 的含义为单位力作用下支座的变形量。这个变形量包括拉杆弹性伸长和锚定板前方土体的压缩变形两部分，即

$$C_n = C_{gn} + C_{rn} \tag{9-4}$$

式中 C_{rn}——单位力作用下支点 n 对应的锚定板前方土体的压缩变形量，m/kN；

C_{gn}——单位力作用下支点 n 的拉杆弹性伸长量，m/kN，

$$C_{gn} = \frac{L}{A_g E_g}$$

其中 L——拉杆长度，m；

A_g——拉杆截面面积，m^2；

E_g——拉杆弹性模量，kPa。

由于锚定板前方土体的压缩变形十分复杂，确定土体压缩变形部分的柔度系数比较困难。通常采用以下两种近似的方法计算：

① 弹性桩的弹性抗力系数法（即 m 法）。

为简化计算，假定锚定板前方土体的压缩变形为弹性变形，则

$$C_{rn} = \frac{1}{m y_n h b} \tag{9-5}$$

式中 m——弹性抗力系数的比例系数（kN/m^4），如无实测资料可根据表 9-1 取值；

y_n——该支点距肋柱顶端的距离，m；

h, b——锚定板高度和宽度，m。

肋柱基础处的柔度系数为

$$C_{re} = \frac{1}{2mHh_0 b_0} \tag{9-6}$$

式中 H——肋柱总高度，m；

h_0, b_0——柱座的高度和宽度，m。

表 9-1 弹性抗力系数的比例系数 m 建议值

土的名称	建议值/（kN/m^4）	土的名称	建议值/（kN/m^4）
黏性细砂土	5 000 ~ 10 000	粗砂	20 000 ~ 30 000
细砂、中砂	10 000 ~ 20 000	砾砂、砾石土、碎石土、卵石土	30 000 ~ 80 000

② 分层总和法。

分层总和法是先将土划分为若干层，分别计算每层土的压缩量 (s_i)，累加起来即为总变形量。根据柔度系数的定义有

$$C_{rn} = \sum_{i=1}^{m} s_i \tag{9-7}$$

$$s_i = \frac{t_i}{2EA_f}(K_i + K_{i-1}) \tag{9-8}$$

式中　t_i——第 i 层土划分的厚度，m；

E——填土的压缩模量(kPa)，可通过现场锚定板抗拉拔试验确定，也可近似取 5 000～10 000 kPa；

A_f——锚定板面积，m^2；

K——土中应力分布系数，对于矩形锚定板可按表 9-2 取值。

表 9-2　土中应力分布系数 *K* 值

土层相对厚度 β	矩形锚定板边长比 α						
	1	1.5	2	3	6	10	20
0.25	0.898	0.904	0.908	0.912	0.934	0.940	0.960
0.50	0.696	0.716	0.734	0.762	0.789	0.792	0.820
1.0	0.336	0.428	0.470	0.500	0.518	0.522	0.549
1.5	0.194	0.257	0.286	0.348	0.560	0.373	0.397
2.0	0.114	0.157	0.188	0.240	0.268	0.279	0.308
3.0	0.058	0.076	0.108	0.147	0.180	0.188	0.209
5.0	0.008	0.025	0.040	0.076	0.096	0.106	0.129

注：$\beta = l_i / b$ 锚定板前土层的相对厚度，其中 l_i 为计算土层到锚定板的距离；$\alpha = h/b$ 为矩形锚定板边长比。

一般情况下，取锚定板前 5h 范围内的土体并将其划分为 m 层，分别计算每层土的压缩量，压缩量之和即为计算的该支点柔度系数。

由于填土不均匀及土体变形十分复杂，因而各支点的柔度系数变化较大，很难准确计算。为了预防可能出现的各种不利因素，在肋柱设计中，宜同时按刚性支承连续梁和弹性支承连续梁计算，并按两种情况计算所得的最不利弯矩、剪力进行肋柱截面设计和配筋，以保证肋柱有足够的安全系数并防止出现裂缝。

2. 肋柱截面设计

肋柱截面尺寸由计算的肋柱最大弯矩确定，且其宽度不宜小于 24 cm，厚度不宜小于 30 cm，以满足支撑墙面板的需要。断面配筋时，考虑到肋柱的受力及变形情况复杂、支点柔度系数变化大等因素，应按刚性支承连续梁和弹性支承连续梁两种情况计算的最大正负弯矩（对于两端悬出的简支梁，则按简支梁最大正负弯矩）进行双面配筋计算，并在肋柱内外侧配置通长的受力钢筋。

9.4.2 拉杆设计

拉杆设计包括拉杆材质的选择、截面设计、长度计算和拉杆头、尾部的连接设计及防锈设计等。

1. 拉杆材质和截面设计

锚定板挡土墙是一种柔性结构，其特点是能适应较大的变形。为了保证在较大变形情况下的安全，拉杆应选用延伸性较好的钢材，同时还应有良好的可焊性。

拉杆截面面积设计参见 11.3.3 节“锚杆的设计”。拉杆计算的直径需加上 2 mm 的安全储备，以保障锈蚀情况下的安全。拉杆尽量采用单根钢筋，如果不能满足设计拉力，也可以采用两根钢筋共同组成一根拉杆。

2. 拉杆长度

拉杆的长度必须满足每一块锚定板的稳定性验算要求，以及结构整体稳定性验算要求。最下层拉杆的长度除满足要求外，应使锚定板埋置于主动破裂面以外不小于锚定板高度 3.5 倍的距离；最上层拉杆的长度应不小于 3.0 m。考虑到上层锚定板的埋置深度对抗拔力的影响，要求最上层拉杆至填土顶面的距离不小于 1.0 m。

3. 拉杆两端的连接与防锈

拉杆前端与肋柱相连，连接方式与锚杆挡墙相同。拉杆后端与锚定板通过螺帽相连，在螺帽与锚定板之间加设一钢垫板。锚定板与钢拉杆组装完成后，孔道空隙应填满水泥砂浆。

拉杆的防锈与锚杆自由段的防锈要求相同，具体要求详见 13.2.2 节相关内容。

9.4.3 锚定板设计

1. 锚定板抗拔力

如图 9-6 所示，浅埋锚定板的极限抗拔力可用港工规范中的公式计算，如锚定板为长条形，其高度为 h，埋置深度为 D。当 $D<4.5h$ 时，每延米锚定板的极限抗拔力（T_u）为

$$T_u = \frac{1}{2}\gamma D^2 (K_p - K_a) \tag{9-9}$$

式中符号含义同前。

如果锚定板为方形，则需考虑被推动的土棱体每边扩大宽度 a（见图 9-7），并假设 $a = 0.75D\tan\varphi$。扩大的抗滑土棱体比相当于板宽 h 的土棱体大 m 倍，那么浅埋方形锚定板的单块极限抗拔力（T_u）为

$$T_u = \frac{1}{2}\gamma D^2 (K_p - K_a)\cdot mh \tag{9-10}$$

$$m = 1 + \frac{2a}{3h} = 1 + \frac{D}{2h}\tan\varphi \tag{9-11}$$

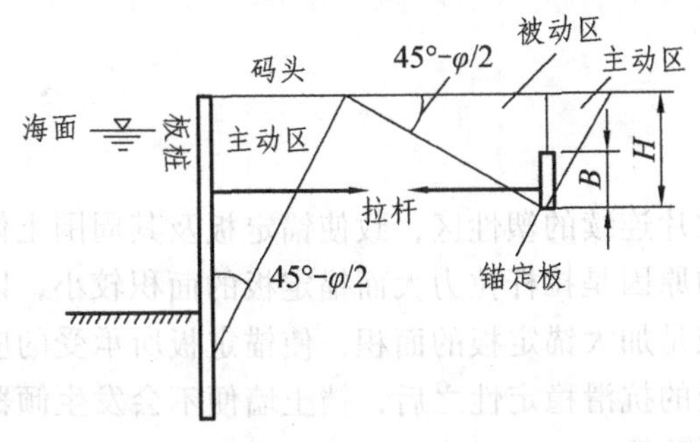

图 9-6　港口码头的浅埋锚定板

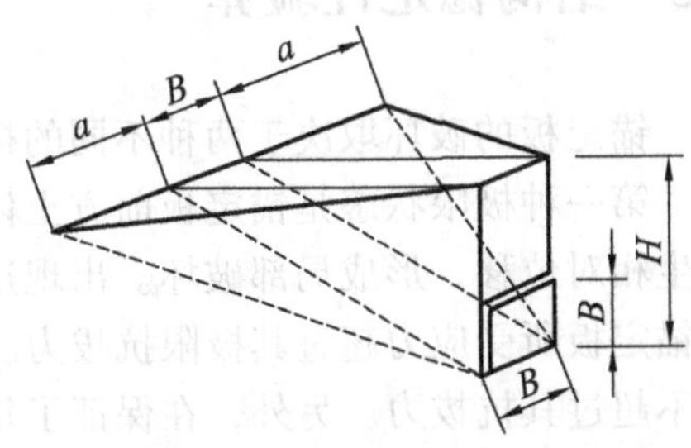

图 9-7　方形锚定板的被动土棱体

当锚定板的埋置深度超过 4.5h（h 为锚定板的边长），其周围土体的应力应变状态在接近极限抗拔力前十分复杂。原铁道部科学研究院等单位曾在许多工程现场进行了大量的原型锚定板抗拔试验。现场试验结果表明，埋置在填土中 3 ~ 10 m 的钢筋混凝土方形板，当变位量为 100 mm 时，其极限抗拔力为 300 ~ 450 kN/m^2，设计安全系数可取 3.0。埋置在 3 ~ 5 m 的锚定板，容许抗拔力可采用 100 ~ 120 kN/m^2；埋置深度在 5 ~ 10 m 的锚定板，容许抗拔力可采用 120 ~ 150 kN/m^2；如果埋置深度小于 3 m，则按式（9-10）计算。

2. 锚定板面积

锚定板面积可根据拉杆的拉力和锚定板抗拔力确定：

$$A_F = \frac{R}{T_R} \tag{9-12}$$

式中　A_F——锚定板面积，m^2；

R——拉杆拉力，kN；

T_R——锚定板单位面积抗拔力，kPa。

锚定板的面积除了要满足计算要求外，还需要满足前述构造要求。

3. 锚定板的配筋

锚定板的厚度和钢筋配置分别在竖直方向和水平方向按中心支承单向受弯构件计算，并假定锚定板竖直面上所受水平土压力为均匀分布。此外，还应验算锚定板与拉杆钢垫板连接处混凝土的局部承压与冲切强度。在强度验算基础上，进行前后面双向布置钢筋。

锚定板与拉杆连接处的钢垫板，也按中心有支点的单向受弯构件进行设计。

9.4.4　挡土板设计

挡土板两端置于肋柱内侧，直接承受填土的侧压力，并通过肋柱传递给拉杆。因此，挡土板可按受弯构件设计，其设计和构造与锚杆挡墙的挡土板一样。

壁板式挡土墙的墙面板也可采用矩形、十字形或六边形等钢筋混凝土板。每个板上设置一根拉杆，单点双向悬臂板计算内力并配筋。置于墙身最下部的墙面板还应按偏心受压构件验算混凝土的抗压能力。

9.5 结构稳定性验算

锚定板的破坏取决于两种不同的极限状态：

第一种极限状态是锚定板前方土体中产生大片连续的塑性区，致使锚定板及其周围土体发生相对位移，形成局部破坏。出现这种现象的原因是拉杆拉力大而锚定板的面积较小，以致锚定板所受应力超过其极限抗拔力。防止措施是加大锚定板的面积，使锚定板所承受的应力不超过其抗拔力。另外，在保证了每块锚定板的抗滑稳定性之后，挡土墙便不会发生倾覆破坏，因而锚定板挡土墙一般不需要进行抗倾覆验算。

第二种极限状态是锚定板及其前方土体沿某个外部贯通的滑面发生滑动，最终导致整体性破坏。出现这种现象的原因是拉杆过短，以致滑裂面的抗滑力过小产生滑动。防止措施是加长拉杆，使滑面上的抗滑力大于滑动力。为了保证结构的整体稳定性必须计算所需拉杆的长度。常用的计算方法有 Kranz 法、折线滑面分析法和土墙法。Kranz 法的计算与锚杆挡墙的计算方法一样，具体计算方法请参见 11.4 节。下面简要介绍折线滑面分析法和土墙法。

9.5.1 折线滑面分析法

折线滑面分析法认为,上层锚定板前方土体的最不利滑动面通过下层拉杆与墙面连接点，而且认为应将墙面与土体合并考虑，拉杆拉力是墙面与土体之间的内力，并不影响二者共同体的整体稳定。为此，作如下三个基本假定，如图 9-8 所示：

（1）下层锚定板前方土体的临界滑面通过墙面底端的 B 点。

（2）上层锚定板前方土体的临界滑面通过被分析锚定板以下的拉杆与墙面的交点，即图中 B_1 点。

（3）每一层锚定板后方土体的应力状态均符合朗肯主动土压力的应力状态（这一假定使计算方法简化，并使计算结果偏于安全）。

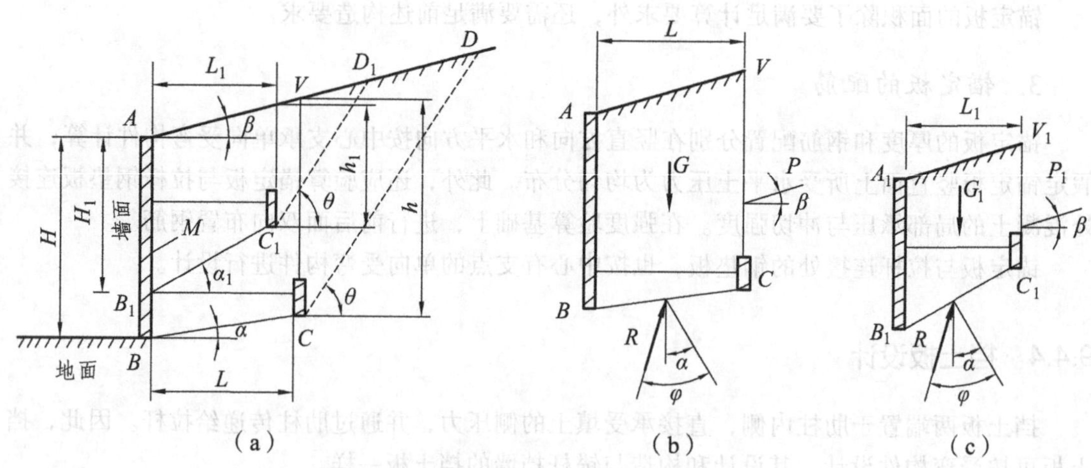

图 9-8 折线滑面法稳定性分析图式

如图 9-8（a）所示，BCD 为下层锚定板的临界滑面，$B_1C_1D_1$ 为上层锚定板的临界滑面，B_1 为被分析的锚定板以下的拉杆与墙面的交点，CD、C_1D_1 均为朗肯土压力滑裂面，P、P_1

分别为 CV 和 C_1V_1 竖直面上的主动土压力，R、R_1 分别是 BC 和 B_1C_1 滑面上的反作用力，G、G_1 分别为土体 $ABCV$ 和 $A_1B_1C_1V_1$ 的质量，α、α_1 分别为 BC 段和 B_1C_1 段的倾角，β 为填土坡面的倾角，φ 为填土的内摩擦角。H、H_1、h、h_1、L、L_1 为挡土结构的尺寸。

根据静力平衡原理，G、P、R 应形成闭合的力三角形，由此可推导求得：

（1）填土表面倾角为 β，表面无活荷载时，其主动土压力系数为

$$K_{\rm a}=\cos\beta\times\frac{\cos\beta-\sqrt{\cos^2\beta-\cos^2\varphi}}{\cos\beta+\sqrt{\cos^2\beta-\cos^2\varphi}} \tag{9-13}$$

下层锚定板的安全系数为

$$F_{\rm s}=\frac{L(H+h)}{K_{\rm a}h^2}\times\frac{\tan\varphi\cdot\cos\alpha-\sin\alpha}{\cos(\beta-\alpha)-\tan\varphi\cdot\sin(\beta-\alpha)} \tag{9-14}$$

（2）填土表面水平，且有相当于 h_0 土柱高度的均布活荷载时，下层锚定板的安全系数为

$$F_{\rm s}=\frac{L(H+h)}{h(h+2h_0)}\times\frac{\tan(\varphi-\alpha)}{\tan^2(45^\circ-\varphi/2)} \tag{9-15}$$

（3）当计算上层锚定板的安全系数时，式（9-14）、式（9-15）中的 H、h、α 应分别改为 H_1、h_1、α'。

当采用折线滑面分析法时，对于重要的挡土墙结构其安全系数不小于 1.8，次要的不小于 1.5。

9.5.2 整体土墙分析法

当锚定板达到一定密集度后，墙面与锚定板及其中的填土就会形成一个共同作用的整体土墙。因此，应用整体土墙法验算锚定板结构的整体稳定性时，锚定板尺寸及其布置须符合下述形成“群锚”的条件：

（1）肋柱上各层锚定板面积之和应不小于肋柱间墙面板面积的 20%。

（2）锚定板应分散布置，两层拉杆的间距应不大于锚定板高度的 2 倍，肋柱间距不大于锚定板宽度的 3 倍。

采用整体土墙法验算锚定板挡土墙的整体稳定性时，肋柱后各锚定板中心连线可以布置成俯斜、仰斜、垂直或中间长的折线形，如图 9-9 所示。当布置成仰斜或俯斜时，其连线的斜度不宜大于 1∶0.25。

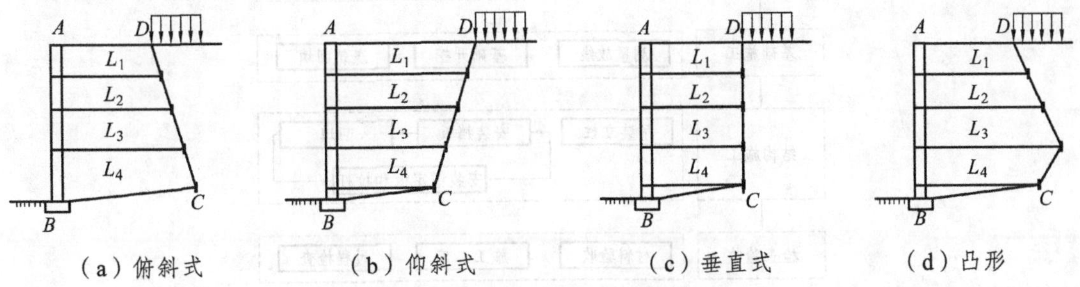

图 9-9　整体土墙法锚定板布置形式

整体土墙法计算图式如图 9-10 所示，其抗滑稳定安全系数为

$$K_s = \frac{(G+P_y-P_x\tan\alpha_0)\tan\varphi}{P_x+(G+P_y)\tan\alpha_0} \tag{9-16}$$

式中 G——假想墙背 $ABCD$ 的自重，kN；

P_x，P_y——假想墙背 CD 上主动土压力的水平分力和竖直分力，kN；

α_0——假想土墙基底倾角，$\tan\alpha_0 = h_n / L_n$；

h_n——肋柱底至最下层锚定板中心处的高度，m；

L_n——最下层拉杆计算长度（肋柱内侧至锚定板背的长度），m。

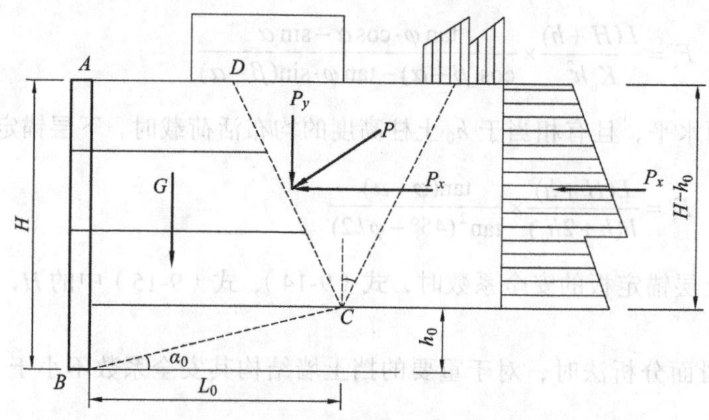

图 9-10 整体土墙法稳定性验算图式

对于图 9-9（d）所示的各锚定板中心连线上下短、中间长的锚定板挡土墙，如果各锚定板中心连线为较规则的折线形，可按折线形挡土墙计算假想墙背的土压力，并验算整体稳定性。

9.6 锚定板挡土墙的施工

9.6.1 施工流程

锚定板挡土墙施工可分为四个阶段：施工准备阶段、基础施工阶段、结构施工阶段和检查验收阶段，施工流程如图 9.11 所示。

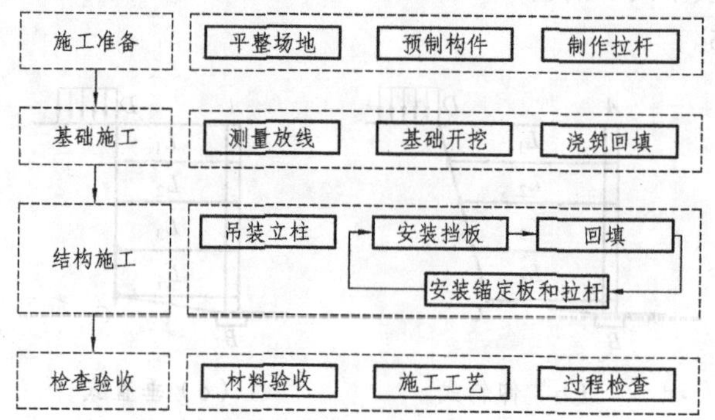

图 9-11 锚定板挡土墙施工流程示意图

9.6.2　施工注意事项

（1）原材料质量控制：所有施工用原材料应满足设计要求，且进场后必须进行复检。

（2）基础施工：必须按设计尺寸，准确施放立柱杯槽，严格控制杯槽底面的平整度。

（3）立柱吊装：立柱进入杯口前，应于杯槽底铺垫沥青砂浆，并将周边孔隙塞满；立柱安装后应进行纵横向校正，保证倾斜度满足要求，确认无误后，再安装下部挡土板。

（4）挡土板安装：挡土板应保证平直，防止反位。

（5）锚定板安装：锚定板板面应竖直，孔位与拉杆上孔眼保持在同一水平面，以保证正确受力，防止拉杆扭曲。

（6）填土：回填土层要分层压密，压实系数不小于 0.94。

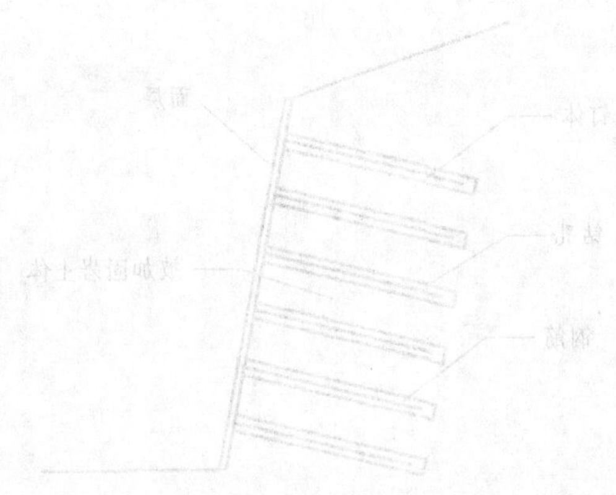

第10章 土钉墙

10.1 概 述

土钉墙是以土钉作为主要受力构件的岩土工程加固支护结构。它由密集的土钉群、被加固的原位土体、喷射混凝土面层、置于面层中的钢筋网和必要的排水系统等组成，见图10-1。

土钉通常是通过在岩土介质中钻孔、置入变形钢筋（即带肋钢筋）并全长注浆的方法做成的。它的加固原理是在土体发生变形条件下，依靠土钉与土体之间的界面黏结力或摩擦力约束土体进一步变形，从而达到加固的目的。土钉属于被动受力构件，只有边坡或基坑产生变形，形成滑移区和稳定区，才会进入受力状态。土钉全长与周围土体紧密连接成为一个整体，形成类似于重力式挡土墙的结构。

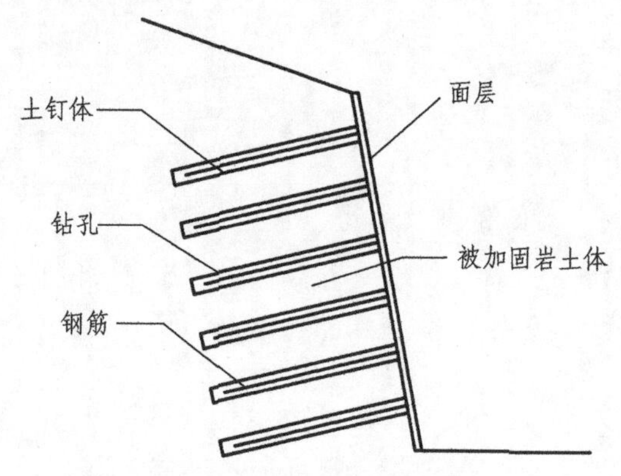

图10-1 土钉墙结构示意图

土钉墙作为一种新的支挡技术，多用作高速公路与铁路边坡支护、高层建筑深基坑支护、邻近建筑的边坡支护等。由于其经济可靠且施工简便快捷，已在我国得到广泛应用。

土钉墙与常见的加筋土挡土墙相似，但二者却有本质的不同：① 土钉墙是原位土加筋技术，而加筋土挡墙则是把筋体置入填土中并与预制墙板一起组成支挡结构。② 土钉墙施工是从上到下开挖过程中将筋体置入土中，而加筋土挡土墙则是从下至上回填填土过程中埋入筋体。③ 土钉墙中部土钉受力最大，底部土钉受力最小，而加筋土挡土墙中底部筋体受拉力最大。④ 二者受力后的变形曲线也不同（见图10-2），土钉墙顶部变形最大，底部最小；而加筋土挡土墙中下部变形最大，顶部较小。

土钉与锚杆表面上有相似之处，但二者工作机理有所不同（见图10-3）：① 土钉全长与周围土体紧密黏接，而锚杆有自由段和锚固段之分；② 土钉所受拉力一般是中间大、两端小，而锚杆自由段上承受同样大的拉力；③ 土钉和其周围被加固的土体一起作为挡土结构，土体发生变形后才被动受力，而锚杆通常施加有预加拉应力，提供主动约束；④ 土钉可以较

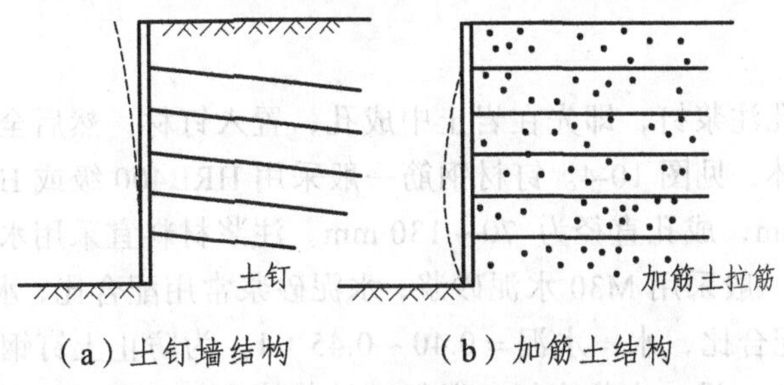

（a）土钉墙结构　（b）加筋土结构

图 10-2　土钉墙与加筋土挡墙变形对比

密地排列，在施工质量上没有锚杆要求那么严格，而锚杆的设置数量通常有一定限制，且对施工要求较高。当然，也有锚杆中不加预应力并沿锚杆全长注浆与土体黏结的特例，在特定的情况下，可过渡到土钉。

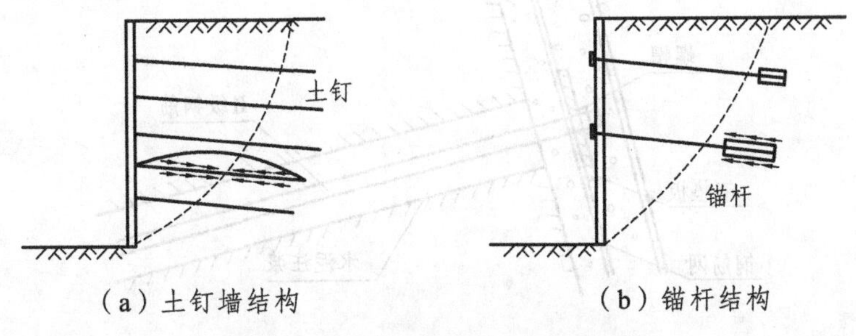

（a）土钉墙结构　（b）锚杆结构

图 10-3　土钉与锚杆工作原理对比

土钉墙虽然与加筋土挡土墙和锚杆挡墙有质的区别，但它却结合了二者的优点，与其他支护技术相比，有许多独特的优点：

（1）施工及时。可以边开挖边施工，并能及时喷护封闭边坡，从而保护岩土边坡不因开挖暴露而降低力学强度。

（2）结构轻巧，有柔性，可靠度高。通过喷护（或挂网喷护），使之与被加固岩土形成复合体，结构轻巧；允许边坡有少量变形，从而大大改善受力效果；因为群体效应，个别土钉失效对整个边坡影响不大，可靠度高。

（3）施工机具轻便、灵活，所需施工场地小，工人劳动强度低。

（4）材料用量小，成本低。

但是，土钉墙也有其自身的缺点和局限性：

（1）需要有设置土钉的地下空间。土钉打入土中后需要占用一部分地下空间，如果是永久性土钉，则需长期占用这些地下空间；当边坡或基坑附近有地下管线或其他建筑物基础时，施工时可能会相互干扰。

（2）在饱和黏性土及软土中设置土钉需特别谨慎，因土钉的抗拔力过低，需设置很长很密集的土钉；软土的徐变还可使支护位移量显著增加。

（3）土钉支护如果作为永久性结构，需要专门考虑锈蚀等耐久性问题。

10.2　土钉墙的构造特征

土钉墙主要由土钉、面层和排水系统组成。

1. 土 钉

土钉通常采用钻孔注浆钉，即先在岩土中成孔，置入钉材，然后全孔注浆，钉材与外裹的水泥砂浆形成土钉体，见图 10-4。钉材钢筋一般采用 HRB400 级或 HRB335 级热轧螺纹钢筋，直径为 18 ~ 32 mm，成孔直径为 70 ~ 130 mm。注浆材料宜采用水泥浆或水泥砂浆，强度不应低于 20 MPa，一般采用 M30 水泥砂浆；水泥砂浆常用配合比，水：水泥：砂 = 0.40 ~ 0.45：1：1，水泥浆配合比，水：水泥 = 0.40 ~ 0.45：1。为防止土钉钢筋锈蚀，钢筋应位于钻孔中心，要求每隔 2 m 设一定位支架，以保证被浆体全部包围，并要求保护层厚度一般不小于 25 mm。边坡渗水严重时，宜添加膨胀剂。

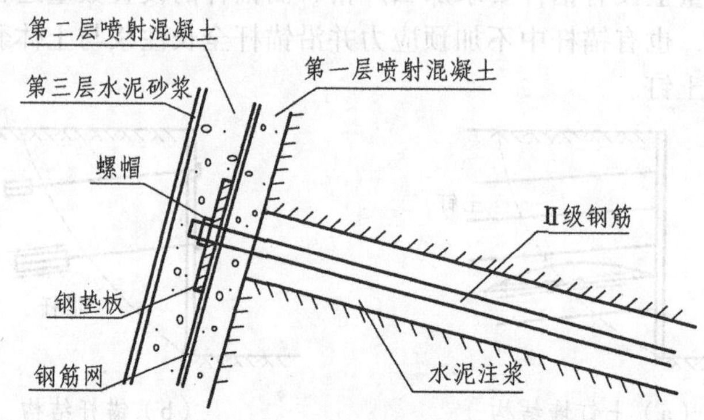

图 10-4 土钉墙细部结构示意图

2. 面 层

土钉墙的面层为喷射混凝土，其厚度通常在 50 ~ 150 mm。混凝土面层内应设置钢筋网，钢筋网的钢筋直径 6 ~ 8 mm，网格尺寸 150 ~ 300 mm。钢筋网搭接宜采用焊接。当面层厚度大于 120 mm 时，宜设置两层钢筋网。混凝土面层每隔 15 ~ 20 m 应设置一道沥青木板伸缩缝。为了确保土钉和面层有效连接，同时为了分散土钉对面层的剪应力，一般在面层和土钉螺母间设置一块 200 mm × 200 mm × 12 mm 的钢垫板。

混凝土面层宜插入基坑底部以下不少于 0.2 m；在基坑顶部也宜设置宽度为 1 ~ 2 m 的混凝土护顶。当土质较差，且基坑边坡靠近重要建筑设施需严格控制变形时，宜在开挖前先沿基坑边缘设置密排的竖向微型桩（见图 10-5），其间距不宜大于 1.0 m，深入基坑底部 1.0 ~ 3.0 m。微型桩可用无缝钢管或焊管，直径 48 ~ 150 mm，管壁上应设置出浆孔。小直径的钢管可分段在不同挖深处用击打方法置入并注浆；较大直径（大于 100 mm）的钢管宜采用钻孔置入并注浆。在距孔底 1/3 孔深范围内的壁管上设置注浆孔，注浆孔直径 10 ~ 15 mm，间距 400 ~ 500 mm。

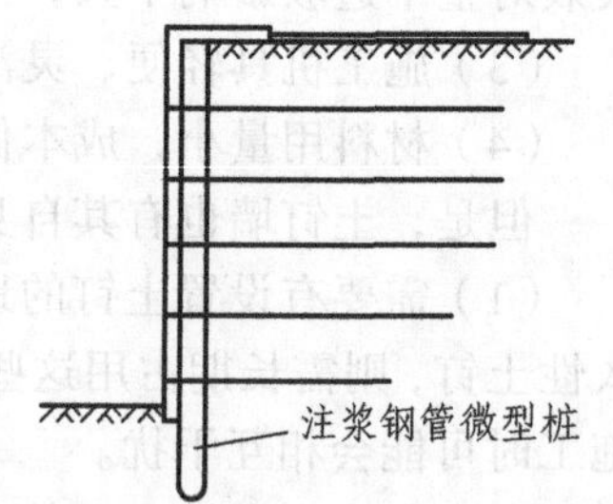

图 10-5 超前设置微型桩的土钉支护示意图

3. 排水系统

为了防止地下水或地表水渗透对混凝土面层产生静水压力和侵蚀，避免岩土体因饱和而降低其强度和岩土与土钉间的黏结力，土钉结构需设置完善的排水系统。一般视具体情况可采用截水、浅层排水和深层排水三种方式。

坡顶外设置截水沟以排除地表水。如果地下水不发育，在坡面设置浅层排水系统；如果边坡渗水严重，应设置深层排水孔。排水孔长度视地下水情况而定，较土钉略长，孔内设置透水管或凿孔的 PVC 管，并充填粗砂。

10.3 土钉墙设计

土钉墙设计的内容包括：

（1）土钉参数的确定：包括土钉的长度、土钉杆体的截面面积和土钉的间距。

（2）土钉墙设计验算：包括土钉承载力设计验算和土钉墙整体稳定性验算。

（3）喷射混凝土面层设计及坡顶防护措施：包括面层内力计算和强度计算。

10.3.1 土钉参数确定

1. 土钉的长度

土钉长度（L）与基坑深度（H）有关。通常情况下，对非饱和土，土钉长度与基坑深度之比宜在 0.6～1.2。密实砂土和坚硬黏土中可取低值；对软塑黏性土，比值不应小于 1.0；为了减少支护变形，控制地面开裂，顶部土钉的长度宜适当增加；非饱和土底部土钉长度可适当减少，但不宜小于 $0.5H$；含水量高的黏性土底部土钉长度则不应缩减。

土钉长度可根据经验按表 10-1 取值，也可通过计算初步确定。

如图 10-6 所示，根据《复合土钉墙基坑支护技术规范》(GB 50739—2011)，单根土钉长度 (l_j) 可按下列公式初步确定：

$$l_j = l_{nj} + l_{mj} \tag{10-1}$$

式中，

$$l_{nj} = \frac{h_j \sin\dfrac{\beta - \varphi_m}{2}}{\sin\beta \sin\left(\alpha_i + \dfrac{\beta + \varphi_m}{2}\right)} \tag{10-2}$$

$$l_{mj} = \sum l_{mij} \tag{10-3}$$

其中 l_j——第 j 根土钉长度，m；

l_{nj}——第 j 根土钉在假定破裂面内长度，m；

l_{mj}——第 j 根土钉在假定破裂面外长度，m；

h_j——第 j 根土钉与基坑底面的距离，m；

β——土钉墙坡面与水平面间的夹角，°；

φ_m——基坑底面以上各土层按厚度加权的等效内摩擦角平均值，°；

α_j——第 j 根土钉与水平面之间的夹角，°；

l_{mij}——第 j 根土钉在假定破裂面外第 i 层土体中的长度，m。

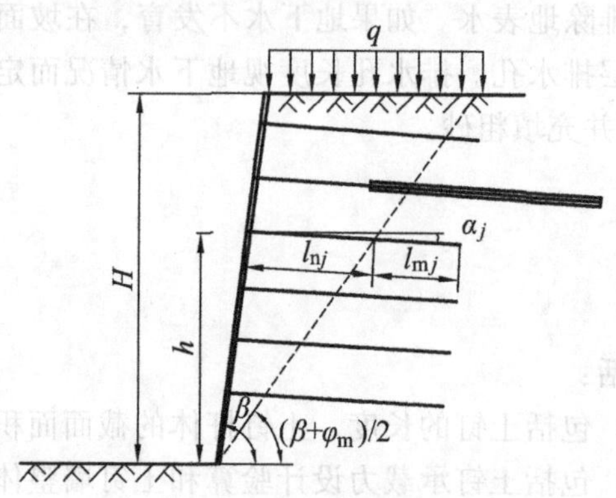

图 10-6 土钉长度计算示意图

H—基坑开挖深度；*q*—地面及土体中附加分布荷载

第 j 根土钉在假定破裂面外第 i 层土体中的长度 (l_{mij}) 应满足下式要求：

$$l_{mij} \geqslant \frac{1.4N_{kj}}{\pi d_j \sum q_{ki}} \tag{10-4}$$

根据《建筑基坑支护技术规程》（GB 50739—2011），有

$$N_{kj} = \frac{1}{\cos\alpha_j}\xi\eta_j p_{akj} S_{hj} S_{vj} \tag{10-5}$$

式中 N_{kj}——第 j 层土钉的轴向拉力标准值，kN；

d_j——第 j 层土钉直径，m；

q_{ki}——第 i 层土体与土钉的黏结强度标准值，kPa；

S_{hj}——第 j 层土钉与相邻土钉的平均水平间距，m；

S_{vj}——第 j 层土钉与相邻土钉的平均竖向间距，m；

p_{akj}——第 j 层土钉长度中点处的主动土压力强度标准值，kPa；

ξ——坡面倾斜时荷载折减系数，可按下式计算确定：

$$\xi = \tan\frac{\beta-\varphi_m}{2}\left(\frac{1}{\tan\dfrac{\beta+\varphi_m}{2}} - \frac{1}{\tan\beta}\right) \Big/ \tan^2\left(45° - \frac{\varphi_m}{2}\right) \tag{10-6}$$

η_j——第 j 层土钉轴向拉力调整系数，可按下式计算确定：

$$\eta_j = \eta_a - (\eta_a - \eta_b)\frac{z_j}{h} \tag{10-7}$$

其中 z_j——第 j 层土钉至基坑顶面的垂直距离，m；

h——基坑深度，m；

η_a——计算系数，可由下式计算确定：

$$\eta_a = \frac{\sum (h - \eta_b z_j)\Delta P_{aj}}{\sum (h - z_j)\Delta P_{aj}} \tag{10-8}$$

ΔP_{aj}——作用在以 S_{hj} 和 S_{vj} 为边长的面积内的主动土压力标准值，kN；

η_b——经验系数，可取 0.6 ~ 1.0。

需要说明的是，单根土钉拉力应取分配到每根土钉的土钉墙面积上的土压力。由于土钉墙结构具有土与土钉共同工作的特性，受力状态复杂，目前尚不清楚土钉的受力机理，土钉拉力计算只能采用近似的方法。

关于调整系数(η_j)：朗肯土压力按线性分布的计算方法直接用于土钉墙设计是不合理的。土钉墙墙面是柔性的，且分层开挖后土压力向周围转移，墙面上的土压力重新分布，裸露面上土压力是零。因此，按朗肯理论计算的土压力用于土钉设计时，每根土钉轴向拉力值应乘以调整系数(η_j)。虽然每根土钉轴向拉力调整系数不同，但各土钉拉力之和与调整前各土钉拉力之和相等。

2. 土钉杆体的截面面积

土钉杆体的截面面积(A_s)应满足下式要求：

$$A_s > N_j / f_y \tag{10-9}$$

$$N_j = \gamma_0 \gamma_F N_{kj} \tag{10-10}$$

式中　N_j——第 j 层土钉的轴向拉力设计值，kN；

f_y——土钉杆体的抗拉强度设计值，kPa；

γ_0——支护结构重要性系数；

γ_F——作用基本组合的综合分项系数。

3. 相邻土钉的间距

任一土钉与周围邻近土钉的距离宜相等，即按梅花形布置。土钉间距宜控制在 1.2 ~ 2.0 m。在饱和黏性土中可小到 1.0 m，在干硬黏性土中可超过 2.0 m。土钉的竖向间距与每步开挖深度相对应。沿面层布置的土钉密度不应低于每 6 m² 一根。根据经验，相邻土钉的间距可按表 10-1 初步确定。

表 10-1　土钉长度与间距经验值

土的名称	土的状态	水平间距/m	竖向间距/m	土钉长度与基坑深度比
素填土	—	1.0 ~ 1.2	1.0 ~ 1.2	1.2 ~ 2.0
淤泥质土	—	0.8 ~ 1.2	0.8 ~ 1.2	1.5 ~ 3.0
黏性土	软　塑	1.0 ~ 1.2	1.0 ~ 1.2	1.5 ~ 2.5
	可　塑	1.2 ~ 1.5	1.2 ~ 1.5	1.0 ~ 1.5
	硬　塑	1.4 ~ 1.8	1.4 ~ 1.8	0.8 ~ 1.2
	坚　硬	1.8 ~ 2.0	1.8 ~ 2.0	0.5 ~ 1.0

续表 10-1

土的名称	土的状态	水平间距/m	竖向间距/m	土钉长度与基坑深度比
粉　土	稍密、中密	1.0～1.5	1.0～1.4	1.2～2.0
	密　实	1.2～1.8	1.2～1.5	0.6～1.2
砂　土	稍密、中密	1.2～1.6	1.0～1.5	1.0～2.0
	密　实	1.4～1.8	1.4～1.8	0.6～1.0

10.3.2 土钉墙设计验算

土钉墙设计验算主要包括以下两个内容：① 土钉承载力设计验算；② 土钉墙稳定性验算。

1. 土钉承载力设计验算

土钉墙设计计算时，要求单根土钉承载能力应满足以下三个条件：

（1）土钉的极限抗拔承载力标准值不小于考虑抗拔安全系数的土钉轴向拉力标准值，即

$$R_{kj} \geqslant K_t N_{kj} \tag{10-11}$$

$$R_{kj} = \pi d_j \sum q_{ki} l_{ij} \tag{10-12}$$

式中　R_{kj}——第 j 层土钉极限抗拔承载力标准值，kN；

K_t——土钉抗拔安全系数（安全等级为二级、三级的土钉墙，分别为 1.6、1.4）；

l_{ij}——第 j 层土钉滑动面以外部分在第 i 层土体中的长度，m。

式（10-11）的要求是为了控制单根土钉拔出或土钉杆体拉断所造成的土钉墙局部破坏。单根土钉的极限抗拔承载力应通过抗拔试验确定，抗拔试验要点和要求可参考相关的规（程）范。单根土钉的极限抗拔承载力标准值(R_{kj})也可按式（10-12）估算确定，但应通过土钉抗拔试验验证；对于安全等级为三级的土钉墙，可直接按式（10-12）确定单根土钉的极限抗拔承载力。

（2）土钉极限抗拔承载力标准值不大于土钉极限黏结强度标准值，即

$$R_{kj} \leqslant f_{yk} A_s \tag{10-13}$$

式中　f_{yk}——土钉杆体的抗拉强度标准值，kPa；

A_s——土钉杆体的截面面积，m^2。

式（10-13）要求，当通过试验或计算确定的土钉极限抗拔承载力标准值大于土钉极限黏结强度标准值时，应取土钉极限黏结强度标准值，即 $R_{kj} = f_{yk} A_s$。

（3）土钉杆体强度控制的受拉承载力不大于土的黏结强度控制的抗拔承载力，即

$$N_j \leqslant f_y A_s \tag{10-14}$$

式（10-14）要求，土钉的承载力由以土的黏结强度控制的抗拔承载力和以杆体强度控制的受拉承载力两者的较小值决定。一般在确定了按土的黏结强度控制的土钉抗拔承载力后，再按式（10-9）或式（10-14）配置杆体截面。

2. 土钉墙整体稳定性验算

土钉墙稳定性验算应包括内部（局部）稳定性验算和整体稳定性验算。其中，内部（局部）稳定性验算包括单根土钉抗拉强度验算和抗拔稳定性验算，相关的内容已在前面介绍。这里主要介绍土钉墙的整体稳定性验算，涉及土钉墙滑动稳定性验算和坑底隆起稳定性验算两部分内容。

（1）土钉墙滑动稳定性验算。

土钉墙是分层开挖、分层设置土钉及面层的。每一步开挖都可能是不利工况，故均需要进行整体滑动稳定性验算。土钉墙的整体滑动稳定性采用圆弧滑动条分法进行验算（见图10-7），其整体滑动稳定性由单一安全系数表示，应符合下式要求：

$$\min\{K_{s1},\ K_{s2},\ K_{s3},\ \cdots,\ K_{si},\ \cdots\} \geqslant K_s \tag{10-15}$$

$$K_{si}=\frac{\sum[c_j l_j+(q_j b_j+\Delta G_j)\cos\theta_j\tan\varphi]+\sum R'_{kk}[\cos(\theta_k+\alpha_k)+\psi_v]/s_{hk}}{\sum(q_j b_j+\Delta G_j)\sin\theta_j} \tag{10-16}$$

式中 K_s——圆弧滑动稳定安全系数（安全等级为二级、三级的土钉墙，分别不小于 1.3、1.25）；

K_{si}——第 i 个圆弧滑动体的抗滑力矩与滑动力矩的比值（抗滑力矩与滑动力矩之比的最小值宜通过搜索不同圆心及半径的所有潜在滑动圆弧确定）；

c_j，φ_j——第 j 土条滑弧面处土的黏聚力（kPa）、内摩擦角（°）（抗剪强度指标的获取应通过与施工过程中孔隙水的排水和应力路径基本一致的试验方法得到）；

b_j——第 j 土条的宽度，m；

θ_j——第 j 土条滑弧面中点处的法线与垂直面的夹角，°；

l_j——第 j 土条的滑弧长度（m），取 $l_j=b_j/\cos\theta_j$；

q_j——第 j 土条上的附加分布荷载标准值，kPa；

ΔG_j——第 j 土条的自重（kN），按天然重度计算；

R'_{kk}——第 k 层土钉在滑动面以外的锚固段的极限抗拔承载力标准值与杆体受拉承载力标准值的较小值，kN；

θ_k——滑弧面在第 k 层土钉处的法线与垂直面的夹角，°；

α_k——第 k 层土钉的倾角，°；

s_{hk}——第 k 层土钉的水平间距，m；

ψ_v——计算系数；可取 $\psi_v=0.5\sin(\theta_k+\alpha_k)\tan\varphi$；

φ——第 k 层土钉与滑弧交点处土的内摩擦角，°。

在工程实践中，土钉墙通常与预应力锚杆、微型桩、搅拌桩等结合起来使用，从而形成复合土钉墙的支护形式。如果土钉与锚杆结合使用，因锚杆与土钉对滑动稳定性的作用是一样的，验算时在锚杆处把土钉的参数换成锚杆的参数即可。在对锚杆施加预应力时考虑了土钉与锚杆变形协调问题，二者可以同时达到极限状态，验算时可不再考虑锚杆预应力。

如果土钉与微型桩、搅拌桩或旋喷桩结合使用，桩对抗滑力矩肯定是有贡献的，但难以定量。因此，只能根据经验和桩的设计参数，适当考虑其抗滑作用；若无经验，最好不考虑其抗滑作用，当做安全储备。

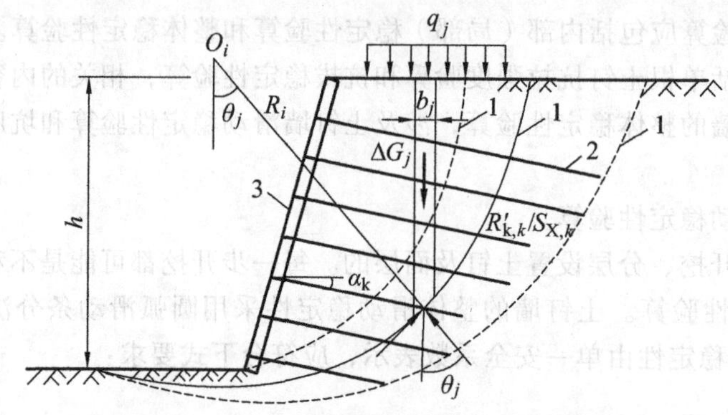

图 10-7　土钉墙整体滑动稳定性验算

1—滑动面；2—土钉；3—喷射混凝土面层

（2）土钉墙坑底隆起稳定性验算。

如果基坑底面下分布有软土层，土钉墙结构应进行坑底隆起稳定性验算。土钉墙坑底隆起稳定性可采用下式进行验算（见图 10-8）：

$$\frac{\gamma_{m2}DN_q + cN_c}{(q_1 b_1 + q_2 b_2)/(b_1 + b_2)} \geqslant K_b \tag{10-17}$$

式中，

$$N_q = \tan^2\left(45° + \frac{\varphi}{2}\right)e^{\pi\tan\varphi} \tag{10-18}$$

$$N_c = (N_q - 1)/\tan\varphi \tag{10-19}$$

$$q_1 = 0.5\gamma_{m1}h + \gamma_{m2}D \tag{10-20}$$

$$q_2 = \gamma_{m1}h + \gamma_{m2}D + q_0 \tag{10-21}$$

式中　K_b——抗隆起安全系数（安全等级为二级、三级的土钉墙，分别不小于 1.6、1.4）；

q_0——地面均布荷载，kPa；

γ_{m1}——基坑底面以上土的天然重度（kN/m^3），对多层土取各层土按厚度加权的平均重度；

h——基坑深度，m；

γ_{m2}——基坑底面至抗隆起计算平面之间土层的天然重度（kN/m^3），对多层土取各层土按厚度加权的平均重度；

D——基坑底面至抗隆起计算平面之间土层的厚度（m），当抗隆起计算平面为基坑底平面时，取 $D = 0$；

N_c, N_q——承载力系数；

c, φ——抗隆起计算平面以下土的黏聚力（kPa）、内摩擦角（°），抗剪强度指标的获取应通过与施工过程中孔隙水的排水和应力路径基本一致的试验方法得到；

b_1——土钉墙坡面的宽度（m），当土钉墙坡面垂直时取 $b_1 = 0$；

b_2——地面均布荷载的计算宽度（m），可取 $b_2 = h$。

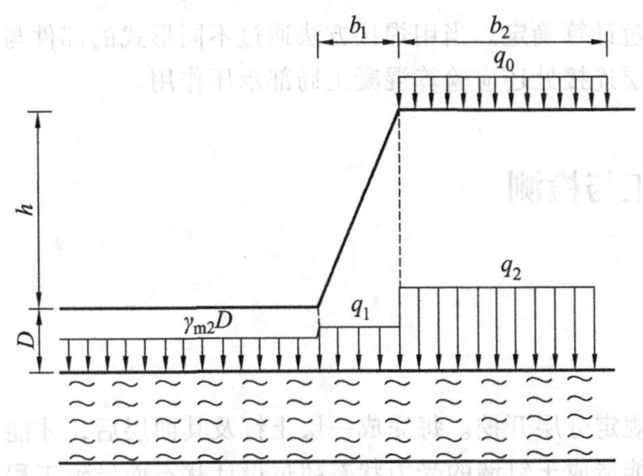

图 10-8　基坑底面下有软土层的土钉墙隆起稳定性验算

10.3.3　喷射混凝土面层设计

喷射混凝土面层的作用除保证土钉之间局部土体的稳定外，还要使土钉周围的土压力能有效地传递给土钉。这就要求面层与土钉钉头的连接要牢靠。

1. 内力计算

在土体自重及地表均布荷载作用下，喷射混凝土面层所受的侧向土压力(p_0)可按下式估算：

$$p_0 = p_1 + p_q$$

$$p_0 = 0.7\times\left(0.5+\frac{s-0.5}{5}\right)p_1 \leqslant 0.7p_1$$

式中　p_1——土钉长度中心所处深度位置上的侧压力，kPa；

p_q——地表均布荷载引起的侧压力，kPa；

s——土钉水平间距和垂直间距中的较大值，m。

当有地下水及其他荷载时，应计入这些荷载在混凝土面层上产生的侧压力。

喷射混凝土面层的设计计算，采用以概率理论为基础的结构极限状态设计方法，对作用于面层上的土压力应乘以荷载分项系数 1.2 后作为设计值。根据支护工程的重要性，当环境安全有严格要求时，在结构的极限状态设计表达式中，应考虑结构重要性系数。

2. 强度计算

（1）喷射混凝土面层。

面层以土钉为支点按连续板进行计算。作用于面层的侧向土压力在同一间距内可按均布荷载考虑，其反力作为土钉的端部拉力。验算的内容包括板在跨中和支座截面的受弯、板在支座截面的冲切等。

（2）土钉与喷射混凝土面层的连接。

土钉与面层的连接，应能承受土钉端部拉力作用。当用螺纹、螺母和垫板与面层连接时，垫板边长及厚度应通过计算确定。当用焊接方法通过不同形式的部件与面层相连时，应对焊接强度作出验算。面层连接处还应验算混凝土局部承压作用。

10.4 土钉墙施工与检测

10.4.1 施 工

1. 开 挖

土钉墙应按设计规定分层开挖。每完成一层土钉及其面层后，才能开挖下一层。开挖时严禁超挖，否则，可能造成土钉墙的受力状态超过设计状态而导致工程事故。当基坑面积较大时，允许在距离四周边坡 8 ~ 10 m 的基坑中部自由开挖，但应注意与分层作业区的开挖协调。开挖后，应尽量缩短边壁土体的裸露时间。对自稳能力差的土体，如高含水量的黏性土和无天然黏结力的砂土应立即进行支护。

2. 成 孔

钢筋土钉成孔应符合下列要求：

（1）土钉成孔范围内存在地下管线等设施时，应查明其位置并避开后，再进行成孔作业；如遇不明障碍物，应查明情况并采取针对性措施后方可继续成孔。

（2）采用的成孔方法应能保证孔壁的稳定性、减小对孔壁的扰动。

（3）易塌孔的松散土层宜采用机械成孔工艺；成孔困难时，可采用注水泥浆等方法进行护壁。

3. 杆体制作安装

钢筋土钉杆体的制作安装应符合下列要求：

（1）钢筋使用前应调直并清除污锈。

（2）钢筋的连接宜采用搭接焊、帮条焊；焊接应采用双面焊，搭接长度或帮条长度不应小于主筋直径的 5 倍，焊缝高度不应小于主筋直径的 0.3 倍。

（3）对中支架可选用直径 6 ~ 8 mm 的钢筋焊制，其截面尺寸应符合对土钉杆体保护层厚度的要求。

（4）土钉成孔后应及时插入土钉杆体，遇塌孔、缩径时应在处理后再插入土钉杆体。

4. 注 浆

钢筋土钉的注浆应符合下列要求：

（1）注浆材料可选用水泥浆或水泥砂浆；水泥浆的水灰比宜取 0.5 ~ 0.55；水泥砂浆的水灰比宜取 0.4 ~ 0.45，灰砂比宜取 0.5 ~ 1.0，宜选用中粗砂，且含泥量不得大于 3%（按质量计）。

（2）水泥浆或水泥砂浆应拌和均匀，且应在初凝前使用。

（3）注浆前孔内残留的虚土应清除干净。

（4）应采用孔底注浆的方式，且注浆管端部至孔底的距离不宜大于 200 mm；注浆及拔管时，注浆管出浆口应始终埋入注浆液面内，且应在新鲜浆液从孔口溢出后停止注浆。

5. 喷射混凝土面层

喷射混凝土面层施工应符合下列要求：

（1）细集料宜选用中粗砂，含泥量应小于 3%。

（2）粗集料宜选用粒径不大于 20 mm 的级配砾石。

（3）水泥与砂石的质量比宜取 1∶4～1∶4.5，砂率宜取 45%～55%，水灰比宜取 0.4～0.45。

（4）喷射作业应分段依次进行，同一分段内应自下而上均匀喷射，一次喷射厚度宜为 30～80 mm。

（5）喷射作业时，喷头应与土钉墙面保持垂直，其距离宜为 0.6～1.0 m。

（6）喷射混凝土终凝 2 h 后应及时喷水养护。

（7）钢筋与坡面的间隙应大于 20 mm。

（8）钢筋网可采用绑扎固定；钢筋连接宜采用搭接焊，焊缝长度不应小于钢筋直径的 10 倍。

（9）采用双层钢筋网时，第二层钢筋网应在第一层钢筋网被喷射混凝土覆盖后铺设。

10.4.2 检 测

1. 施工精度要求

土钉墙的施工精度应符合下列要求：

（1）土钉位置的允许偏差应为 100 mm。

（2）土钉倾角的允许偏差应为 3°。

（3）土钉杆体长度不应小于设计长度。

（4）钢筋网间距的允许偏差应为 ±30 mm。

（5）微型桩桩位的允许偏差应为 50 mm。

（6）微型桩垂直度的允许偏差应为 0.5%。

2. 质量检测

土钉墙的质量检测应符合下列规定：

（1）应对土钉的抗拔承载力进行检测，土钉检测数量不宜少于土钉总数的 1%，且同一土层中的土钉检测数量不应少于 3 根；对安全等级为二级、三级的土钉墙，抗拔承载力检测值分别不应小于土钉轴向拉力标准值的 1.3 倍、1.2 倍；检测土钉应采用随机抽样的方法选取；检测试验应在注浆固结体强度达到 10 MPa 或达到设计强度的 70% 后进行；当检测的土钉不合格时，应增加检测数量。

（2）应进行土钉墙面层喷射混凝土的现场试块强度试验，每 500 m^2 喷射混凝土面积的试验数量不应少于一组，每组试块不应少于 3 个。

（3）应对土钉墙的喷射混凝土面层厚度进行检测，每 500 m^2 喷射混凝土面积的检测数量不应少于一组，每组的检测点不应少于 3 个；全部检测点的面层厚度平均值不应小于厚度设计值，最小厚度不应小于厚度设计值的 80%。

（4）复合土钉墙中的预应力锚杆，应按锚杆检测的相关规定进行抗拔承载力检测。

（5）复合土钉墙中的水泥搅拌桩或旋喷桩用作截水帷幕时，应按基坑地下水控制的相关要求进行质量检测。

10.4.3 监 测

1. 土钉墙施工监测内容

土钉墙施工监测至少应包括以下内容：

（1）支护位移的量测。

（2）地表开裂状态（位置、裂宽）的观测。

（3）附近建筑物和重要管线等设施的变形测量和裂缝观察。

（4）工程渗水、漏水以及地下水位变化的监测。

2. 土钉墙的施工监测要求

（1）在土钉墙施工阶段，每天监测不少于 1 ~ 2 次；在完成基坑开挖、变形趋于稳定的情况下可适当减少监测次数。施工监测工程应持续至整个工程竣工为止。

（2）监测点位置应选在变形最大或局部地质条件不利地段；测点数不宜少于 3 个，间距不宜大于 30 m；测试仪器宜选用精密水准仪和精密经纬仪。

（3）应特别加强持续降雨期内和雨后的监测，并对各种可能危及支护结构安全的水害来源进行仔细观察。

（4）在施工开挖工程中，基坑顶部的侧向位移与当时的开挖深度之比超过 3‰（砂土中）和 3‰ ~ 5‰（一般黏性土中）时，应密切加强观察、分析原因并及时对支护采取加固措施，必要时应修改设计，调整施工工序，或增用其他支护方法。

第 11 章　锚杆挡墙

11.1 概　述

锚杆挡墙是由钢筋混凝土肋柱、挡土板和锚杆组成，或者是由钢筋混凝土面板及锚杆组成的支挡结构物。它不是依靠自重保持稳定，而是靠锚杆拉力来平衡土压力以保持结构物的稳定。常见的锚杆挡墙主要有两种形式：柱板式和壁板式，见图 11-1。

柱板式锚杆挡土墙由挡土板、肋柱和锚杆组成，见图 11-1（a）。肋柱是挡土板的支座，锚杆是肋柱的支座。墙后土压力直接作用在挡土板上，并通过挡土板传给肋柱，再由肋柱传给锚杆，锚杆通过锚固端与周围岩（土）体间的锚固力使之达到平衡，以保持墙后土体的稳定。

壁板式锚杆挡土墙由墙面板和锚杆两大部分组成，见图 11-1（b）。墙面板直接与锚杆相连，并以锚杆为支撑。土压力直接作用于墙面板，并通过墙面板传给锚杆，锚杆同样是通过锚固力来保持墙后土体稳定。

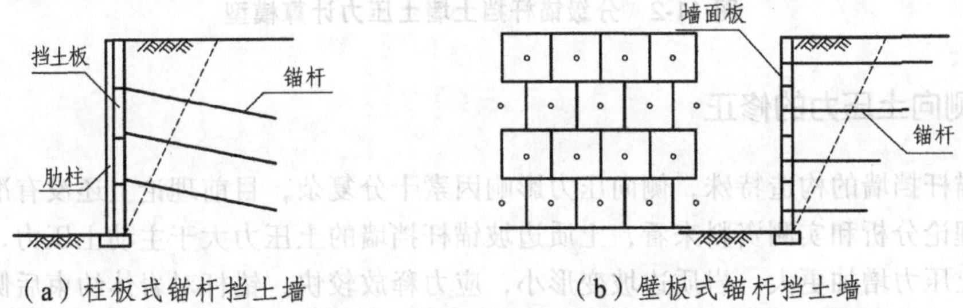

图 11-1　锚杆挡土墙的类型

锚杆挡墙可用作边坡的支挡结构物，也可作为地下工程的临时支撑，在国内外得到广泛应用。其具有以下优点：① 结构轻型，可节约大量圬工，降低工程投资；② 便于机械化、装配化施工，可降低劳动强度，提高劳动效率；③ 对地基强度要求低，无需大量开挖基坑，利于施工安全；④ 对于开挖工程可避免内支撑，有利于扩大基坑内部工作面，便于工程施工。但是，锚杆挡墙也有一些不足之处，如施工工艺要求较高，要有钻孔、灌浆等配套的专用机械设备，且要耗用一定的钢材。

11.2 土压力计算及分布

11.2.1 侧向土压力计算

锚杆挡墙可根据地形设计为单级或多级（见图 11-2），每一级墙高不宜大于 8 m，具体高度应视地形、地质和施工条件而定。对于多级挡土墙，应利用延长墙背法分别计算每一级墙背的土压力。在计算上级墙背土压力时，视下级墙为稳定结构，不考虑其对上级墙的影响；但在计算下级墙背土压力时，应考虑上级墙的影响。

目前设计中大多仍按库仑主动土压力理论近似计算。为简化计算，可近似按图中实线所示的土压力分布图考虑（见图 11-2），即土压力分布简化为三角形或梯形分布。

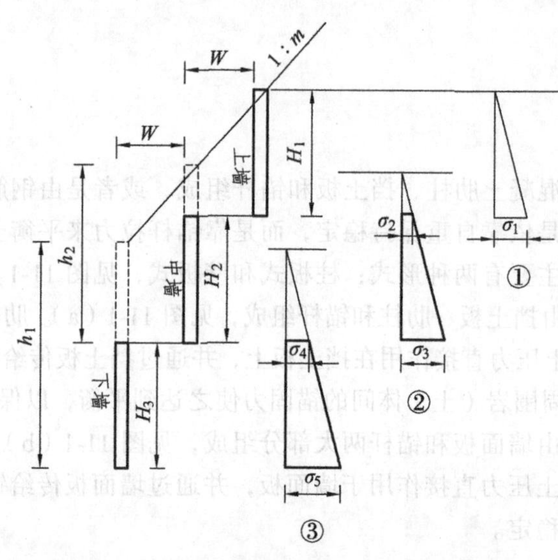

图 11-2 分级锚杆挡土墙土压力计算模型

11.2.2 侧向土压力的修正

由于锚杆挡墙的构造特殊，侧向压力影响因素十分复杂，目前理论上还没有准确的计算方法。从理论分析和实测资料来看，土质边坡锚杆挡墙的土压力大于主动土压力，采用预应力锚杆时土压力增加更大。岩质边坡变形小，应力释放较快，锚杆对岩体约束后侧向压力增大不明显。为了反映锚杆挡墙侧向土压力的增大，《建筑边坡工程技术规范》（GB50330—2002）给出了土压力增大系数，并规定坡顶无建（构）筑物且不需进行边坡变形控制时，锚杆挡墙侧向土压力按下式计算：

$$P'_{ax} = P_{ax}\xi \tag{11-1}$$

式中 P'_{ax}——侧向岩土压力合力水平分力修正值，kN；

P_{ax}——侧向主动岩土压力合力水平分力设计值，kN；

ξ——锚杆挡土墙侧向岩土压力修正系数，根据表 11-1 确定。

表 11-1 锚杆挡土墙侧向岩土压力修正系数

锚杆类型 岩土类型	非预应力锚杆			预应力锚杆	
	土层锚杆	自由段为土层的岩石锚杆	自由段为岩层的岩石锚杆	自由段为土层	自由段为岩层
ξ	1.1 ~ 1.2	1.1 ~ 1.2	1.0	1.2 ~ 1.3	1.1

注：当锚杆变形计算值较小时取大值，较大时取小值。

11.2.3　侧向土压力的分布

影响锚杆挡墙侧向土压力分布图形的因素复杂，主要有填方或挖方、挡墙位移大小与方向、锚杆层数及弹性大小、是否采用逆作法施工、墙后岩土类别和软硬情况等。不同条件下土压力分布图形不同，根据《建筑边坡工程技术规范》（GB 50330—2002）有：

（1）填方式锚杆挡墙和单排锚杆的土层锚杆挡墙的侧压力，可近似按库仑理论取为三角形分布。

（2）对岩质边坡以及坚硬、硬塑状黏土和密实、中密砂土类边坡，采用逆作法施工的、柔性结构的多层锚杆挡墙，侧压力分布可近似按图 11-3 确定。图中 e_{hk} 按下式计算：

对岩质边坡：

$$p_{hk} = \frac{P_{hk}}{0.9H} \tag{11-2}$$

对土质边坡：

$$p_{hk} = \frac{P_{hk}}{0.875H} \tag{11-3}$$

式中　p_{hk}——侧向岩土压力合力水平分力标准值，kN/m^2；

P_{hk}——侧向岩土压力合力水平分力标准值，kN/m；

H——挡土墙高度，m。

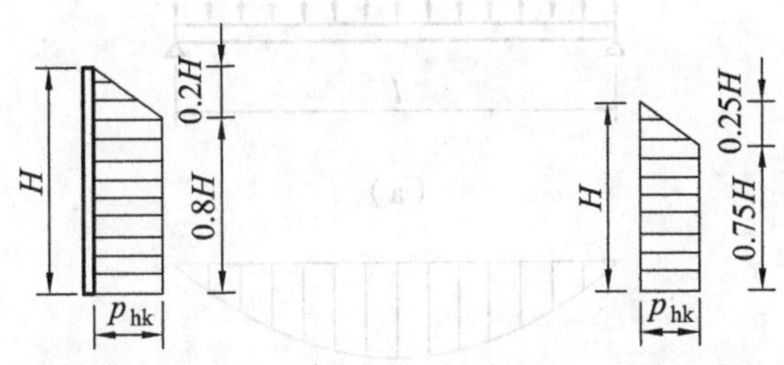

（a）岩质边坡土压力分布　　（b）土质边坡土压力分布

图 11-3　锚杆挡土墙侧压力分布

11.3　柱板式锚杆挡土墙设计（公路挡土墙设计）

柱板式挡墙设计内容包括挡土板的设计、肋柱的设计和锚杆的设计三大部分。

11.3.1　挡土板的设计

1. 挡土板的构造

挡土板一般采用钢筋混凝土槽形板、矩形板和空心板，有时也采用拱形板，大多为预制件。挡土板的厚度不得小于 0.2 m；宽度视吊装设备的能力而定，但不得小于 0.3 m，通常为

0.5 m；长度比肋柱间距短 0.1 ~ 0.12 m，与肋柱的搭接长度不小于 0.1 m。预制挡土板的混凝土强度不低于 C20。

2. 挡土板承受的荷载和内力计算

挡土板直接承受土压力，其设计荷载可取板所处位置的岩土压力值。在设计中一般将挡土板自上而下分为若干个区段，并按区段内最大荷载进行计算，如图 11-4 所示。

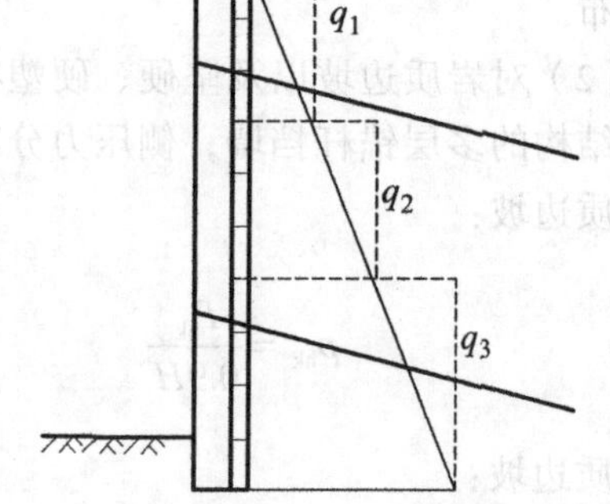

图 11-4 挡土板土压力分布及计算区段

挡土板可按两端支承在肋柱上的简支梁，计算跨度为挡土板两端肋柱中心的距离。计算图式如图 11-5 所示，其跨中最大弯矩 $M_{\max}$（kN·m）和最大剪力 $Q_{\max}$（kN）分别为

$$M_{\max}=\frac{1}{8}ql^2 \tag{11-4}$$

$$Q_{\max}=\frac{1}{2}ql \tag{11-5}$$

式中 l——计算跨径，即肋柱间净距加一个搭接长度（m）；

q——土的压力，即挡土板范围内的土压力（kN/m）。

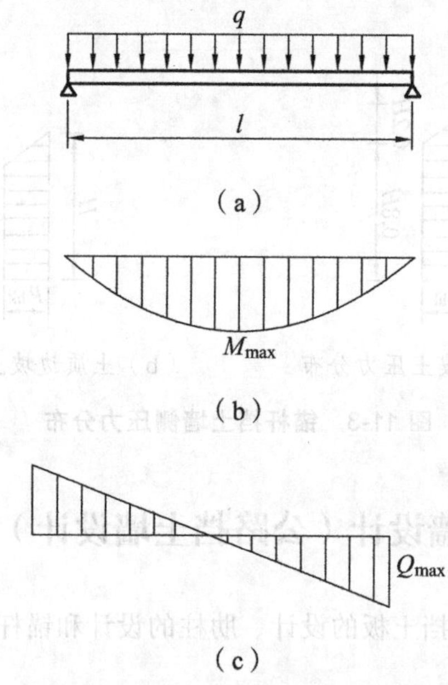

图 11-5 挡土板视为简支梁时内力计算图式

如果挡土板较长，中间有肋柱，则应将中间肋柱视为中间支座，挡土板按连续梁计算。如果采用拱形板预制构件，挡土板可按双铰拱板计算内力。具体的计算方法可参考相关文献。

11.3.2　肋柱的设计

1. 肋柱的构造与设计

肋柱截面通常为矩形或 T 形，既可以预制，也可以就地浇筑。肋柱沿墙长方向的宽度不小于 0.3 m；肋柱间距应根据工点的地形、地质、施工条件和锚杆抗拔力等因素综合确定，一般为 2.0 ~ 3.0 m。预制挡土板的混凝土强度不低于 C20。

肋桩的底端视地基承载力的大小和埋置深度不同，可设计成自由端、铰支端或固定端。通常地基条件较差，挡土墙高度不大时，肋柱底端可按自由端考虑。当为自由端时，肋柱所受侧压力全部由锚杆承受，基础仅需做简单处理。如果地基条件稍好，要求肋柱基础有一定埋深时，肋柱底端可按铰支端考虑。当为铰支端时，肋柱所受的侧压力有少部分由地基承受，可减少锚杆所受的拉力。若肋柱基础埋置较深，且地基为坚硬的岩石时，可以按固定端考虑。这样对减少锚杆受力较为有利，但固定端处的弯矩和剪力较大，且施工中较难满足设计要求。

肋柱的截面尺寸应根据截面弯矩确定，并满足构造要求。截面配筋一般采用双向配筋，并在肋柱内、外侧配置通长的主要受力钢筋。配筋设计包括：① 按最大正负弯矩决定纵向受拉钢筋截面面积；② 计算斜截面的抗剪强度，确定箍筋数量、间距以及抗剪斜钢筋的截面面积与位置；③ 抗裂性计算。

2. 肋柱的内力计算

肋柱承受由锚杆传递过来的土压力。肋柱上锚杆层数以及肋柱基础嵌固程度不同，其内力计算也不相同。当为双排锚杆，肋柱底端为自由端时，可按简支悬臂梁计算；当为三层或三层以上锚杆，或者肋柱底端为铰支或固定端，锚杆为多层（含两层）时，应按连续梁计算。

（1）肋柱为双支点悬臂梁时的内力计算。

计算图式如图 11-6 所示。

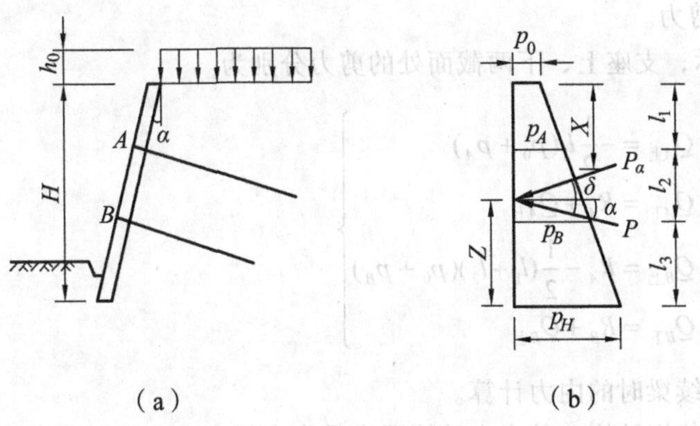

图 11-6　肋柱视为双支点悬臂梁时内力计算图式

① 肋柱支承反力。

如图 11-6 所示，根据静力平衡方程，A、B 处支承反力分别为

$$\left.\begin{aligned} R_A &= \frac{P(Z-l_3)}{l_2} \\ R_B &= \frac{P(l_2+l_3-Z)}{l_2} \end{aligned}\right\} \tag{11-6}$$

式中 P——作用于肋柱上的土压力（kN），这里

$$P = \frac{1}{2}(p_0 + p_H)H$$

$$p_0 = \gamma h_0 K_a L \cos\delta$$

$$p_H = \gamma(h_0 + H) K_a L \cos\delta$$

其中 δ——墙背摩擦角，°；

γ——填土容重，kN/m³；

Z——土压力的作用点至肋柱底端的高度（m），这里，$Z > l_3$；

L——肋柱间距，m。

② 肋柱弯矩。

如图 11-6 所示，根据土压力分布特点，支座处弯矩的计算按矩形和三角形两部分进行计算。A、B 支座处的弯矩分别为

$$\left.\begin{aligned} M_A &= -\frac{1}{2}p_0 l_1^2 - \frac{1}{6}(p_A - p_0)l_1^2 \\ M_B &= -\frac{1}{2}p_B l_3^2 - \frac{1}{6}(p_H - p_B)l_3^2 \end{aligned}\right\} \tag{11-7}$$

A、B 两支座间任意截面上的弯矩为

$$M_{AB} = R_A(x - l_1) - \frac{p_0}{2}x^2 - \frac{p_H - p_0}{6H}x^3 \tag{11-8}$$

式中 x——A、B 两支座间任一截面至肋柱顶的距离，m。

③ 肋柱支座剪力。

如图 11-6 所示，支座上、下两截面处的剪力分别为

$$\left.\begin{aligned} Q_{A上} &= -\frac{1}{2}l_1(p_0 + p_A) \\ Q_{A下} &= R_A + Q_{A上} \\ Q_{B上} &= R_A - \frac{1}{2}(l_1 + l_2)(p_0 + p_B) \\ Q_{B下} &= R_B + Q_{B上} \end{aligned}\right\} \tag{11-9}$$

（2）肋柱为连续梁时的内力计算。

连续梁属于超静定结构，其内力计算通常是先求得支座弯矩，再根据静力平衡条件计算各截面弯矩、剪力及各支座反力。

刚性支承连续梁支座弯矩值可采用三弯矩方程进行计算，具体推导过程可参考《材料力学》，其基本方程为

$$M_{n-1}l_n+2M_n(l_n+l_{n+1})+M_{n+1}l_{n+1}=-\frac{6\omega_n a_n}{l_n}-\frac{6\omega_{n+1}b_{n+1}}{l_{n+1}} \tag{11-10}$$

式中 M_n——支座 n 的弯矩，kN · m；

l_n——支座 $(n-1)$ 与支座 n 之间的跨度，m；

ω_n——跨度 l_n 内弯矩图面积，m^2；

a_n——外载荷单独作用下，跨度 l_n 内弯矩图面积的形心到左端的距离，m；

b_n——外载荷单独作用下，跨度 l_{n+1} 内弯矩图面积的形心到右端的距离，m。

对于连续梁的每一个中间支座，都可以列出一个三弯矩方程［式（11-10）］，从而求得全部中间支座的弯矩值。再根据静力平衡条件，按单跨简支梁计算跨中弯矩和剪力以及各支座反力。

3. 肋柱底端支承应力验算

（1）肋柱底端地基承载力计算。

肋柱底端作用于地基的压力 (σ) 必须不大于地基承载力设计值 (f_a)，即

$$\sigma=\frac{\sum N'}{ab}\leqslant f_a \tag{11-11}$$

式中 $\sum N'$——作用于肋柱底端的轴向力，kN；

ab——肋柱底端截面面积（m^2），其中 a 为沿墙长方向肋柱的宽度，m。

肋柱所受的轴向力由三部分组成，即锚杆拉力在肋柱轴向的分力、土压力在肋柱轴向的分力和肋柱自重。其中，锚杆拉力在肋柱轴向的分力对其影响最大。因此，在地基承载力较小地区，锚杆倾角要尽量小；否则，会导致锚杆拉力在肋柱轴向的分力显著增大而引起地基破坏。

（2）基脚侧向应力验算。

当肋柱基脚视为固定端时，作用于肋柱基脚的力有支座弯矩 (M_0) 和反力 (R_0)。为简化计算，假定支座反力作用点在基脚埋深 (h_D) 的中点，见图 11-7。肋柱基脚侧向的最大应力 (σ_{max}) 为

$$\sigma_{max}=\frac{R_0\cos\alpha}{ah_D}+\frac{6M_0}{ah_D^2}\leqslant[\sigma_h]=1.2f_h \tag{11-12}$$

式中 $[\sigma_h]$——地基侧向容许应力，kN；

f_h——地基侧向承载力设计值（kN），

$$f_h=K\cdot f_a$$

其中 K——地基坚硬程度的系数，视地基软、硬程度取 0.5 ~ 1.0。

由式（11-12）可确定肋柱的埋置深度：

$$h_D\geqslant\frac{R_0\cos\alpha+\sqrt{R_0^2\cos^2\alpha+24a[\sigma_h]M_0}}{2a[\sigma_h]} \tag{11-13}$$

当肋柱基脚为铰支端时，肋柱基脚的支座弯矩 M_0 为零，肋柱基脚侧向的最大应力 (σ_{max}) 和肋柱的埋置深度 (h_D) 仍可分别采用式（11-12）和（11-13）进行计算。

当肋柱基脚为自由端时，基脚侧向应力无需验算。

（3）基脚底抗剪验算。

肋柱除了埋置深度需满足侧向土的支承反力要求外，前缘还应有足够的抗剪切破坏的水平距离 l'（见图 11-8）：

$$l' \geqslant \frac{R_0 \cos\alpha}{a\tau_v} \tag{11-14}$$

式中 τ_v ——地基土抗剪强度设计值，kPa。

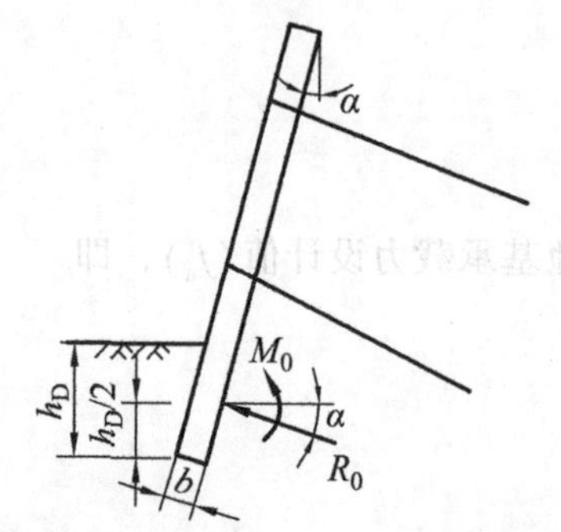

图 11-7 肋柱基脚侧向应力验算图式

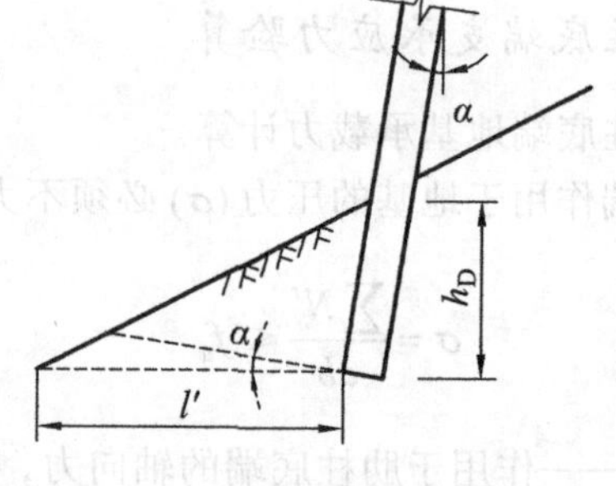

图 11-8 地基前缘水平距离估算

11.3.3 锚杆的设计

1. 锚杆抗拔力计算

锚杆抗拔力的确定是锚杆挡墙设计的基础，它与锚固的形式、地层的性质、锚孔的直径、有效锚固段的长度以及施工方法、填注材料等因素有关。目前，还没有从理论上确定锚杆抗拔力的理想方法，普遍采用的方法是根据以往的施工经验、理论计算值与拉拔试验结果综合加以确定。

（1）摩擦型灌浆锚杆抗拔力。

摩擦型锚杆是靠锚固体与孔壁之间的摩擦力起锚固作用的锚杆。通常情况下，这种锚杆利用水泥砂浆将一组粗钢筋（锚杆）锚固在稳定地层中，中心受拉钢筋将所承受的拉力传递到锚杆周边的锚固体中，然后再通过锚固段传递到周边稳定地层中，见图 11-9。若要保证摩擦型灌浆锚杆起作用，必须同时满足以下三个条件：① 锚杆本身有足够的抗拉强度；② 锚固段的砂浆对锚杆有足够的握裹力；③ 锚固段地层对锚固体砂浆有足够的摩擦力。

锚固体周边的介质不同，对锚杆抗拔力起决定性作用的因素不同。对于岩层中的锚杆，由于岩层的强度一般要大于锚固体砂浆的强度，岩层孔壁砂浆的摩阻力大于砂浆对锚杆的握裹力。因此，完整硬质岩层中的锚杆抗拔力主要取决于砂浆对锚杆的握裹力。锚杆的极限抗拔力 (T_u) 为

$$T_u = \pi d L_e u \tag{11-15}$$

式中　d——锚杆直径，m；

L_e——锚杆的有效锚固长度，m；

u——砂浆对锚杆的平均握裹应力，kPa。

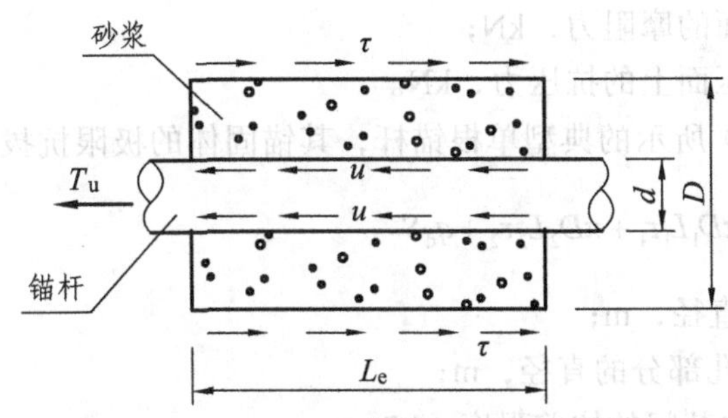

图 11-9　摩擦型锚杆锚固段的受力状态

对于土层中的锚杆，由于锚杆孔壁土层强度一般小于砂浆的强度，孔壁对砂浆的摩阻力一般小于砂浆对锚杆的握裹力。因此，在风化岩层和土层中的锚杆抗拔力主要取决于锚固段地层对锚固段所产生的摩阻力。锚杆的极限抗拔力 (T_u) 为

$$T_u = \pi D L_e \tau \tag{11-16}$$

式中　D——锚杆钻孔的直径，m；

τ——锚固段周边砂浆与孔壁的平均抗剪强度，kPa。

锚固段周边砂浆与孔壁的平均抗剪强度 (τ) 取决于地层特性、灌浆质量等。在没有试验数据的情况下，可参考表 11-2 中的统计数据。

表 11-2　孔壁对砂浆的极限抗剪强度

锚固段地层类型	抗剪强度/kPa
风化砂岩与页岩互层、灰质页岩、泥质页岩	150 ~ 250
细砂及粉砂质泥岩	200 ~ 400
薄层灰岩夹页岩	400 ~ 600
薄层灰岩夹石灰质页岩、风化灰岩	600 ~ 800
黏性土、砂性土	60 ~ 130
软岩土	20 ~ 30

（2）扩孔型灌浆锚杆抗拔力。

土层锚杆孔壁对砂浆的摩阻力取决于接触面外围土层的抗剪强度。锚杆外围土的抗剪强度除与土的强度指标 $(c、\varphi)$ 有关外，还与孔壁周边的法向压力有关。为了提高孔壁周边的法向压力，可采用特殊的高压灌浆工艺。但如果在松软的土层中进行高压灌浆，其所产生的局部应力会逐渐扩散减小，法向压力的增大有限。因此，在松软地层中往往采用扩孔的方法来增大锚杆的抗拔力。

扩孔型灌浆锚杆极限抗拔力的计算可采用压缩桩法或柱状剪切法。压缩桩法把锚杆极限抗拔力 (T_u) 视为锚固体侧面的摩阻力以及断面突出部分的抗压力之和。计算公式的基本

形式为

$$T_u = F + Q \tag{11-17}$$

式中 F——锚固体侧面的摩阻力，kN；

Q——锚固体受压面上的抗压力，kN。

对于如图 11-10（a）所示的典型单根锚杆，其锚固体的极限抗拔力为

$$T_u = \pi D_1 L_1 \tau_1 + \pi D_2 L_2 \tau_2 + q_d S \tag{11-18}$$

式中 D_1——锚固体的直径，m；

D_2——锚固体扩孔部分的直径，m；

τ_1——锚固体与地基间的抗剪强度，kPa；

τ_2——锚固体扩孔部分与地基间的抗剪强度，kPa；

S——锚固体扩孔部分受压面积，m^2；

q_d——锚固体扩大部分的极限承载力，kPa。

需要说明的是，式（11-18）中计算的锚杆极限抗拔力是最大摩擦阻力和扩孔部分最大抗压力之和。实际上，锚固体的极限抗拔力不可能达到摩擦阻力与抗压力全部充分发挥的程度。因此，这样计算的结果偏大，夸大了锚杆的抗拔力，是不安全的。为此，在考虑锚固体构造和形状的同时，应预测锚杆各部分在设计荷载作用下的受力状态，以判断 τ 和 q_d 的取值。

桩状剪切法是假定锚杆在拉拔力的作用下，锚固体扩大部分受压土体沿锚杆轴线方向作柱状剪切破坏，见图 11-10（b）。锚固体的极限抗拔力为

$$T_u = \pi D_2 L_1 \tau_1 + \pi D_2 L_2 \tau_2 \tag{11-19}$$

式中 τ_t——锚固体扩大部分受压滑动土体与其周界土体间的抗剪强度，kPa。

τ_t 值也是根据地区统计资料或现场拉拔试验数值确定。

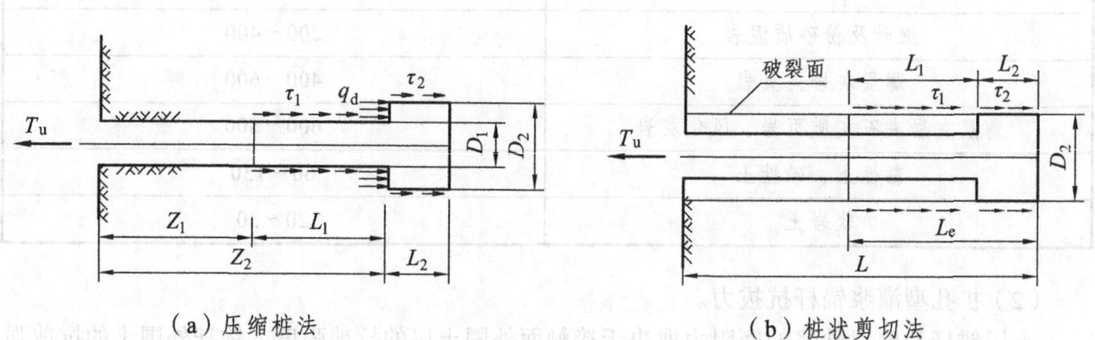

（a）压缩桩法　　（b）桩状剪切法

图 11-10 单根锚杆极限抗拔力计算模型

2. 锚杆截面设计

锚杆截面主要由锚杆所受拉力和锚杆所用材料决定。作用于肋柱上的侧向压力主要由锚杆承受，锚杆为轴心受拉构件。根据《建筑边坡工程技术规范》（GB50330—2002），锚杆的轴向拉力标准值（N_{ak}）和设计值（N_a）可按下式计算：

$$N_{ak} = \frac{H_{tk}}{\cos\alpha} \tag{11-20}$$

$$N_a = \gamma_Q N_{ak} \tag{11-21}$$

式中 H_{tk}——锚杆所受水平拉力标准值，kN；

α——锚杆倾角，°；

γ_Q——荷载分系数，可取 1.30，当可变荷载较大时应按现行荷载规范确定。

根据锚杆轴向拉力设计值可确定锚杆钢筋的截面面积。锚杆钢筋截面面积 (A_s) 应满足下式的要求：

$$A_s \geqslant \frac{\gamma_0 N_a}{\xi_1 f_y} \tag{11-22}$$

式中 ξ_1——钢筋抗拉工作条件系数，永久性锚杆取 0.69，临时性锚杆取 0.92；

γ_0——边坡工程重要性系数；

f_y——钢筋抗拉强度设计值，kPa。

锚杆钢筋截面面积除满足强度要求外，还需考虑防锈安全储备。通常情况下，锚杆的直径应增大 2 mm；如地下水有侵蚀性，则增大 3 mm，以增强锚杆的耐久性。

3. 锚杆长度设计

锚杆总长度应为锚固段、锚杆由自由段（非锚固段）和外锚段的长度之和。锚杆自由段不提供抗拔力，其长度按外锚头到潜在滑裂面的长度计算确定。锚固段提供锚固抗拔力，其长度应根据锚杆轴向拉力的要求，结合锚固段地层性质和锚杆类型综合确定。根据《建筑边坡工程技术规范》（GB 50330—2002），锚杆锚固体与地层的锚固长度 (l_a) 应满足下式要求：

$$l_a \geqslant \frac{N_{ak}}{\xi_2 \pi D f_{rb}} \tag{11-23}$$

锚杆钢筋与锚固砂浆间的锚固长度 (l'_a) 应满足下式要求：

$$l'_a \geqslant \frac{\gamma_0 N_a}{\xi_3 n \pi d f_b} \tag{11-24}$$

式中 D——锚固体直径，m；

d——锚杆钢筋直径，m；

γ_0——边坡工程重要性系数；

n——钢筋根数，根；

f_{rb}——地层与锚固体黏结强度特征值，应通过试验确定，当无试验资料时可按表 11-3 和表 11-4 取值（kPa）；

f_b——钢筋与锚固砂浆间的黏结强度设计值，应由试验确定，当无试验资料时可按表 11-5 取值（kPa）；

ξ_2——锚固体与地层黏结工作条件系数，对永久性锚杆取 1.00，对临时性锚杆取 1.33；

ξ_3——钢筋与砂浆黏结强度工作条件系数，对永久性锚杆取 0.60，对临时性锚杆取 0.72。

锚杆杆体与锚固材料之间的锚固力一般高于锚固体与土层间的锚固力。因此，土层锚杆锚固段长度计算结果一般由式（11-23）控制。极软岩和软质岩中的锚固破坏一般发生于锚固体与岩层间；硬质岩中的锚固端破坏可发生在锚杆杆体与锚固体材料之间。因此，岩石锚杆锚固段长度应分别按式（11-23）和式（11-24）计算，取其中大值。同时，土层锚杆的锚固段长度不应小于 4 m，且不宜大于 10 m；岩石锚杆的锚固长度不应小于 3 m，且不宜大于 45D 和 6.5 m。如果计算锚固长度超过上述数值时，应采取改善锚固段岩体质量、改变锚头构造或扩大锚固段直径等技术措施，提高锚固力。

表 11-3 岩石与锚固体黏结强度特征值

岩石类型	f_{rb}/kPa	岩石类型	f_{rb}/kPa
极软岩	135～180	较硬岩	550～900
软 岩	180～380	坚硬岩	900～1 300
较软岩	380～550		

注：① 表中数值适用于注浆强度等级为 M30；
② 表中数据仅适用于初步设计；
③ 岩体结构面发育时，取表中下限值；
④ 表中岩石类型根据天然单轴抗压强度 f_r 划分：$f_r<5$ MPa 为极软岩，5 MPa $\leqslant f_r<15$ MPa 为软岩，15 MPa $\leqslant f_r<30$ MPa 为较软岩，30 MPa $\leqslant f_r<60$ MPa 为较硬岩，$f_r\geqslant 60$ MPa 为坚硬岩。

表 11-4 土体与锚固体黏结强度特征值

土层种类	土的状态	f_{rb}/kPa	土层种类	土的状态	f_{rb}/kPa
黏性土	坚 硬	32～40	砂 土	中 密	70～105
	硬 塑	25～32		密 实	105～140
	可 塑	20～25	碎石土	稍 密	60～90
	软 塑	15～20		中 密	80～110
砂 土	松 散	30～50		密 实	110～150
	稍 密	50～70			

注：① 表中数值适用于注浆强度等级为 M30；
② 表中数据仅适用于初步设计。

表 11-5 钢筋、钢绞线与砂浆之间的黏结强度设计值 f_b（MPa）

锚杆类型	水泥浆或水泥砂浆强度等级		
	M25	M30	M35
水泥砂浆与螺纹钢筋间	2.10	2.40	2.70
水泥砂浆与钢绞线、高强度钢丝间	2.75	2.95	3.40

注：① 当采用二根钢筋点焊成束时，黏结强度应乘 0.85 折减系数；
② 当采用三根钢筋点焊成束时，黏结强度应乘 0.70 折减系数；
③ 成束钢筋的根数不应超过 3 根，钢筋截面总面积不应超过锚孔面积的 20%。

4. 锚杆与肋柱的连接

当肋柱就地灌注时，锚杆必须插入肋柱内，并保证锚固长度满足钢筋混凝土结构规范的要求。当肋柱采用预制拼装时，锚杆与肋柱之间的连接形式有三种（见图 11-11）：① 螺栓连接；② 弯钩锚固；③ 焊短钢筋锚固。同时外露部分用砂浆包裹加以保护。

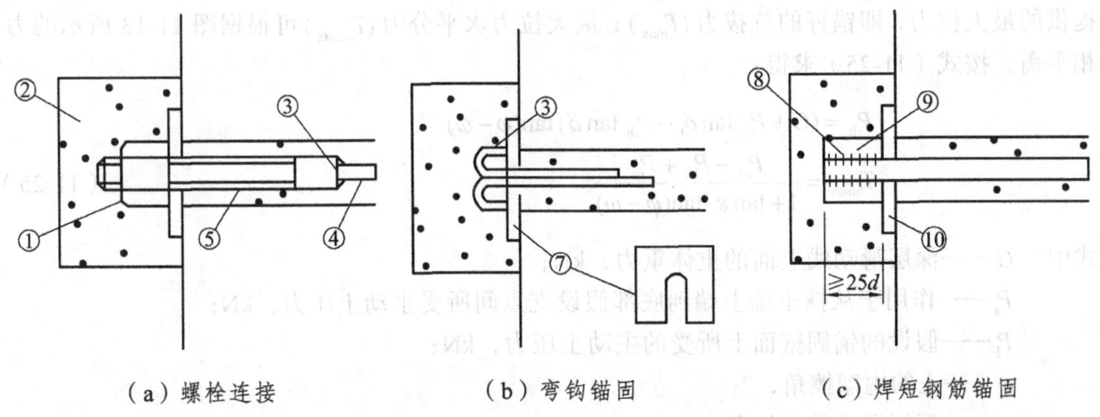

图 11-11　锚杆与肋柱的连接形式

5. 锚杆的倾斜度

从受力的角度来看，锚杆水平布置效果最好。但是这种锚杆不能保证灌浆的密实度，有时也无法避开邻近的地下管道或浅层不良土层等。如果锚杆倾斜度过大，抗拔力会大大减小，而肋柱竖直方向压力明显增大，导致结构位移加大。因此，锚杆在地层中一般都沿水平向下倾斜一定的角度布置。具体的倾斜角度应根据施工机具、岩层稳定情况、肋柱受力条件以及挡土墙的要求而定，通常在 10°～35°。

6. 锚杆的防腐设计

锚杆挡墙必须在有效期内保持结构稳定。其中，最关键的就是锚杆的防腐处理。锚杆防腐保护的有效期应当等于锚杆的有效期。锚杆的防腐措施必须保证自由段能自由移动，所有的荷载都能自由地传递到锚固段。同时防腐措施要有足够的强度和韧性，保证锚杆受力时不致被破坏。

锚杆的防腐措施：自由段目前多采用沥青浸麻布包裹的方法。首先在钢筋表面涂两层防锈油漆或船底漆，然后缠裹用热沥青浸透的玻璃纤维布两层，以完全隔绝钢筋与水和空气的接触。锚固段以灌浆或高强度树脂充填锚杆孔，对锚固段加以保护。锚杆头可封闭在混凝土中，并有足够防护覆盖物。

11.4　锚杆及构筑物稳定性验算

锚杆及构筑物的稳定性验算，通常可采用 Kranz 法。下面介绍利用该方法进行单排和多排锚杆支承时的稳定性验算。

11.4.1 单排锚杆支承时的稳定性验算

采用的 Kranz 法如图 11-12 所示，由锚固体中点 C 向挡土结构下端假想支点 B 连一直线，并假定 BC 直线为深部滑动线，再通过 C 点垂直向上作直线 CD。这样 $ABCD$ 块体上除作用有自重 G 外，还作用有 P_a、P_1 和 Q。当块体处于平衡状态时，可利用力多边形求得锚杆所能提供的最大拉力，即锚杆的抗拔力（T_{max}）；最大拉力水平分力（$T_{h\max}$）可根据图 11-13 所示的力相平衡，按式（11-25）求得：

$$
\begin{aligned}
P_{rh} &= (G + P_{1h}\tan\delta_1 - P_{ah}\tan\delta)\tan(\varphi-\omega) \\
T_{hmax} &= \frac{P_{ah} - P_{1h} + P_{rh}}{1+\tan\varepsilon\cdot\tan(\varphi-\omega)}
\end{aligned}
\tag{11-25}
$$

式中 G——深层滑动线上面的土体重力，kN；

P_a——作用于从挡土墙上端到底部假设支点间所受主动土压力，kN；

P_1——假设的锚固壁面上所受的主动土压力，kN；

φ——土的内摩擦角，°；

ω——深层滑动线的倾角，°；

δ——墙与填土间的墙背摩擦角，°；

δ_1——假想墙背摩擦角（°），$\delta_1=\varphi$；

ε——锚杆的倾角，°。

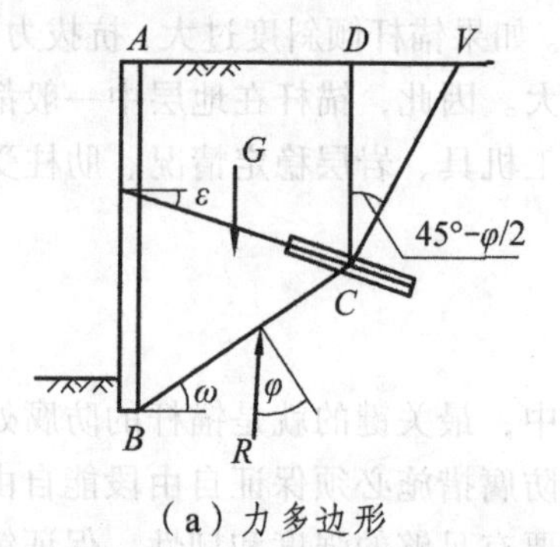

（a）力多边形

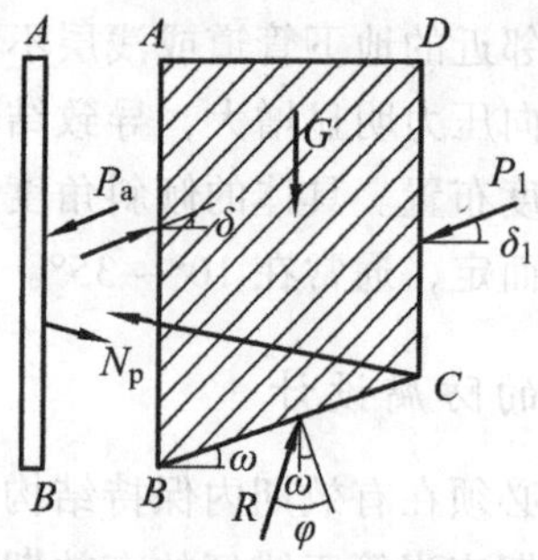

（b）力多边形几何关系

图 11-12 Kranz 法稳定性验算示意图

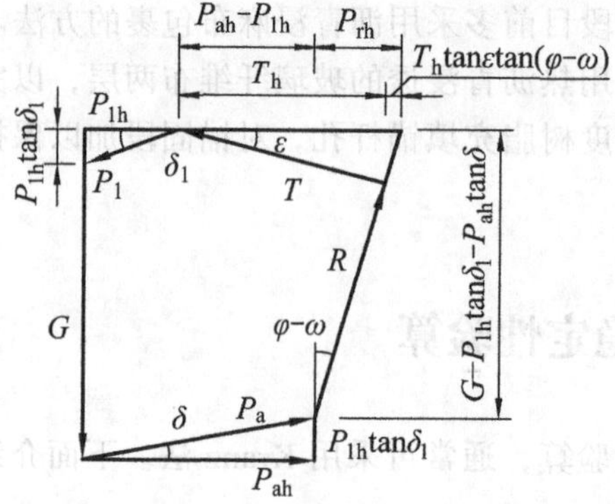

图 11-13 力多边形及其几何关系图

锚杆所能提供的最大拉力的水平分力 (T_{hmax}) 与设计水平力之比为安全系数，见式（11-26）。一般应确保该安全系数在 1.2 ~ 1.5。

$$K_{\mathrm{s}}=\frac{T_{\mathrm{hmax}}}{N_{\mathrm{ah}}} \tag{11-26}$$

式中 K_{s}——深层滑动稳定安全系数，一般应确保该安全系数为 1.2 ~ 1.5；

N_{ah}——锚杆轴向拉力设计值的水平分力，kN。

11.4.2 多排锚杆支承时的稳定性验算

单排锚杆支承时的 Kranz 简易计算方法也适用于多排锚杆支承的情况，但需考虑锚杆集合效应。这就需要验算锚固体中点至假设支点间多个滑动面的安全系数是否能满足稳定性要求。下面简要介绍双排锚杆支承时四种配置的稳定性验算方法。这四种配置分别是：① 上排锚杆短下排锚杆长；② 上排锚杆长下排锚杆短；③ 上排锚杆锚固体在下排锚杆滑动楔体的外侧；④ 锚固地层很深，上排锚杆很长。

1. 第一种情况

如图 11-14 所示，上排锚杆的稳定性可由滑动面 BCD 及斜线部分地层 $ABCE$ 相关力的平衡求得。滑面 CD 是通过锚固体中点（C）的垂直假想墙背（CE）的主动破裂面。此时滑面的安全系数可用下式求得

$$K_{\mathrm{s}(BC)}=\frac{T_{\mathrm{h}(BC)\max}}{N_{\mathrm{ah}(BC)}} \tag{11-27}$$

式中 $K_{\mathrm{s}(BC)}$——深层滑动面 BC 稳定安全系数；

$T_{\mathrm{h}(BC)\max}$——上层锚杆所能提供最大拉力的水平分力，kN；

$N_{\mathrm{ah}(BC)}$——上层锚杆轴向拉力设计值的水平分力，kN。

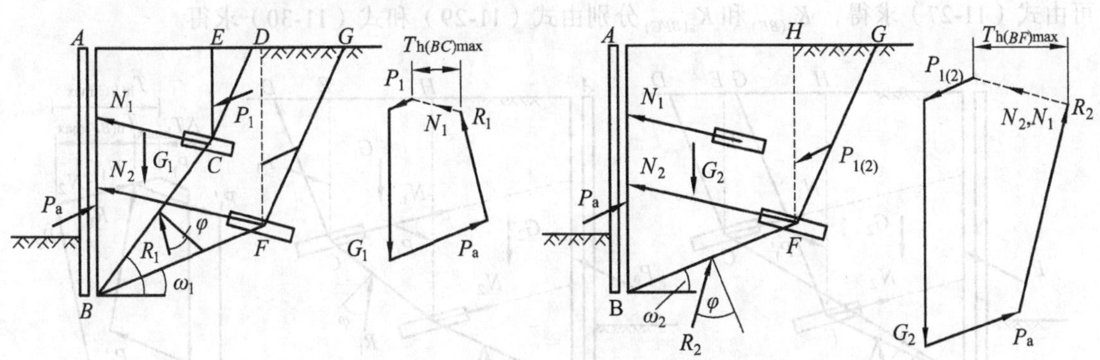

图 11-14 两层锚杆的 Kranz 法稳定性验算示意图（第一种情况）

下排锚杆可通过作用于单元体 $ABFH$ 的力的平衡来求得锚杆所能承受最大拉力的水平分力 ($T_{\mathrm{h}(BF)\max}$)。此时两排锚杆的合力为外力 ($N_{\mathrm{ah}(BC)}+N_{\mathrm{ah}(BF)}$，稳定系数用下式求得

$$K_{s(BF)}=\frac{T_{h(BF)\max}}{N_{ah(BC)}+N_{ah(BF)}} \tag{11-28}$$

式中 $K_{s(BF)}$——深层滑动面 BF 稳定安全系数；

$T_{h(BF)\max}$——下层锚杆所能提供最大拉力的水平分力，kN；

$N_{ah(BF)}$——下层锚杆轴向拉力设计值的水平分力，kN。

2. 第二种情况

如图 11-15 所示，上排锚杆锚固体中点位于下排锚杆所形成的滑动楔块 FGH 内部。此时，各滑动面的安全系数与第一种情况相同。滑面 BC 的安全系数可用式（11-27）求得，滑面 BF 的安全系数可用式（11-28）求得。

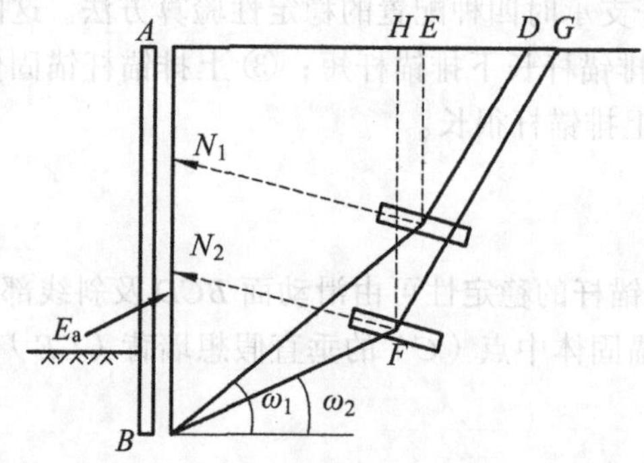

图 11-15 两层锚杆的 Kranz 法稳定性验算示意图（第二种情况）

3. 第三种情况

如图 11-16 所示，上排锚杆滑动面 BC 的倾角比下排锚杆滑动面 BF 的倾角大（$\omega_1>\omega_2$）。此时需要分别计算滑面 BC、滑面 BF 和滑面 BFC 的安全系数 $K_{s(BC)}$、$K_{s(BF)}$ 和 $K_{s(BFC)}$。$K_{s(BC)}$ 可由式（11-27）求得，$K_{s(BF)}$ 和 $K_{s(BFC)}$ 分别由式（11-29）和式（11-30）求得

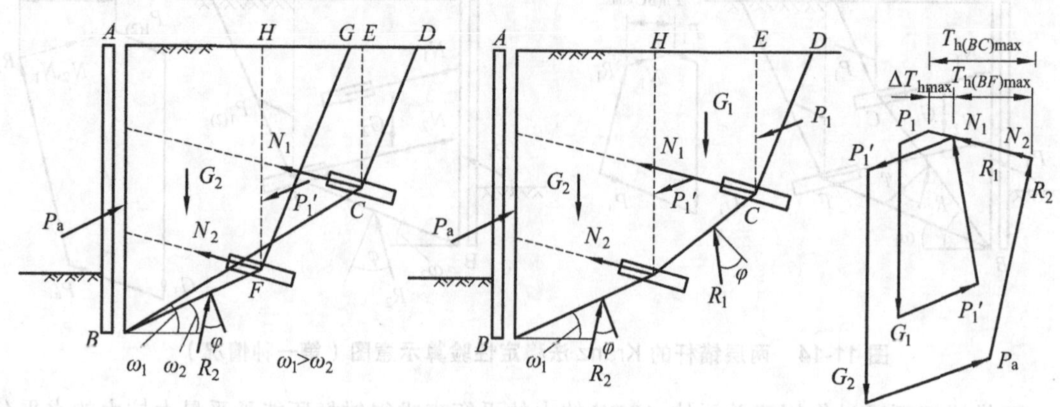

图 11-16 两层锚杆的 Kranz 法稳定性验算示意图（第三种情况）

$$K_{s(BF)}=\frac{T_{h(BF)\max}}{N_{ah(BF)}} \tag{11-29}$$

$$K_{s(BFC)}=\frac{T_{h(BF)\max}+T_{h(FC)\max}}{N_{ah(BC)}+N_{ah(BF)}} \tag{11-30}$$

式中　$T_{h(FC)\max}$——$HFCE$ 范围内土体沿 FC 面滑动的抗滑力的水平分力，kN。

4. 第四种情况

如图 11-17 所示，由于锚固地层很深，上排锚杆很长、下排锚杆短，且 $\omega_1<\omega_2$。在这种情况下，下层锚杆滑面 BF 的稳定安全系数 $(K_{s(BF)})$ 可由式（11-29）求得；上层锚杆滑面 BC 的稳定安全系数 $(K_{s(BC)})$ 可由下式求得

$$K_{s(BFC)}=\frac{T_{h(BC)\max}}{N_{ah(BC)}+N_{ah(BF)}} \tag{11-31}$$

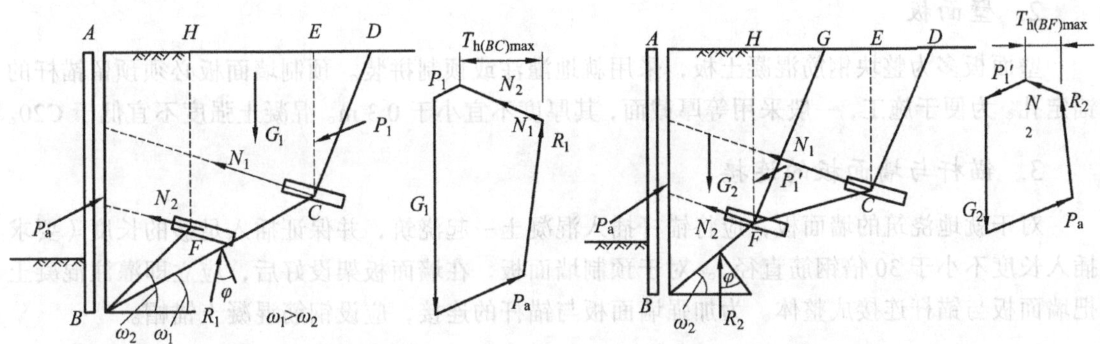

图 11-17　两层锚杆的 Kranz 法稳定性验算示意图（第四种情况）

11.5 壁板式锚杆挡土墙

11.5.1 挡土墙的构造

壁板式挡土墙由钢筋混凝土面板和锚杆组成。根据面板施工方法不同，可分为就地灌注和预制拼装两种不同类型。就地灌注的壁板式挡土墙，其锚杆端头直接插入混凝土面板中，与面板一起灌注，不存在锚头单独施工的问题。预制混凝土壁面板，则在钢筋混凝土壁面板上留有锚头锚定，也可将锚杆插入预留孔中灌注混凝土。为增强锚杆与面板的连接，可采用钢筋混凝土锚帽。

1. 锚　杆

锚杆设计同肋柱式挡土墙的锚杆相同。锚杆间距根据墙后填土的性质，壁面板受力合理性及经济性综合考虑。锚杆水平间距为 1 ~ 2 m 较好；竖向以布置 2 ~ 3 排锚杆为宜。对此类挡土墙，我国常采用楔缝式锚杆，具体构造见图 11-18。

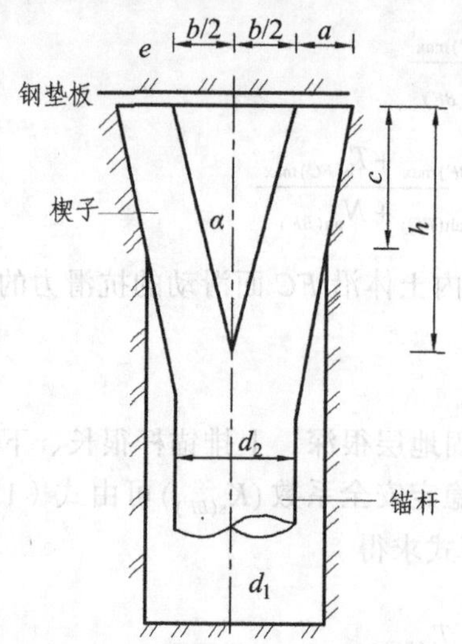

图 11-18 楔缝式锚杆构造示意图

2. 壁面板

壁面板多为整块钢筋混凝土板，采用就地灌注或预制拼装。预制墙面板必须预留锚杆的锚定孔。为便于施工，一般采用等厚截面，其厚度不宜小于 0.3 m。混凝土强度不宜低于 C20。

3. 锚杆与墙面板的连接

对于就地浇筑的墙面板，应将锚杆插入混凝土一起浇筑，并保证插入足够的长度（要求插入长度不小于 30 倍钢筋直径）。对于预制墙面板，在墙面板架设好后，应立即灌注混凝土把墙面板与锚杆连接成整体。为加强墙面板与锚杆的连接，应设钢筋混凝土锚帽。

11.5.2 挡土墙的设计

1. 土压力计算

壁板式挡土墙土压力计算与柱板式锚杆挡土墙土压力计算相同。

2. 锚杆与壁板内力计算

锚杆内力的计算采用近似法：取宽为相邻两列锚杆的间距，高为壁板高的竖向梁，承受此宽度内的土压力，其约束为锚杆和底端地基。梁（壁板的宽为两列锚杆间距的竖向条带）在三角形或梯形荷载作用下，可按简支梁或多跨连续梁而求得锚杆的内力。计算方法与柱板式的相同，不同点仅在于柱板式是取肋柱间距，而壁板式是取两列锚杆的间距。

墙面板（壁板）内力计算的简化方法，可用竖向、水平两个方向的梁计算。竖向梁取两列锚杆间距为宽，而水平向梁则取单位高为梁宽。根据约束的不同可视为简支梁、外伸梁或多跨连续梁。

3. 壁板底地基承载力计算

同柱板式挡土墙肋柱底地基承载力验算。

4. 壁板基脚抗剪承载力计算

同柱板式基脚抗剪承载力计算。

5. 壁板设计

壁板为钢筋混凝土板。根据前面计算求得的内力，可得相应的配筋面积，按板布置相应的钢筋，与无梁板相近。设计时需注意壁板与锚杆的连接。

6. 锚杆设计

同柱板式挡土墙设计。

7. 防腐设计

同柱板式挡土墙防腐设计。

8. 整体稳定性验算

同柱板式挡土墙整体稳定性验算。

11.6　锚杆挡土墙的施工

锚杆挡土墙施工应注意以下事项：

（1）稳定性一般的高边坡，当采用大爆破、大开挖或开挖后不及时支护，或存在外倾结构面时，均有可能发生边坡局部失稳和局部岩体塌方。此时应采用自上而下、分层开挖和分层锚固的逆施工法。

（2）锚杆施工前应做好下列准备：

① 应掌握锚杆施工区其他建筑物的地基和地下管线情况；

② 应判断锚杆施工对邻近建筑物和地下管线的不良影响，并拟定相应预防措施；

③ 应检验锚杆的制作工艺和张拉锁定方法与设备；

④ 应确定锚杆注浆工艺并标定注浆设备；

⑤ 应检查原材料的品种、质量和规格型号，以及相应的检验报告。

（3）下列情况下锚杆应进行基本试验：

① 采用新工艺、新材料或新技术的锚杆；

② 无锚固工程经验的岩土层内的锚杆；

③ 一级边坡工程的锚杆。

（4）锚孔与灌浆应符合下列要求：

① 锚孔应清洗干净，不宜用水冲洗时可用高压风吹净；

② 灌浆管宜与锚杆同时放入孔内，注浆管端头到孔底距离宜为 100 mm；

③ 灌浆压力应根据工程条件和设计要求确定，确保浆体灌注密实；

④ 必须待锚孔砂浆达到 70% 以上设计强度后，方可安装肋柱或墙面板。

（5）预应力锚杆的张拉与锁定，锚杆的防腐处理等应按锚杆施工技术要求施工。

第 12 章　锚固工程概述

锚固工程是通过埋设在地层中的锚杆，将结构物与地层紧紧地联锁在一起，依赖锚杆与周围地层的抗剪强度传递结构物的拉力或使地层自身得到加固，以保持结构物和岩土体的稳定。

锚杆支护于 19 世纪末 20 世纪初初现雏形，50 年代以前，锚杆只是作为施工过程中的一种临时性措施。50 年代中期，在隧道工程中开始广泛采用小型永久性灌浆锚杆和喷射混凝土代替以往的隧道衬砌结构。60 年代以来，锚固技术得到迅速发展，不仅在临时性的建（构）筑物基坑开挖中使用，也在修建永久性建（构）筑物中得到较为广泛的应用；不仅在岩石地层中应用，也可以在软岩、风化岩石以及砂卵石、软黏土等岩（土）层中得到应用。尤其是近 20 年来，岩土锚固技术在土木、水利和建筑工程中得到空前广泛的发展。

12.1　锚固工程的特点

锚固工程是岩土工程领域的重要分支。采用锚固技术可以充分发挥岩土体的自稳能力，提高岩土体的强度，有效控制岩土工程的变形。岩土锚固技术已经成为提高岩土工程稳定性和解决复杂岩土工程问题最经济有效的方法之一。

锚固工程与其他支护形式相比，具有如下特点：

（1）地层开挖后能立即提供抗力，且可施加预应力，控制变形发展，提高施工过程的安全性。

（2）将结构物与地层紧密联锁形成共同工作体系，改善岩土体的应力状态，使其向有利于稳定的方向转化。

（3）提高地层软弱结构面、潜在滑移面的抗剪强度，改善地层的其他力学性能。

（4）锚杆的作用部位、方向、间距、密度和施工时间可以根据需要灵活调整，以获得最佳加固效果。

（5）用锚杆代替钢或钢筋混凝土支撑，可节省大量钢材，减少土方开挖量，改善施工条件。

12.2　锚杆体系的结构构造

锚杆是一种受拉的结构体系，由锚（拉）杆、注浆锚固体和锚固头三部分组成，见图 12-1。

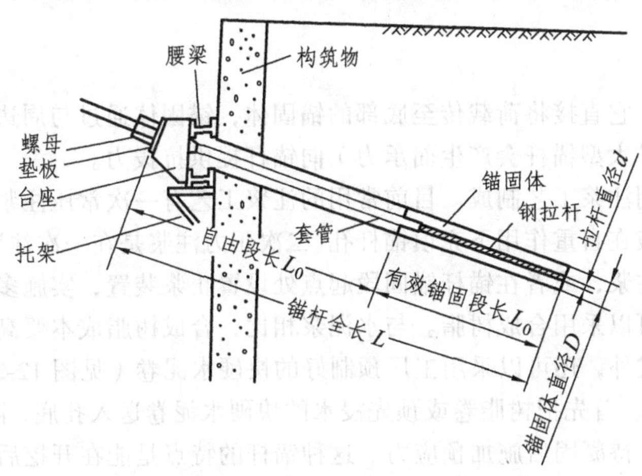

图 12-1　锚杆体系的组成

12.2.1 锚（拉）杆

锚杆是锚固体系的最基本构件，对其材料的要求是强度高、耐腐蚀、易于加工、便于安装。目前常用的锚杆材料主要有钢筋、钢绞线和非金属材料。

1. 钢　筋

一般采用Ⅱ级钢以上的钢筋，具有施工安装简便、抗腐蚀性较强、取材容易、造价低等特点；缺点是强度较低，预应力锚头制作复杂。因此，钢筋拉杆一般用于非预应力锚杆。

锚杆也可采用精轧螺纹钢等特种材料。精轧螺纹钢有与之配套的螺纹套筒，可以方便地用来施加预应力并锁定，所以可以作为预应力锚杆的拉杆。

2. 钢绞线

钢绞线具有强度高、易于施加预应力、造价低等特点；缺点是易松弛、防腐问题比较突出。钢绞线是国内目前应用最广泛的预应力锚索拉杆材料。

3. 非金属材料

近年来出现了用碳纤维拉带和聚合物拉带等作为锚（拉）杆的新型材料。这种材料具有强度高、耐腐蚀等优点。但是由于这些新型材料的应用时间短，在国内应用还不普遍。

在实际工作中，锚（拉）杆的选择通常遵循以下原则：在设计大吨位抗拔力的锚杆时，优先考虑采用钢绞线。它的强度高，用量少，质量轻，便于安装和运输。在设计中等吨位（400 kN 左右）抗拔力锚杆时，可选用精轧螺纹钢。它具有强度高、安装方便等优点。在设计较小吨位（小于 300 kN）的非预应力锚杆时，可优先考虑Ⅱ级或Ⅲ级钢筋。如果环境条件恶劣，对锚杆防腐有特殊要求时，可考虑采用碳纤维或聚合物等防腐性能好的新型材料作为锚（拉）杆。

12.2.2 锚固体

当锚杆受荷时，它直接将荷载传至底部的锚固体，锚固体通过与周边地层间的黏结摩阻力和面承力（端部扩大型锚杆会产生面承力）向锚杆提供抗拔力。

锚固体通常采用注浆工艺制成。目前常用的注浆工艺有一次常压注浆和二次压力注浆。一次常压注浆是浆液在自重作用下充填锚杆孔。二次压力注浆是在一次注浆初凝后一定时间，开始进行二次加压注浆，或者在锚杆锚固段起点处设置止浆装置，实施多次注浆。注浆材料通常用水泥浆，也可以采用合成树脂。与水泥浆相比，合成树脂成本要高得多。

除了注浆的方式外，还可以采用工厂预制好的快硬水泥卷（见图 12-2）或树脂卷（见图 12-3）来制作锚固体。首先把树脂卷或预先浸水的快硬水泥卷送入孔底，随即插入锚杆杆体，然后搅拌 30 ~ 60 s，待凝固后施加预应力。这种锚杆的特点是能在开挖后及时施加预应力，施工质量易保证。

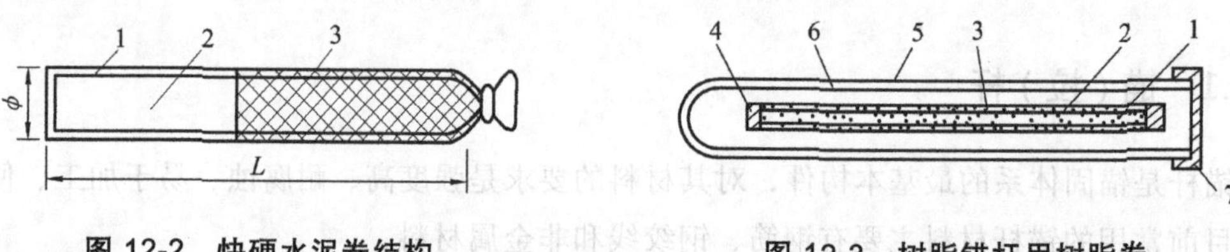

图 12-2 快硬水泥卷结构

1—滤纸内套；2—快硬水泥；3—玻璃纤维纱网外套

图 12-3 树脂锚杆用树脂卷

1—固化剂加填料；2—内玻璃管；3—不饱和聚酯树脂；4—堵头；5—聚乙烯外袋；6—外玻璃管；7—塑料盖

12.2.3 锚固头

锚固头是构筑物与拉杆的联结部分，是对结构物施加预应力，实现锚固的关键之一。锚固头主要由台座、承压垫板和紧固器三部分组成，见图 12-4。

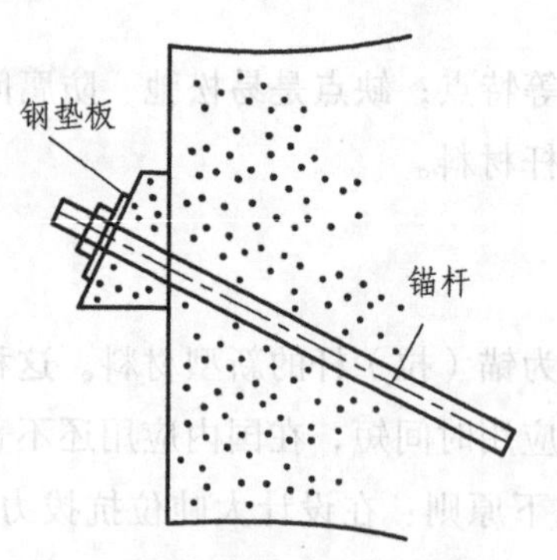

（a）钢筋混凝土台座式锚固头

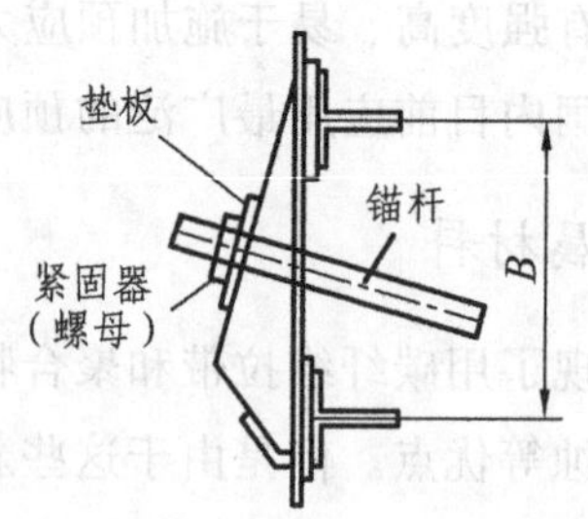

B—取决于钢横架尺寸及锚杆倾角

（b）钢板式台座锚固头

图 12-4 锚杆锚固头组成示意图

如图 12-4 所示，台座由钢筋混凝土或钢板做成。它主要用于调整和承受锚杆拉力，并能固定锚杆位置，防止其横向滑动与有害的变位。

承压垫板可使紧固器与台座的接触面保持平顺，实现拉杆的集中力分散传递，因此要求承压板与拉杆必须正交。承压垫板一般采用 20 ~ 40 mm 厚的钢板。

紧固器的作用是通过紧固作用将锚杆与垫板、台座、构筑物紧贴并牢固联结。锚杆如果采用粗钢筋，则用螺母或专用的联结器进行紧固；如果采用钢丝或钢绞线，应采用专用锚具。有关锚杆锚具类型及其参数的详细介绍，可参阅《岩土锚固》。

12.3　岩土锚杆（索）的类型

12.3.1　预应力锚杆与非预应力锚杆

预应力锚杆是指将早期张拉的锚杆固定在结构物、地面厚板或其他构件上，以对锚杆施加预应力，同时也在结构物和地层中产生应力。这种锚杆可发挥其全部承载能力，减少锚杆头的位移，安装后就能及时提供支护抗力。

预应力锚杆与非预应力锚杆的结构构造与基本原理有明显的差异（见图 12-5），两者的力学特性也是截然不同的（见图 12-6）。

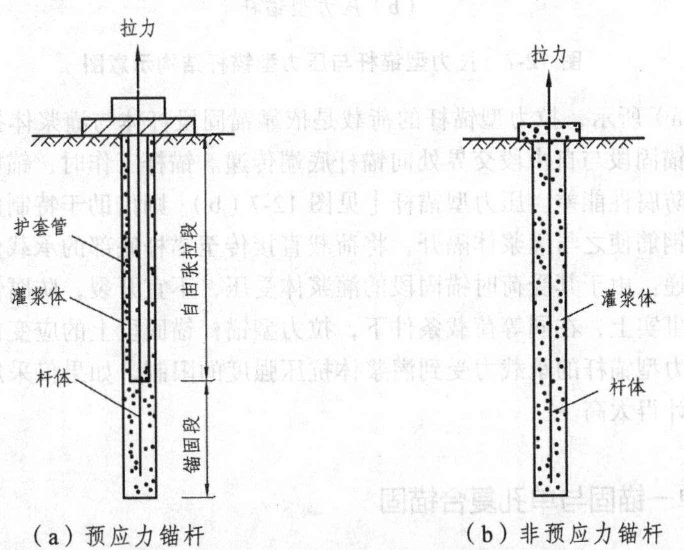

图 12-5　预应力锚杆和非预应力锚杆结构构造

由于预应力锚杆在安装时就施加了预应力，与非预应力锚杆相比，优点明显：① 预应力锚杆安装后就能主动提供支护抗力，而非预应力锚杆只有岩土体移动锚杆受力后才能被动发挥作用。② 预应力锚杆控制地层与结构物变形的能力强，而非预应力锚杆则相对较差。③ 预应力锚杆能在地层中形成压缩区，有利于地层的稳定，可明显提高潜在滑移面或岩石软弱结构面的抗剪强度，而非预应力锚杆则很难在地层中形成压缩区，主要依靠锚杆自身强度发挥其抗剪作用。

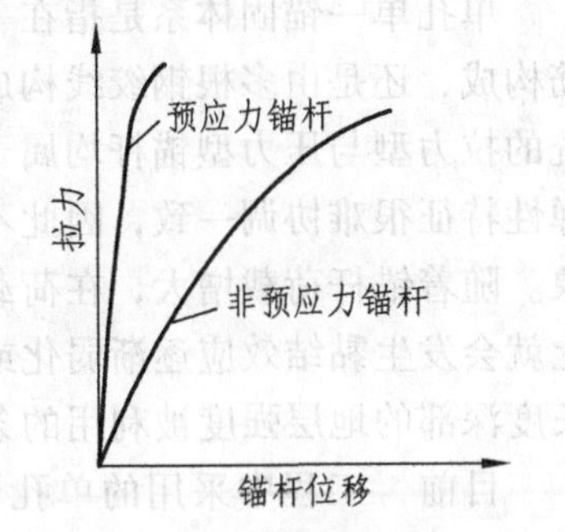

图 12-6　预应力锚杆与非预应力锚杆受力特性

12.3.2 拉力型锚杆与压力型锚杆

锚杆受荷后，杆体总是处于受拉状态。拉力型锚杆与压力型锚杆的主要区别在于锚杆受荷后其固定段内灌浆体的受力状态；前者是处于受拉状态，而后者则处于受压状态（见图 12-7）。

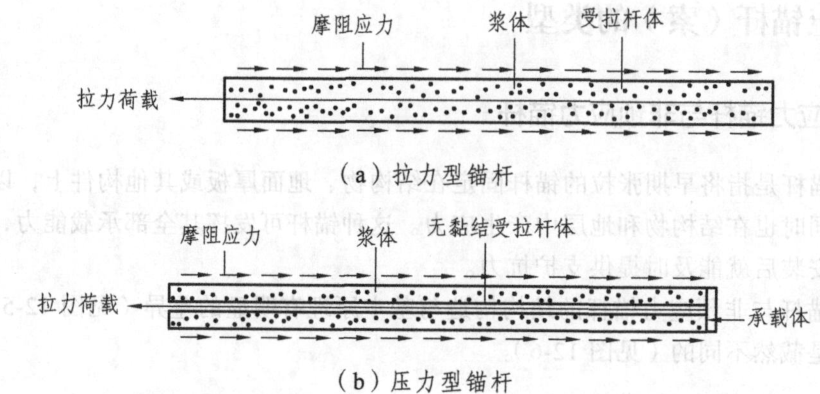

图 12-7 拉力型锚杆与压力型锚杆结构示意图

如图 12-7（a）所示，拉力型锚杆的荷载是依靠锚固段杆体与灌浆体接触面上的剪应力承担。剪应力由锚固段与自由段交界处向锚杆底端传递。锚杆工作时，锚固段的灌浆体容易出现张拉裂缝，防腐性能差。压力型锚杆［见图 12-7（b）］则借助于特制的承载体和无黏结钢绞线或带套管钢筋使之与灌浆体隔开，将荷载直接传至锚杆底部的承载体，从而由底部向固定端的顶部传递。由于其受荷时锚固段的灌浆体受压，不宜开裂，防腐性能好，适用于永久性锚固工程。事实上，在同等荷载条件下，拉力型锚杆锚固段上的应变值要比压力型锚杆的大。但是，压力型锚杆的承载力受到灌浆体抗压强度的限制，如果仅采用一个承载体，则承载力不可能设计得太高。

12.3.3 单孔单一锚固与单孔复合锚固

1. 单孔单一锚固

单孔单一锚固体系是指在一个钻孔中只安装一根独立的锚杆。无论这根锚杆是由一根钢筋构成，还是由多根钢绞线构成，但它只有一个统一的自由段和锚固段，见图 12-8（a）。传统的拉力型与压力型锚杆均属于这种单孔单一锚固体系。这种锚固体系的灌浆体与岩土体的弹性特征很难协调一致，因此不能将荷载均匀传递到锚固长度上，会出现严重的应力集中现象。随着锚杆荷载增大，在荷载传至锚固段末端之前，在杆体与灌浆体或灌浆体与地层界面上就会发生黏结效应逐渐弱化或脱开的现象。这会大大降低地层强度的利用率，当处于固定长度深部的地层强度被利用的条件下，锚固段前端的地层已超出其极限强度。

目前，工程中采用的单孔单一锚固型锚杆大多为拉力集中型锚杆，其锚固体在工作时受拉，易开裂，为地下水的渗入提供通道，对防腐极其不利，严重影响锚杆的使用寿命。

2. 单孔复合锚固

单孔复合锚固体系是在同一钻孔中安装几个单元锚杆，而每个单元锚杆均有自己的杆体、自由长度和锚固长度，见图 12-8（b）。锚杆承受的荷载也是通过各自的张拉千斤顶施加，并通过预先的补偿张拉（补偿每个单元在同等区域下因自由长度不等而引起的位移差）而使所有单元锚杆始终承受相同的荷载。由于将集中力分散为若干个较小的力分别作用于长度较小的锚固段上，使得锚固段上的黏结应力峰值大大减小且分布均匀，能最大限度地调用锚杆整个范围内的地层强度。这种锚固系统的锚固长度理论上是没有限制的，锚杆承载力可随锚固长度的增加而增加。

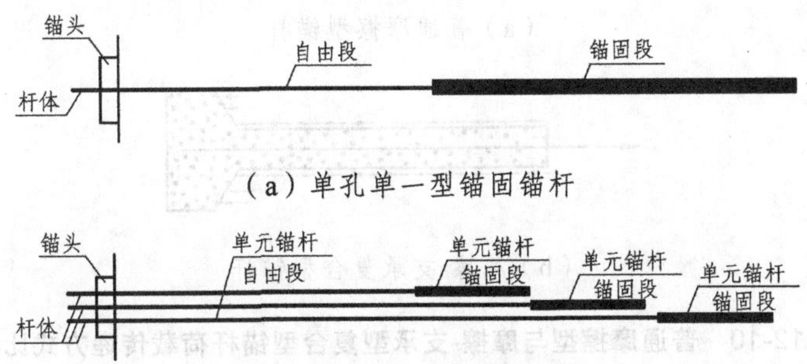

图 12-8　单孔单一锚固与单孔复合锚固型锚杆结构示意图

单孔复合锚固体系中最具有实用价值的是压力分散型锚杆。它最早由英国人研制成功，近年来得到了很大的发展，主要应用于永久边坡工程。这种锚杆的灌浆体分段受压，对孔壁产生均匀径向力，使黏结强度增大；受荷时，灌浆体受压，不易开裂，预应力钢筋外有防腐层，耐久性好；能拆除锚杆芯体，不影响锚杆所处地层的后期开发。

压力分散型锚杆的结构构造如图 12-9 所示。

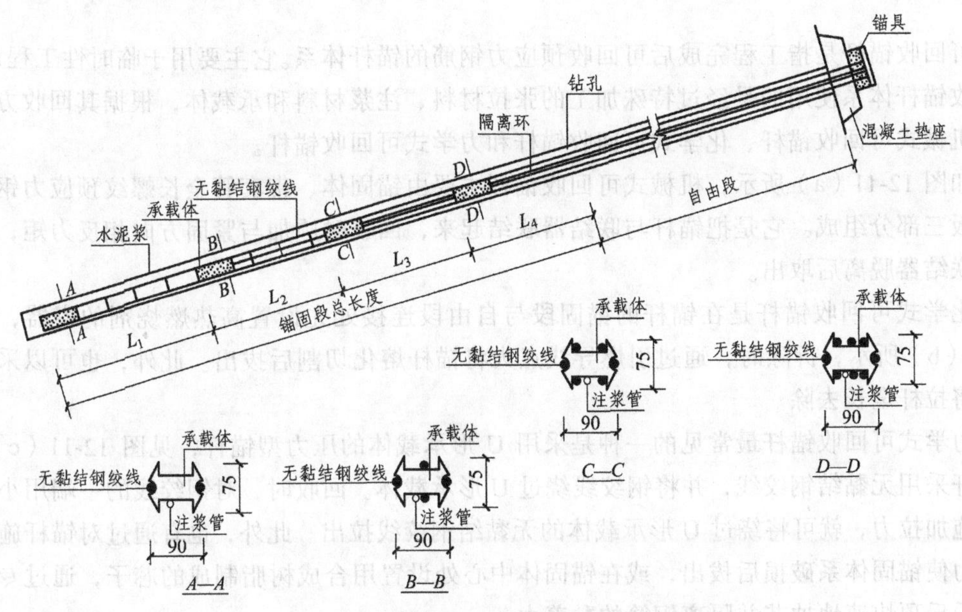

图 12-9　压力分散型锚杆的结构构造示意图

12.3.4 扩张锚根固定的锚杆

为提高锚杆的承载力，采用扩张锚根的方法是十分有效的。扩张锚根固定的锚杆，其承载力的提高固然与摩阻面积的增大有一定作用，但更主要的是突出部分对锚杆拔出的抗力。图 12-10 为摩擦型锚杆与摩擦-支承复合型锚杆荷载传递方式的比较。摩擦-支承复合型锚杆的支承作用正是扩张锚根的结果。

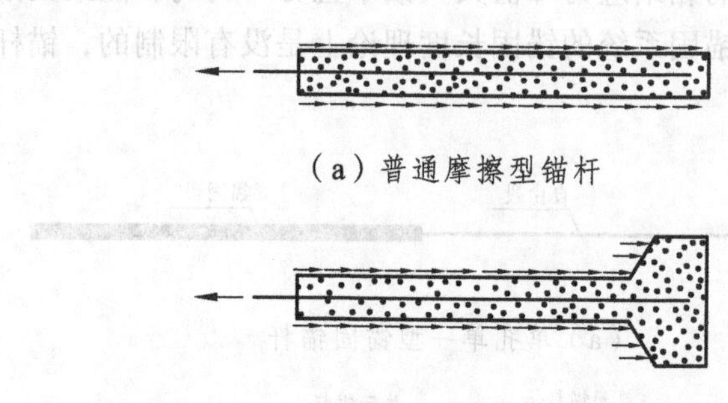

（a）普通摩擦型锚杆

（b）摩擦-支承复合型锚杆

图 12-10 普通摩擦型与摩擦-支承型复合型锚杆荷载传递方式比较

扩张锚根固定的锚杆主要有两种形式：一种是仅在锚根底端扩张成一个大的扩体，称为底端扩体型锚杆；另一种是在锚根（锚固体）上扩成多个扩体，称为多段扩体型锚杆。底端扩体型锚杆主要用于黏性土中。钻孔底端的孔穴可用配有绞刀的专用钻机或在钻孔内放置少量炸药爆破形成。多段扩体型锚杆是采用特制的扩孔器在锚固段上扩成多个圆锥形扩体，每个圆锥体的承载力可达 200 ~ 300 kN。

12.3.5 可回收（可拆芯）锚杆

可回收锚杆是指工程完成后可回收预应力钢筋的锚杆体系。它主要用于临时性工程加固。可回收锚杆体系使用的是经过特殊加工的张拉材料、注浆材料和承载体，根据其回收方式可分为机械式可回收锚杆、化学式可回收锚杆和力学式可回收锚杆。

如图 12-11（a）所示，机械式可回收锚杆主要由锚固体、带套管全长螺纹预应力钢筋和传荷板三部分组成。它是把锚杆与联结器联结起来，回收时施加与紧固方向相反力矩，使杆体与联结器脱离后取出。

化学式可回收锚杆是在锚杆的锚固段与自由段连接处先设置高热燃烧剂的容器，如图 12-11（b）所示，拆除时，通过引燃导线点火将锚杆熔化切割后拔出。此外，也可以采用燃烧剂将拉杆全长去除。

力学式可回收锚杆最常见的一种是采用 U 形承载体的压力型锚杆，见图 12-11（c）。这种锚杆采用无黏结钢绞线，并将钢绞线绕过 U 形承载体。回收时，对钢绞线的一端用小型千斤顶施加拉力，就可将绕过 U 形承载体的无黏结钢绞线拉出。此外，也有通过对锚杆施加超限应力使锚固体系破损后拔出，或在锚固体中心处设置用合成树脂制成的芯子，通过专用的高速千斤顶快速地抽芯并隔离钢筋的黏着力。

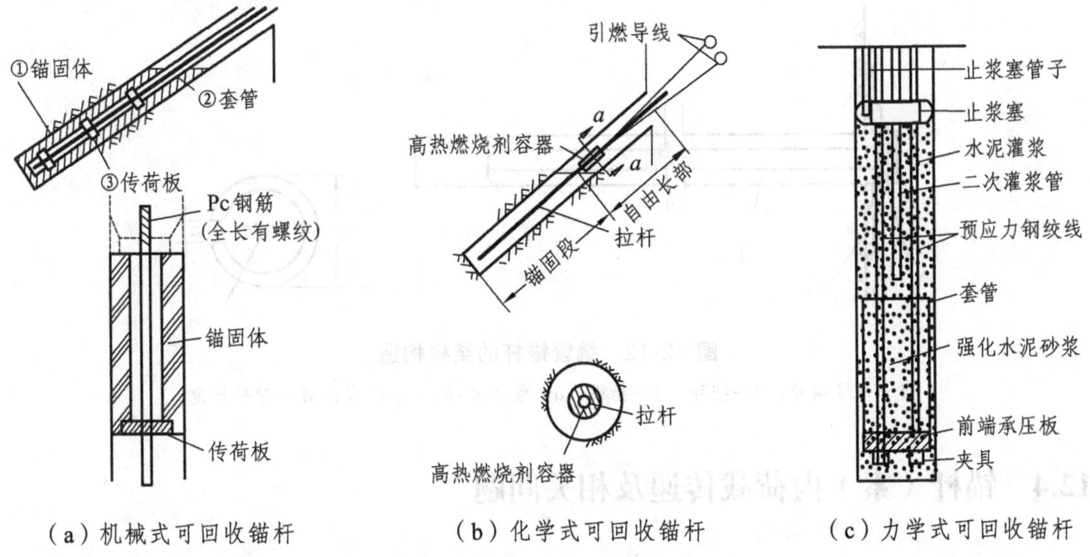

（a）机械式可回收锚杆　（b）化学式可回收锚杆　（c）力学式可回收锚杆

图 12-11　可回收锚杆示意图

12.3.6　其他类型锚杆

1. 自钻式（自进式）锚杆

自钻式锚杆由中空螺纹杆体、钻头、垫板、螺母、连接套和定位套组成。钻杆即锚杆杆体，两者合一，在强度很低和松散地层中钻进后不需退出，并可利用中空杆体注浆，先锚后注浆工艺可提高注浆效果。全长标准螺纹杆体可方便垫板安装及用连接套接长，可在狭小的空间施工长度大于 10 m 的长锚杆，定位套可保证杆体居中，保证锚杆杆体有均匀厚度的砂浆保护层。当杆体的自由段长度上套有 PE 套管，还可以对其施加预应力。

2. 中空注浆锚杆

中空注浆锚杆采用中空的锚杆杆体，在钻孔中安设，先锚后注浆。它是自钻式锚杆的简化和改型，因取消了钻头，成本为自钻式锚杆的 1/2 ~ 2/3；采用先锚后注浆的方法，可保证注浆饱满、加固效果好的优点。

3. 缝管锚杆

缝管锚杆由纵向开缝的管体、挡环和托板三部分组成，如图 12-2 所示。管体采用 16Mn 或 20MnSi 带钢，碟形托板材料为 Q235 钢。缝管锚杆施工时，通过将锚杆打入比其外径小 2.0 ~ 3.0 mm 的钻孔中，利用管体环向应变产生的径向力使锚杆间的岩层挤紧，阻止岩体变形。这种锚杆具有一般机械固定锚杆所不具备的力学特性，主要体现在以下四个方面：① 可以对围岩施加三向预应力；② 锚杆安装后能立即提供支承抗力；③ 锚杆的锚固力随时间而增加；④ 围岩位移后锚杆仍能保持较高的锚固力。

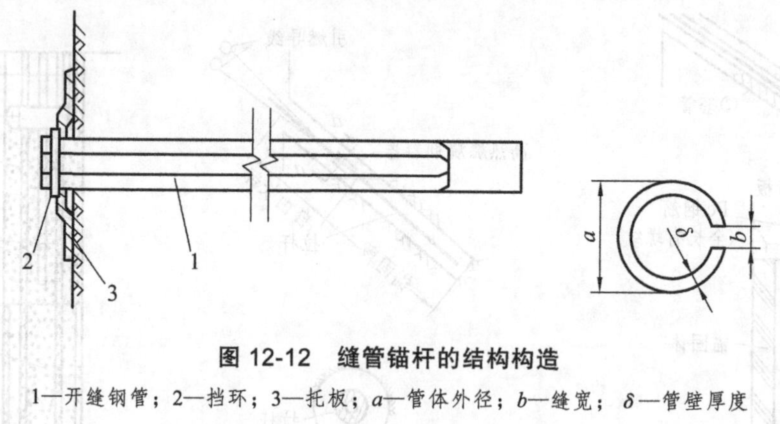

图 12-12 缝管锚杆的结构构造

1—开缝钢管；2—挡环；3—托板；a—管体外径；b—缝宽；δ—管壁厚度

12.4 锚杆（索）内荷载传递及相关问题

在实际工程中，锚固体系的破坏可能以下列一种或几种形式出现：① 沿着杆体与灌浆体的结合处破坏；② 沿着灌浆体与地层结合处破坏；③ 地层岩土体破坏；④ 杆体（钢绞线、钢丝、钢筋）的断裂；⑤ 围绕杆体的灌浆体被压碎；⑥ 锚杆群破坏。

由于岩土体及锚杆杆体的强度特性较易掌握，因而本节着重分析杆体与灌浆体、灌浆体与地层间的力学行为。

12.4.1 荷载从杆体到灌浆体传递的力学行为

在岩层锚固中，最薄弱的环节不是灌浆体与岩层间的黏结，而是灌浆体与杆体间的黏结。这种黏结包括以下三个因素：

（1）黏着力，即杆体钢材表面与灌浆体间的物理黏结。当这两种材料间由于剪力作用产生应力时，黏着力就构成了发生作用的基本抗力；当锚固段发生位移时，这种抗力就会消失。

（2）机械联锁。因钢筋有肋节、螺纹和凹凸等存在，所以在灌浆体中会形成机械联锁。这种联锁同黏着力一起发生作用。

（3）摩擦力。摩擦力的形成与夹紧力及钢材表面的粗糙度成函数关系。摩擦系数的量值取决于发生的时机，如发生在位移之前，摩擦系数量值可达到最大；如发生在位移过程中，摩擦系数仅为残留摩擦系数，量值较小。

大量试验证实，随着对锚杆施加荷载的增加，杆体与灌浆体结合应力的最大值移向固定端的下端，以渐进的方式发生滑动并改变结合应力的分布。如图 12-13 所示，黏着力并不作用在整个锚固长度段上，最初仅在锚固段的近端发生作用；随着荷载的增加，当近端的黏着力被克服时就会产生滑动，大部分结合应力逐渐传至锚固段远端。

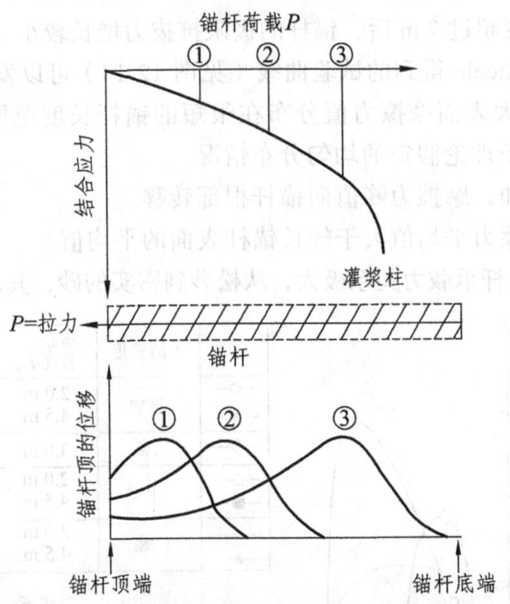

图 12-13 加荷过程中沿锚杆长度结合应力的变化

12.4.2 各类岩土层中锚杆荷载传递的力学行为

1. 岩石中的锚杆

锚杆灌浆体与锚杆孔壁岩石间的黏结力取决于岩石与灌浆体的强度、孔壁的粗糙度及清孔质量。随着锚固长度增大，所要求的黏结强度就会按比例降低。一般认为，可按岩石无侧限抗压强度的 10% 来粗略估计灌浆体岩石间的极限黏结力。但是，根据对不同工地上现场试验所得的黏结强度值发现，由于地质构造的局部差异与不规则性、锚杆细部设计的不同、灌浆压力不同等原因，即使是类似的岩层，其黏结强度也有较大的差别。

为便于在设计时预估岩石与结灌浆体间的黏结强度，《锚杆喷射混凝土支护技术规范》（GB 50086—2001）给出了推荐的岩石与水泥结石体之间的黏结强度标准值（见表 12-1）。

表 12-1 岩石与水泥结石体之间的黏结强度标准值（推荐）

岩石类型	岩石单轴饱和抗压强度/MPa	岩石与水泥浆之间黏结强度标准值/MPa
硬 岩	>60	1.5 ~ 3.0
中硬岩	30 ~ 60	1.0 ~ 1.5
软 岩	5 ~ 30	0.3 ~ 1.0

注：黏结长度小于 6.0 m。

2. 砂性土中的锚杆

砂性土中的锚杆，灌浆体与土体的黏结强度通常大于土体的抗剪强度。这是由于砂性土的孔隙大，水泥浆在孔隙中的渗透导致锚固体的直径比钻孔直径大；另外，水泥浆的高压渗透使锚固体表面形状不规则，提高了土体与锚固体间的摩擦力。国外学者 Ostermayer 指出，在砂性土中的锚杆，当锚固长度超过 7 m 后，锚杆的极限抗拔力增长较小，临界锚固长度应为 6 m。

从 Ostermayer 和 Scheele 得到的试验曲线（见图 12-14）可以发现：

（1）很密砂土的最大表面摩擦力值分布在很短的锚杆长度范围内，但在松砂和中密砂中，摩擦力的分布接近于理论假定的均匀分布情况。

（2）随着荷载的增加，摩擦力峰值向锚杆根部转移。

（3）较短锚杆的摩擦力平均值大于较长锚杆表面的平均值。

（4）砂的密实度对锚杆承载力关系极大，从松砂到密实的砂，其表面摩擦力值要增加 5 倍。

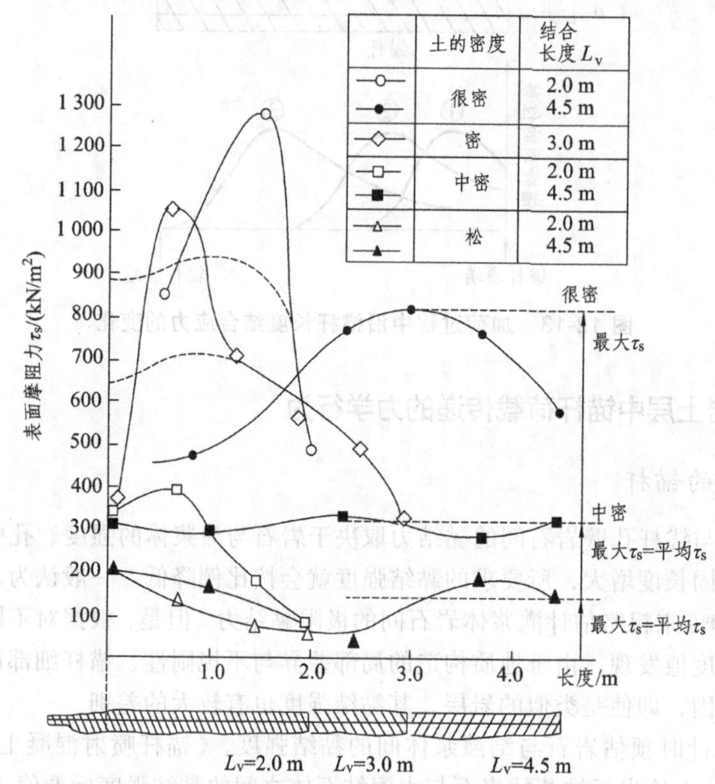

图 12-14　不同密实度砂土在极限状态下表面摩阻力的分布

3. 黏性土中的锚杆

黏性土中锚杆锚固体与黏土的平均摩阻力随土的强度增加和塑性减小而增加，随着锚固长度增加而减小。在进行二次灌浆或多次灌浆后，水泥浆液在锚固段周边土体中渗透、扩散，形成水泥土，提高了土体的抗剪强度和锚固体与土的摩阻力。灌浆压力越高、灌浆量越大，则锚固体与土之间的摩阻力增加幅度越大。

12.4.3　群锚效应

由于群锚的锚杆间距太小而导致地层中产生的应力场相互重叠，进而降低锚杆的抗拔能力，增大其位移量，这种现象通常称为群锚效应。

研究资料表明，锚杆群中锚杆的荷载分布是不均匀的，锚杆群的承载效率总是低于单根锚杆的承载效率。这主要是由于锚杆群中任一根锚杆的工作性状都明显不同于孤立锚杆。通过群锚传到土层中的张拉力在土层中会产生应力重叠，互相干扰（见图 3-15），从而降低了孔壁对锚杆的侧阻力。因此必须限制锚杆的最小间距。

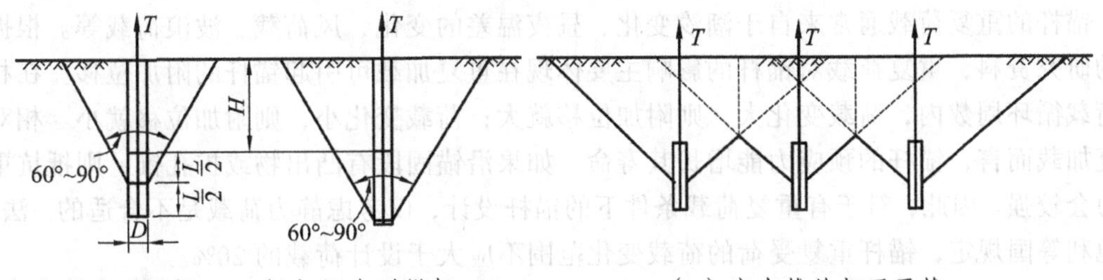

（a）拉力型锚杆　（b）压力型锚杆　（c）应力锥的相互干扰

图 12-15　群锚效应应力锥相互干扰示意图

我国《滑坡防治工程设计与施工技术规范》（DZT 0219—2006）规定，预应力锚索间距小于 4 m 就应进行群锚效应分析。锚索最小间距可利用下式确定：

$$D = \ln(T^2 \times L/\rho) \tag{12-1}$$

式中　D——锚索最小间距，m；

L——锚索长度，m；

d——锚索钻孔孔径，m；

T——设计锚固力，kN；

ρ——修正系数，取 10^5，$kN^2 \cdot m$。

为避免（或降低）群锚效应，可采用不同倾角或不同长度的锚杆，使其在纵向和横向上错开（见图 12-16），或在不同平面上布设锚杆，使上下排锚杆错开在不同平面上，以增大锚杆之间的距离。

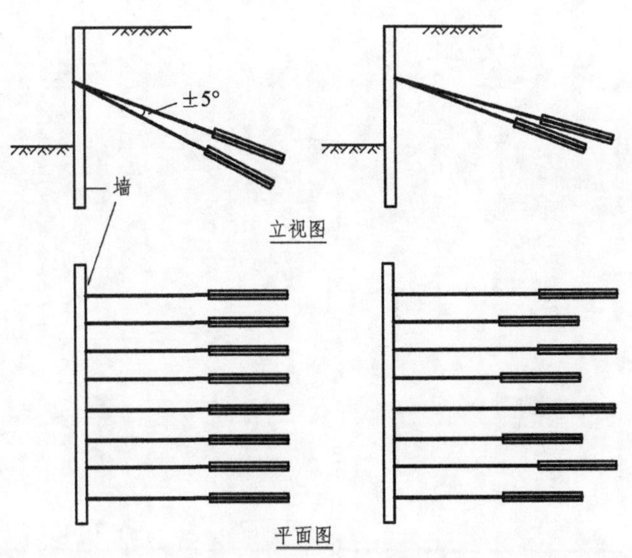

（a）设置成不同倾角的锚杆　（b）设置成不同长度的锚杆

图 12-16　常用降低群锚效应的处置措施

12.4.4 重复荷载和地震对锚杆的影响

1. 重复荷载对锚杆的影响

锚杆的重复荷载通常来自于潮汐变化、昼夜温差的变化、风荷载、波浪荷载等。根据国外的研究资料，重复荷载对锚杆的影响主要体现在重复加载可引起锚杆的附加位移。在相同的荷载循环周数内，荷载变化大，则附加位移就大；荷载变化小，则附加位移就小。相对于重复加载而言，锚杆的预应力能增长其寿命。如果沿锚固段有凸出物或扩孔锥，则抵抗重复能力会较强。因此，对于有重复荷载条件下的锚杆设计，仅考虑静力荷载是不合适的。法国、奥地利等国规定，锚杆重复受荷的荷载变化范围不应大于设计荷载的 20%。

2. 承受地震效应的锚杆

地震应力来源于垂直方向的加速度。由于相互作用的块体惯性，致使竖向力在竖向振动过程中发生变化。将锚杆应用于地震区有助于减少由竖向加速度引起的附加荷载。

根据对遭受地震破坏的工程实例的调查和研究发现，锚固结构具有良好的抗震性能。我国唐山地震后对震中 10 km 内的地下矿山巷道支护结构损坏情况调查表明，混凝土衬砌损坏率为 4.5%，而喷锚支护的损坏率仅 1.5%。日本 HANSHIN-Awaji 大地震后，未得到任何锚固边坡破坏的报告，通过对地震作用下边坡稳定性数值分析发现，锚杆在地震情况下对边坡有很好的支护作用，边坡的稳定性得到了提高。通过对“5・12”汶川大地震震区国道 213 线边坡破坏情况的调查和室内大型振动台模型试验发现，锚固结构能消除边坡浅表层和坡体内部的不协调运动，抵消地震波在坡表的反射拉裂作用，能有效抑制坡表加速度放大，减轻共振作用。

第 13 章 锚杆（索）支护工程

13.1 锚杆的设计

锚杆的设计应在岩土工程勘察的基础上进行。设计时应充分考虑与锚杆使用目的相适应的安全性、经济性和可操作性，并使其对周围构筑物等不产生有害的影响。锚杆设计主要包括锚杆的配置、锚杆长度的确定、锚杆设计拉力的确定、锚杆预应力筋的设计、锚杆锚固体的设计以及锚杆与结构物的整体性验算等。

13.1.1 锚杆的规划与设置

1. 单根锚杆设计拉力的确定

单根锚杆的设计拉力需根据施工技术能力、岩土层分布情况等综合确定。过去锚杆以较大孔径、较高承载力为主，但施工机械要求高，施工难度大，可靠性差。若有施工质量问题时，补强施工难度大。因此，单根锚杆的设计拉力不宜过高。设计拉力较高时宜选用单孔复合锚固型锚杆、扩孔锚杆等受力性能较好的锚杆。

锚杆的轴向拉力标准值和设计值可按下式计算：

$$N_{ak}=\frac{H_{tk}}{\cos\alpha} \tag{13-1}$$

$$N_a=r_Q N_{ak} \tag{13-2}$$

式中 N_{ak}——锚杆轴向拉力标准值，kN；

N_a——锚杆轴向拉力设计值，kN；

H_{tk}——锚杆所受水平拉力标准值，kN；

α——锚杆倾角，°；

r_Q——荷载分项系数，可取 1.30，当可变荷载较大时应按现行规范确定。

2. 锚固体设置间距

锚杆锚固体的设置间距取决于锚固力、锚固体直径和锚固长度等因素。如果锚固体间距设计过大，单根锚杆设计拉力就要相应增大；如果间距太小则会产生群锚效应。锚杆的极限抗拔力会因为群锚效应而减小。

对于抗浮锚杆，也会因为群锚效应的影响而不能发挥所有锚杆的锚固力作用，而只是被锚固那部分岩（土）质量发挥抗浮作用，见图 13-1。

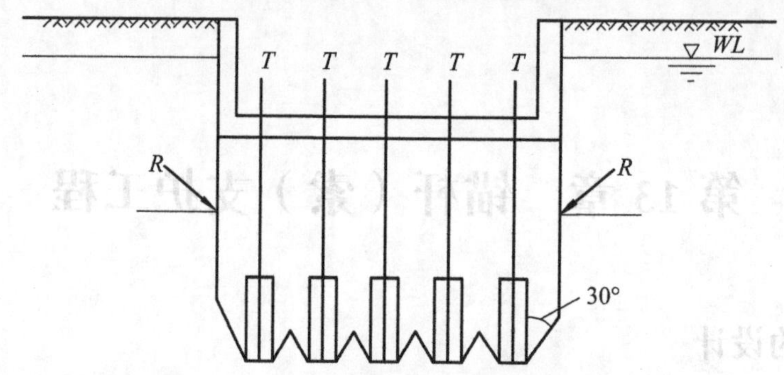

图 13-1 考虑群锚效应的锚杆抗浮作用

3. 锚杆的倾角

锚杆水平分力随锚杆倾角的增大而减小，同时作用于支护结构上的垂直分力相应增大。为有效利用锚杆抗拔力，最好使锚杆与侧压力作用方向平行，但较难做到这一点。

通常情况下，锚杆采用水平向下 15° ~ 25° 倾角，不能大于 45°。锚杆倾角的具体设置与可锚岩土层的位置、挡土结构的位置及施工条件等因素有关。此外，锚杆倾角还应避开与水平面夹角为 - 10° ~ + 10° 这一范围。因为倾角接近水平的锚杆注浆后灌浆体会出现沉淀和泌水现象，从而影响锚杆的承载能力。

13.1.2 锚杆自由段长度的确定

锚杆自由段是锚杆杆体不受注浆固结体约束可自由伸长的部分，也就是杆体用套管与注浆固结体隔离的部分。锚杆自由段长度应超过理论滑动面。自由段长度越长，预应力损失越小，锚杆拉力越稳定。自由段长度越短，锚杆张拉锁定后的弹性伸长较小，锚具变形、预应力筋回缩等因素引起的预应力损失越大。如果锚杆的自由长度过短，则会使锚固体的应力直接通过过薄的地层作用于被锚固的结构物上，且由于地层抗剪力小、垫墩荷载损失等原因，会使锚杆的抗拔力减小。因此，锚杆自由段长度必须使锚杆锚固于比破坏面更深的稳定地层中。在实际工程设计时，如计算的自由段较短，宜适当增加其长度。

我国《建筑基坑支护技术规程》(JGJ 120—2012) 给出了锚杆非锚固段长度计算方法（见图 13-2）:

$$l_{\mathrm{f}} \geqslant \frac{(a_1 + a_2 - d\tan\alpha)\sin\left(45° - \dfrac{\varphi_{\mathrm{m}}}{2}\right)}{\sin\left(45° + \dfrac{\varphi_{\mathrm{m}}}{2} + \alpha\right)} + \frac{d}{\cos\alpha} + 1.5 \tag{13-3}$$

式中 l_{f} ——锚杆非锚固段长度，m;

α ——锚杆倾角，°;

a_1 ——锚杆的锚头中点至基坑底面的距离，m;

a_2 ——基坑底面至基坑外侧主动土压力强度与基坑内侧被动土压力强度等值点 O 的距离（当成层土中存在多个等值点时应按其中最深的等值点计算），m;

d——挡土构件的水平尺寸，m；

φ_m——O 点以上各土层按厚度加权的等效内摩擦角，°。

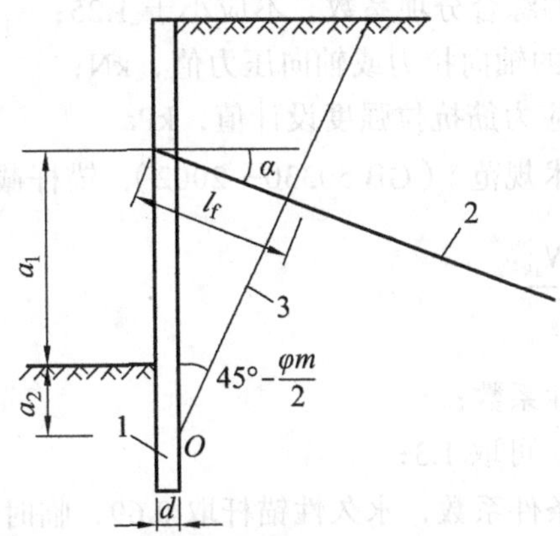

图 13-2　理论直线滑动面锚杆的非锚固段长度计算示意图

1—挡土构件；2—锚杆；3—理论直线滑动面

此处锚杆的非锚固段是理论滑动面以内的部分，与锚杆自由段有所区别。锚杆自由段应超过理论滑动面（大于非锚固段长度）。锚杆自由长度不宜小于 5 m，并应超过潜在滑裂面 1.5 m。

13.1.3　锚杆拉筋的设计

锚杆拉筋的设计主要是确定所用材料的规格和截面面积。

长度在 15 m 以内的短锚杆或较短锚杆，都可以使用普通钢筋或高强度精轧螺纹钢筋。对于长度大于 15 m 以及设计承载力较高的预应力锚杆的杆体材料，应优先选用钢绞线或钢丝。

钢绞线或钢丝与钢筋相比，具有如下优点：① 通常要比钢筋有高得多的抗拉强度，因而用作锚杆筋材可以大大降低用钢量；② 达到屈服点时所产生的延伸量也比普通钢筋产生的延伸量大得多；③ 由于地层徐变，出现预应力损失的现象较少；④ 便于运输和安装，不受狭窄空间的限制。

锚杆截面设计通常有两种方法：一种是安全系数法，我国 1990 年颁布的《土层锚杆设计施工规范》（CECSZZ：90）和铁路规范等行业规范，以及国外设计标准和设计指南大都采用这种方法；另一种是极限状态设计法，不再采用统一安全系数“K”，而改为采用体现工程安全等级、支护结构工程重要性系数、轴向受力抗拉分项系数的设计方法。目前《建筑基坑支护技术规程》（JGJ 120—2012）和国标《建筑边坡工程技术规范》（GB 50330—2002）均采用极限状态设计法。关于安全系数法的计算方法可参考相关文献，在此不再详细介绍。下面重点介绍极限状态设计法。

根据《建筑基坑支护技术规程》（JGJ 120—2012），锚杆截面面积应按下式设计：

$$A_s \geqslant \frac{\gamma_0 \gamma_F N_k}{f_y} \tag{13-4}$$

式中　A_s——锚杆钢筋或预应力钢绞线截面面积，m²；

γ_0——结构重要性系数，安全等级为一级、二级和三级的支护结构，系数分别为 1.1、1.0 和 0.9；

γ_F——作用基本组合的综合分项系数，不应小于 1.25；

N_k——作用标准组合的轴向拉力或轴向压力值，kN；

f_y——普通钢筋或预应力筋抗拉强度设计值，kPa。

根据《建筑边坡工程技术规范》(GB 50330—2002)，锚杆截面面积应按下式设计：

$$A_s \geqslant \frac{\gamma_0 \gamma_Q N_{ak}}{\xi_2 f_y} \tag{13-5}$$

式中 γ_0——边坡工程重要性系数；

γ_Q——荷载分项系数，可取 1.3；

ξ_2——锚筋抗拉工作条件系数，永久性锚杆取 0.69，临时性锚杆取 0.92；

f_y——普通钢筋或预应力筋抗拉强度设计值，kPa。

式（13-4）和式（13-5）的计算方法实质上是相同的。

13.1.4 锚杆锚固体的设计

锚杆的承载力主要取决于锚固体的抗拔力。锚固体的抗拔力要求在受力情况下产生的位移不超过允许值。对于一般的临时支护，允许有一定量的位移，锚杆的抗拔力主要由稳定破坏控制；对于有严格变形要求的结构，锚杆的抗拔力主要由变形控制。因此，为锚杆提供承载力的锚固体应满足以下四个条件：① 锚拉杆本身必须有足够的截面面积 (A_s)；② 砂浆与钢拉杆之间的握裹力应能承受极限拉力；③ 锚固段地层对砂浆的摩擦力应能承受极限拉力；④ 锚固土体在最不利的条件下，能保持整体的稳定。

对于第②和第③个条件需要作一些说明：对于土层中的锚杆，锚杆杆体与锚固体之间的锚固力一般高于锚固体与土层间的锚固力，锚杆的破坏主要受土层的抗剪强度控制。因此，土层锚杆的最小锚固长度将受土层性质的影响。对于岩层中的锚杆，硬质岩中锚固端的破坏可发生在锚杆杆体与锚固体之间，而极软岩的软质岩中的锚固破坏一般发生在锚固体与岩层之间。因此，岩层锚杆的最小锚固长度将受岩石与锚固体以及锚固体与锚杆之间的强度控制。

锚杆锚固长度的确定可以采用极限状态法。根据《建筑边坡工程技术规范》(GB 50330—2002) 有：

（1）锚杆锚固体与地层的锚固长度应满足下式要求：

$$l_a \geqslant \frac{N_{ak}}{\xi_1 \pi D f_{rb}} \tag{13-6}$$

式中 l_a——锚固段长度，m；

D——锚固体直径，m；

f_{rb}——地层与锚固体黏结强度特征值（kPa），应通过试验确定，当无试验资料时可按表 13-1 和表 13-2 取值；

ξ_1——锚固体与地层黏结工作条件系数，对永久性锚杆取1.00，对临时性锚杆取1.33。

表 13-1 岩石与锚固体黏结强度特征值

岩石类别	f_{rb}/kPa	岩石类别	f_{rb}/kPa
极软岩	135～180	较硬岩	550～900
软　岩	180～380	坚硬岩	900～1 300
较软岩	380～550		

注：① 表中数据适用于注浆强度等级为M30；
② 表中数据仅适用于初步设计，施工时应通过试验检验；
③ 岩体结构面发育时，取表中下限值；
④ 表中岩石类别根据天然单轴抗压强度（f_r）划分：$f_r<5$ MPa为极软岩，5 MPa $\leqslant f_r<15$ MPa为软岩，15 MPa $\leqslant f_r<30$ MPa为较软岩，30 MPa $\leqslant f_r<60$ MPa为较硬岩，$f_r\geqslant 60$ MPa为坚硬岩。

表 13-2 土体与锚固体黏结强度特征值

土层种类	土的状态	f_{rb}/kPa
黏性土	软　塑	15～20
	可　塑	20～25
	硬　塑	25～32
	坚　硬	32～40
砂　土	松　散	30～50
	稍　密	50～70
	中　密	70～105
	密　实	105～140
碎石土	稍　密	60～90
	中　密	80～110
	密　实	110～150

注：① 表中数据适用于注浆强度等级为M30；
② 表中数据仅适用于初步设计，施工时应通过试验检验。

（2）锚杆钢筋与锚固砂浆间的锚固长度应满足下式要求：

$$l_a \geqslant \frac{\gamma_0 N_a}{\xi_3 n\pi d f_b} \tag{13-7}$$

式中　l_a——锚杆钢筋与砂浆间的锚固长度，m；

d——锚杆钢筋直径，m；

n——钢筋（或钢绞线）根数，根；

γ_0——边坡工程重要性系数；

f_b——钢筋与锚固砂浆间的黏结强度特征值（kPa），应通过试验确定，当无试验资料时可按表13-3取值；

ξ_3——钢筋与砂浆黏结强度工作条件系数，对永久性锚杆取 0.60，对临时性锚杆取 0.72。

表 13-3 土体与锚固体黏结强度特征值

锚杆类型	水泥浆或水泥砂浆强度等级		
	M25	M30	M35
水泥砂浆与螺纹钢筋间	2.10	2.40	2.70
水泥砂浆与钢绞线、高强钢丝间	2.75	2.95	3.40

注：① 当采用二根钢筋点焊成束的做法时，黏结强度应乘以 0.85 折减系数。
② 当采用三根钢筋点焊成束的做法时，黏结强度应乘以 0.7 折减系数。
③ 成束钢筋的根数不应超过三根，钢筋截面总面积不应超过锚孔面积的 20%。当锚固段钢筋和注浆材料采用特殊设计，并经试验验证锚固效果良好时，可适当增加锚杆钢筋用量。

需要说明的是，锚杆设计时宜先通过计算确定锚杆钢筋的截面面积，然后再根据选定的锚杆确定锚固长度。土层锚杆的锚固长度一般由式（13-6）确定；岩石锚杆的锚固长度应分别按式（13-6）和（13-7）计算，取其中大值。同时，土层锚杆的锚固段长度不应小于 4 m，且不宜大于 10 m；岩石锚杆的锚固段长度不应小于 3 m，且不宜大于 45*D* 和 6.5m，或 55*D* 和 8 m（对预应力锚索）；位于软质岩中的预应力锚索，可根据地区经验确定最大锚固长度。当计算锚固段长度超过上述数值时，应采取改善锚固段岩体质量、改变锚头构造或扩大锚固段直径等技术措施，提高锚固力。

13.2 锚杆的腐蚀与防护

13.2.1 锚杆的腐蚀

锚杆杆体或预应力筋的腐蚀是一种电解现象。钢材发生腐蚀时会在其阴极和阳极同时发生反应。这种反应的原动力就是两极区的电位差。如果锚杆杆体穿过了地质条件和成分不相同的几种地层，或受到外来电场的影响，将会产生电位差，大大增加锚杆发生腐蚀的危险性。

金属腐蚀的类型一般分为三大类：全面腐蚀、局部腐蚀和由于氢脆或加荷引起的应力腐蚀，见图 13-3。

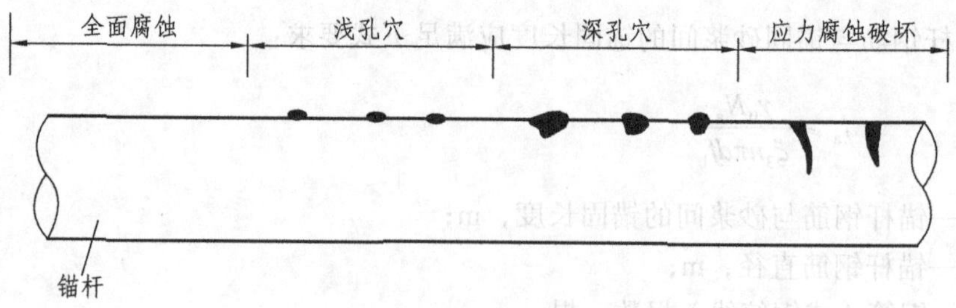

图 13-3 不同形式腐蚀的表面形态

全面腐蚀是在金属上的阴极区和阳极区大致相等出现较均匀的锈蚀，金属表面产生一种大致连续的膜，从而阻止金属面上的进一步侵蚀。

局部侵蚀出现在有独立腐蚀电池的地方。它是由金属表面形成的各个双金属电池的电位差引起的。金属面上的防护涂料和防护氧化膜出现局部破损则易出现局部腐蚀。这种腐蚀在诸如存在氯化物侵蚀性离子的地方往往是较严重的。

在拉伸或氢脆作用下促成裂缝的腐蚀是材料加荷与局部腐蚀结合的结果。这两个因素的联合作用就可以引起比它们分别作用的影响总和大得多的破坏。这种作用机理很复杂，在此不再详述。

13.2.2 锚杆的防护

1. 锚杆防护的一般要求与防护的类型

锚杆的防护应满足以下基本要求：

（1）锚杆使用年限应与所服务的建筑物使用年限相同，其防腐等级也应达到相应的要求。

（2）防腐材料在规定的工作温度内或张拉过程中不得开裂、变脆或成为流体。

（3）锚杆在其全部自由长度上必须能自由移动，在锚杆试验与加荷时，所有荷载都能由自由段传递到锚固段。

（4）锚杆的套管等防护材料必须具有足够的强度和韧性，保证其在制作、运输、安装和加荷过程中不致被破坏。

锚杆的防护等级分为两级：Ⅰ级防护和Ⅱ级防护。

Ⅰ级：双层防腐蚀保护，预应力筋全长均有套管。

Ⅱ级：单层防腐蚀保护，锚固段内的预应力筋仅用灌浆防腐。

2. 防腐措施与方法

（1）永久性锚杆。

① 非预应力锚杆的自由段位于土层中时，可采用除锈、刷沥青船底漆、沥青玻纤布缠裹（不少于 2 层）。

② 采用钢绞线、精轧螺纹钢制作的预应力锚杆（索），其自由段可按位于土层中的非预应力锚杆自由段进行防腐处理后装入套管中；自由段套管两端 100 ~ 200 mm 长度内用黄油充填，外绕扎工程胶布固定。

③ 位于无腐蚀性岩土层内的锚固段应除锈，砂浆保护层厚度应不小于 25 mm。

④ 位于腐蚀性岩土层内的锚杆的锚固段和非锚固段，应采取特殊防腐处理。

⑤ 经过防腐处理后，非预应力锚杆的自由段外端应埋入钢筋混凝土构件内 50 mm 以上；对预应力锚杆，其锚头的锚具经除锈、涂防腐漆三度后应采用钢筋网罩、现浇混凝土封闭，且混凝土强度等级不应低于 C30，厚度不应小于 100 mm，混凝土保护层厚度不应小于 50 mm。

（2）临时性锚杆。

① 非预应力锚杆的自由段，可采用除锈后刷沥青防锈漆处理。

② 预应力锚杆的自由段，可采用除锈后刷沥青防锈漆或加套管处理。

③ 外锚头可采用外涂防腐材料或外包混凝土处理。

（3）锚头的防腐。

① 永久暴露在空气中的预应力锚头，均应设置防护钢罩，其内充填防腐油膏或水泥浆。

② 重复拉张型锚头必须采用防腐油膏。

③ 埋入混凝土内的锚头，混凝土保护层厚度应在 50 mm 以上。

13.3 锚杆施工

锚杆施工具有隐蔽性强和专业性强的特点。锚杆施工质量的优劣，直接影响锚杆的承载力，应由具有一定施工经验的专业化施工队伍承担。锚杆的施工主要包括施工准备、材料选择、锚杆钻孔、杆体制作与安放、锚杆注浆及张拉锁定等工序。

13.3.1 施工准备

锚杆是埋入地层中的受拉部件，属于隐蔽工程，施工前应做好以下准备工作：

（1）掌握锚杆施工区建（构）筑物基础、地下管线等情况，判断锚杆施工对邻近建筑物和地下管线的不良影响，并拟定相应的预防措施。

（2）掌握锚固工程周边各种建筑物、构筑物及交通道路和其他情况对锚杆施工的影响并确定对策。

（3）确定废弃物处理措施：对钻孔、注浆及冲洗注浆设备和管路排出的污水污物进行适当的处理。

（4）检验锚杆制作工艺和张拉锁定方法与设备；确定锚杆注浆工艺并标定注浆设备。

（5）检查原材料品种、质量和规格型号以及相应的检验报告。

（6）在裂隙发育或富含地下水的岩层中进行锚杆施工时，应对锚固段周边孔壁进行不透水性试验。如果锚固段周边渗水率超标，应采用固结注浆或其他方法进行处理。

13.3.2 杆体制作、储存和安放

随着锚固技术的发展和锚杆材料、结构形式、施工工艺的不断完善，对锚杆杆体的制作、存储和安放提出了较高的要求，以保证锚杆能满足其使用功能和防腐要求。

1. 锚杆的制作

（1）一般要求。

① 锚杆杆体的制作、存储宜在工厂或施工现场的专门作业棚内进行。

② 在锚固段长度范围内，杆体上不得有可能影响与注浆体有效黏结和影响锚杆使用寿命的有害物质，并应确保满足设计要求的注浆体保护层厚度。在自由段杆体上应设置有效的隔离层。

③ 钢筋、钢绞线或钢丝应采用切割机切断。

④ 杆体制作时应按设计要求进行防腐处理。

⑤ 加工完成的杆体在存储、搬运、安放时，应避免机械损伤、介质侵蚀和污染。

（2）钢筋锚杆的制作。

钢筋锚杆的制作相对比较简单。预应力筋按设计长度切割钢筋，其前端常常需要焊导向帽以便于插入。钢筋锚杆的制作应符合以下规定：

① 制作前钢筋应平直、除油和除锈，以满足钢筋与注浆材料的有效黏结。

② 钢筋的接长可采用对接、锥螺纹连接或双面焊接。当 HRB 钢筋接长采用焊接时，双面焊接的焊接缝长度不应小于 $5d$。精轧螺纹钢筋和中空钢筋接长的接长必须采用等强度的专用连接器。

③ 沿杆体轴线方向每隔 1.5 ~ 2.0 m 应设置一个对中支架，以保证杆体处于钻孔中心，并保证杆体保护层厚度满足设计要求；注浆管、排气管应与锚杆杆体绑扎牢固。

（3）钢绞线或高强度钢丝锚杆的制作。

钢绞线和钢丝在加工时需搭设放线装置，并在平台上组装，以利于每根钢丝或钢绞线按一定规律平直排列。钢绞线或高强度钢丝锚杆的制作应符合以下规定：

① 钢绞线或高强度钢丝应清除油污、锈斑，严格按设计下料，每根钢绞线的下料长度误差不应大于 50 mm，以满足杆体中每根钢丝或钢绞线受力均匀的要求。

② 沿杆体轴线方向每隔 1.0 ~ 1.5 m 设置一个隔离架；注浆管和排气管应与杆体绑扎牢固，绑扎材料不宜采用镀锌材料。

③ 有黏结钢绞线锚杆制作时应在锚杆自由段的每根钢绞线上施作防腐层和隔离层。

（4）可重复高压注浆锚杆的制作。

可重复高压注浆锚杆杆体主要由钢绞线、可重复注浆的套管、注浆枪、止浆密封装置等组成。可重复高压注浆锚杆的制作应符合以下规定：

① 在编排钢绞线或高强度钢丝时，应安放可重复注浆套管和止浆密封装置。

② 注浆套管通常采用 PVC 塑料管，其侧壁每隔 1.0 m 开有环向小孔，孔外用橡胶环圈盖住。

③ 止浆密封装置应设在自由段与锚固段的分界处，密封装置两端应牢固绑扎在锚杆杆体上，在被密封装置包裹的注浆套管上至少应留有一个进浆阀。

（5）荷载分散型锚杆的制作。

荷载分散型（压力分散型和拉力分散型）锚杆采用无黏结钢绞线和特殊部件经特殊工艺加工制作。荷载分散型锚杆的制作应符合以下规定：

① 应先制作成单元锚杆，再由 2 个或 2 个以上单元锚杆组装成复合锚杆。

② 当压力分散型锚杆单元锚杆的端部采用聚酯纤维承载体时，无黏结钢绞线应绕承载体弯曲成 U 形，并用钢带与承载体捆绑牢固。采用钢板承载体时，挤压锚固件应与钢板连接可靠。

③ 在荷载分散型锚杆各单元锚杆的外露端，应做好标记。在锚杆张拉或芯体拆除前，该标记不得损坏。

④ 承载体应与钢绞线牢靠固定，并不得损坏钢绞线的防腐油脂和外包塑料软管。

2. 锚杆的储存

对制作合格的锚杆产品，应编号储存。锚杆的储存应符合下列规定：

（1）杆体制作完成后应尽早使用，不宜长期存放。

（2）锚杆不得露天存放，宜存放在干燥清洁的场所；应避免机械损伤杆体或油渍溅落在杆体上。

（3）当存放环境相对湿度超过 85% 时，杆体外露部分应进行防潮处理。

（4）对存放时间较长的杆体，在使用前必须进行严格检查。

3. 锚杆的安放

锚杆杆体的安放应符合下列规定：

（1）在杆体放入钻孔前，应检查杆体的加工质量，确保满足设计要求。

（2）安放杆体时，应防止扭压和弯曲；注浆管宜随杆体一同放入钻孔；杆体放入孔内应与钻孔角度保持一致。

（3）安放杆体时，不得损坏防腐层，不得影响正常的注浆作业。

（4）全长黏结型杆体插入孔内的深度不应小于锚杆长度的 95%，预应力锚杆插入孔内的深度不应小于锚杆长度的 98%；杆体安放后，不得随意敲击，不得悬挂重物。

13.3.3 锚杆钻孔

1. 一般要求

根据我国工程建设标准化协会编制的《岩土锚杆技术规程》（CECS22：2005），锚杆钻孔应符合下列规定：

（1）锚杆钻孔不得扰动周围地层。

（2）钻孔前，根据设计要求和地层条件，定出孔位、做出标记。

（3）锚杆水平、垂直方向的孔距误差不应大于 100 mm；钻头直径不应小于设计钻孔直径 3 mm。

（4）钻孔轴线的偏斜率不应大于锚杆长度的 2%。

（5）锚杆钻孔深度不应小于设计长度，也不宜大于设计长度 500 mm。

（6）向钻孔中安放锚杆前，应将孔内岩粉和土屑清洗干净。

2. 钻孔机械

钻孔机械的确定应考虑钻孔通过的岩土类型、成孔条件、锚固类型、锚杆长度、施工现场环境、地形条件、经济性和施工速度等因素。下面介绍几种常见的锚杆钻孔机械。

（1）回旋式钻机。

回旋式钻机是最为常见的土锚施工机具，适用于黏性土及砂性土地基。成孔方法是把钻进过程中被切削的渣土，通过循环水流排出孔外而成孔。如果在地下水水位以下钻进，对土质松散的粉质黏土、粉细砂、砂卵石及软黏土等地层应有套管保护孔壁以避免坍孔，禁止使用泥浆护壁成孔。

（2）螺旋钻。

螺旋钻是利用回旋的螺旋钻杆在一定的钻压和钻速下向土体钻进，同时将切削下来的松动土体顺螺杆排至孔外。这种钻机适用于在无地下水条件下的黏土、粉质黏土及较密实的砂层中成孔。

（3）旋转冲击钻机。

旋转冲击钻机又称为万能钻机，具有旋转、冲击和钻进三种功能，特别适用于砾砂层、卵石层及涌水地层。

3. 钻孔类型

锚杆钻孔一般分为两类：小直径短锚杆钻孔和大直径长锚杆锚孔。

小直径短锚杆钻孔通常指孔径小于 45 mm、长度小于 4.0 m 的锚杆钻孔。在岩石上钻凿短锚杆的钻孔，一般采用气动冲击钻机。用于加固地下大型洞室的锚杆孔的钻凿，也可使用高效移动式单臂或多臂凿岩台车。

大直径长锚杆锚孔通常指孔径为 60 ~ 168 mm、长度为 5 ~ 50 m 的深钻孔。长锚杆孔可以用冲击钻、旋转钻或两者相结合的方式进行钻凿。长锚杆孔的选择应根据岩土类型、钻孔直径与长度、接近锚固工作面的条件、所用冲洗介质种类以及锚杆类型和所要求的钻进速度等确定。

13.3.4　锚杆注浆

锚杆注浆材料应根据设计要求确定，不得对杆体产生不良影响。宜选用灰砂比 1∶0.5 ~ 1∶1 的水泥砂浆或水灰比 0.45 ~ 0.50 的纯水泥浆，必要时可加入一定量的外加剂或掺和料。注浆材料灌入锚杆孔硬化后形成坚实的灌浆体。灌浆体将锚杆与周围地层锚固在一起并保护锚杆预应力筋。浆液还可对周围地层进行加固：一方面可提高锚杆的承载力；另一方面可提高周围地层的强度和力学指标。

在向钻孔内注浆时，浆液应搅拌均匀，随搅随用，并在初凝前用完，严防石块、杂物混入浆液。永久性锚杆张拉后，应对锚头和锚杆自由段间的空隙进行补浆，使处于自由段的锚杆能有效防腐。向钻孔内注浆应符合下列规定：

（1）向下倾斜的钻孔内注浆时，注浆管的出浆口应插入距孔底 300 ~ 500 mm 处，浆液自下向上连续灌注，且确保从孔内顺利排水、排气。

（2）向上倾斜的钻孔内注浆时，应在孔口设置密封装置，浆排气管端口设于孔底，注浆管应设在离密封装置不远处。

（3）注浆设备应有足够的浆液生产能力和所需的额定压力，采用的注浆管应能在 1 h 内完成单根锚杆的连续注浆。

（4）注浆后不得随意敲击杆体，也不得在杆体上悬挂重物。

对于可重复高压注浆锚杆的注浆尚应符合下列规定：

（1）二次注浆材料宜选用水灰比为 0.45 ~ 0.50 的纯水泥浆。

（2）止浆密封装置的注浆应待孔口溢出浆液后进行，注浆压力不宜低于 2.0 MPa。

（3）一次常压注浆结束后，应将注浆管、注浆枪和注浆套管清洗干净。

（4）对锚固体的二次高压注浆，应在一次注浆形成的水泥结石体强度达到 5.0 MPa 后进行。注浆压力和注浆时间可根据锚固段的体积确定，并分段依次由下至上进行。

13.3.5 锚杆的张拉和锁定

锚杆张拉是通过张拉设备使锚杆预应力筋的自由段产生弹性变形，在锚固结构上产生预应力，以达到加固锚固结构的目的。锚杆的张拉和锁定是锚杆施工的最后一道工序，也是检验锚杆性能最直观的方式。

1. 锚杆的张拉和锁定的一般规定

锚杆的张拉和锁定应符合下列规定：

（1）锚头台座的承压面应平整，并与锚杆轴线方向垂直。

（2）锚杆张拉前应对张拉设备进行标定。

（3）锚杆张拉时，注浆体和混凝土台座的抗压强度值应符合表 13-4 的规定。

（4）锚杆张拉应有序进行，张拉顺序应考虑邻近锚杆的相互影响。

（5）锚杆正式张拉前，应取 0.1 ~ 0.2 轴向拉力设计值对锚杆预张拉 1 ~ 2 次，使杆体完全平直，各部位接触紧密，以利于减缓张拉过程中各钢绞线的受力不均匀，减小锚杆的预应力损失。

（6）锚杆应采用符合标准和设计要求的锚具。

表 13-4 锚杆张拉时注浆体和混凝土台座抗压强度值

锚杆类型		抗压强度值/MPa	
		注浆体	台座混凝土
土层锚杆	拉力型	15	20
	压力型和压力分散型	30	20
岩石锚杆	拉力型	25	25
	压力型和压力分散型	30	25

2. 锚杆的超张拉

锚杆超张拉是指锚杆张拉至 1.05 ~ 1.10N_t时，对岩层、砂性土层保持 10 min，对黏性土层保持 15 min，然后卸荷至锁定荷载设计值进行锁定。超张拉是为了补偿张拉时锚夹片回缩引起的预应力损失。锚杆锁定后预应力变化一般不应超过锚杆设计值的 10%。超出此范围时，为了满足设计要求的性能，必须采取措施进行调控，通常采取补偿张拉的方式，即实施二次张拉。因此，对需调整拉力的永久性锚杆，锚头应设计成可进行补偿张拉的形式，而不能用混凝土封死。

锚杆张拉荷载的分级和位移观测时间应遵守表 13-5 的规定。

表 13-5　锚杆张拉荷载分级和位移观测时间

荷载分级	位移观测时间/min		加荷速率 /（kN/min）
	岩层、砂土层	黏性土层	
$0.10 \sim 0.20N_t$	2	2	≤100
$0.50N_t$	5	5	
$0.75N_t$	5	5	
$1.00N_t$	5	10	≤50
$1.05 \sim 1.10N_t$	10	15	

注：N_t 为锚杆轴向拉力设计值。

3. 荷载分散型锚杆的张拉和锁定

荷载分散型锚杆张拉时可按设计要求先张拉单元锚杆，消除在相同荷载作用下因自由段不等而引起的弹性伸长差，再同时张拉各单元锚杆并锁定。也可按设计要求对各单元锚杆从远端开始顺序进行张拉并锁定。

荷载分散型锚杆的张拉锁定有两种方式，即等荷载张拉和等位移张拉。通常采用等荷载张拉方式。以具有四个单元锚杆的压力分散型锚杆为例，具体的等荷载张拉工艺如下：

（1）荷载、位移计算。

① 每个单元锚杆所受的拉力 P_n 由下式计算：

$$P_n = \frac{P_d}{n} \tag{13-8}$$

式中　P_d——锚杆拉力设计值，N；

n——单元锚杆数量，个。

② 每个单元锚杆的弹性位移量（mm），由下式计算：

$$s_i = \frac{P_n L_i}{E_s A_s} \tag{13-9}$$

式中　L_i——每个单元锚杆的长度，mm；

E_s——钢绞线的弹性模量，N/mm^2；

A_s——每个单元锚杆钢绞线的截面面积，mm^2。

③ 各单元锚杆的预加荷载 P_i，由下式计算：

$$P_i = P_{i-1} + [(i-1)P_n - P_{i-1}] \times \frac{s_{i-1} - s_i}{s_{i-1}} \quad（i = 2，3，4\cdots） \tag{13-10}$$

（2）张拉步骤。

① 将张拉工具锚夹片安装在第一单元锚杆的钢绞线上，张拉至张拉管理图上荷载 P_2，见图 13-4、图 13-5。

② 在张拉工具锚夹片仍安装在第一单元锚杆钢绞线的基础上，将张拉工具锚夹片安装在第二单元锚杆的钢绞线上，继续张拉至张拉管理图上的荷载 P_3。

③ 在张拉工具锚夹片仍安装在第一、二单元锚杆钢绞线的基础上，将张拉工具锚夹片安装在第三单元锚杆的钢绞线上，继续张拉至张拉管理图上荷载 P_4。

④ 在张拉工具锚夹片仍安装在第一、二、三单元锚杆钢绞线的基础上，将张拉工具锚杆的钢绞线继续张拉至张拉管理图上的组合张拉荷载 $P_{组}$。

⑤ 各单元锚杆组合张拉至设计拉力值或锁定拉力值。

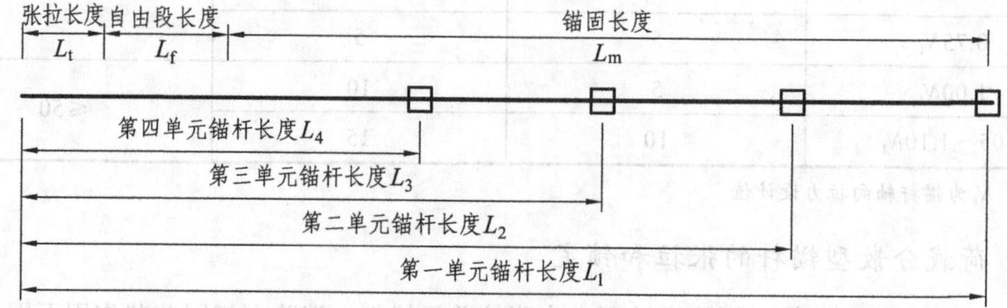

图 13-4 荷载分散型锚杆长度示意图

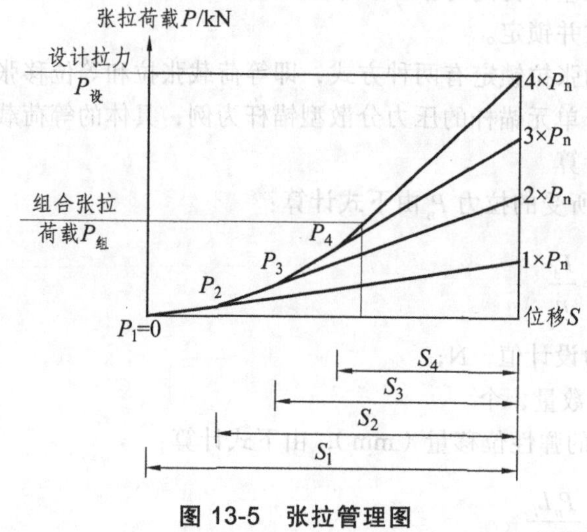

图 13-5 张拉管理图

13.4 岩土锚杆试验与监测

锚杆试验的目的是确定锚杆的极限承载力，验证锚杆设计参数与施工工艺的合理性，检验锚杆的工程质量是否满足设计要求，掌握锚杆在软弱地层中的变形特性。由于锚杆或预应力筋的设计是可控因素，因此锚杆的破坏应控制在锚固体与岩土体之间。锚杆试验主要有基本试验、蠕变试验和验收试验。

13.4.1 基本试验

锚杆基本试验是锚杆性能的全面试验，其目的是确定锚杆的极限承载力和锚杆参数的合理性，为锚杆设计、施工提供依据。新型锚杆或已有锚杆用于未曾应用过的地层时，由于没有任何可参考或借鉴的资料，必须进行基本试验。对于有较多锚杆特性资料或锚固经验的地层，可以不做基本试验。

基本试验主要做锚杆的极限抗拔试验。试验的最大荷载不宜超过锚杆杆体极限承载力的 0.8 倍，以确保锚杆的破坏控制在锚固体与岩土体之间。极限抗拔试验采用的地层条件、杆体材料、锚杆参数和施工工艺必须与工程锚杆相同，且试验数量不应少于 3 根。如果同一工程有不同的地层条件，应相应增加基本试验锚杆的组数。

锚杆极限抗拔试验应采用分级循环加荷。循环荷载是为了区分锚杆在不同等级荷载作用下的弹性位移和塑性位移，以判断锚杆参数的合理性和确定锚杆的极限拉力。加荷等级和位移观测时间应符合表 13-6 的规定。

表 13-6 锚杆极限抗拔试验的加荷等级和观测时间

加荷增量 $A_s f_{ptk}$ /%	初始荷载				10			
	第一循环	10			30			10
	第二循环	10	30		40		30	10
	第三循环	10	30	40	50	40	30	10
	第四循环	10	30	50	60	50	30	10
	第五循环	10	30	60	70	60	30	10
	第六循环	10	30	60	80	60	30	10
观测时间/min		5	5	5	10	5	5	5

注：① 第五级循环前加荷速率为 100 kN/min，第六循环的加荷速率为 50 kN/min。

② 在每级加荷等级观测时间内，测读位移不应少于 3 次。

③ 在每级加荷等级观测时间内，锚头位移增量小于 0.1 mm 时，可施加下一级荷载；否则应延长观测时间，直到锚头位移增量在 2 h 内小于 2.0 mm 时，方可施加下一级荷载。

在基本试验中，加荷至锚杆的锚固段（不是锚杆的预应力筋）出现破坏为止。锚固段的破坏指其与周围岩土体发生不容许的相对位移或锚杆杆体破坏等锚杆丧失承载力的现象。当设计对锚杆总位移有限制时，还应满足总位移的要求。

当出现下列情况之一时，可判定锚杆破坏：

（1）后一级荷载产生的锚头位移增量达到或超过前一级荷载产生的位移增量的 2 倍。

（2）锚头位移持续增长。

（3）锚杆杆体破坏。

在最大试验荷载下锚杆未达到上述破坏判断标准时，锚杆的极限承载力应取最大试验荷载；否则，锚杆极限承载力应取破坏荷载的前一级荷载。当每组试验锚杆极限承载力的最大差值不大于 30% 时，应取最小值作为锚杆的极限承载力；当最大差值大于 30% 时，应增加试验锚杆数量，且按 95% 保证概率计算锚杆的极限承载力。

锚杆极限抗拔试验结果宜按荷载与对应锚头位移列表整理，并绘制锚杆荷载-位移（P-S）曲线（见图 13-6）、锚杆荷载-弹性位移（P-S_e）曲线和锚杆荷载-塑性位移（P-S_P）曲线（见图 13-7）。

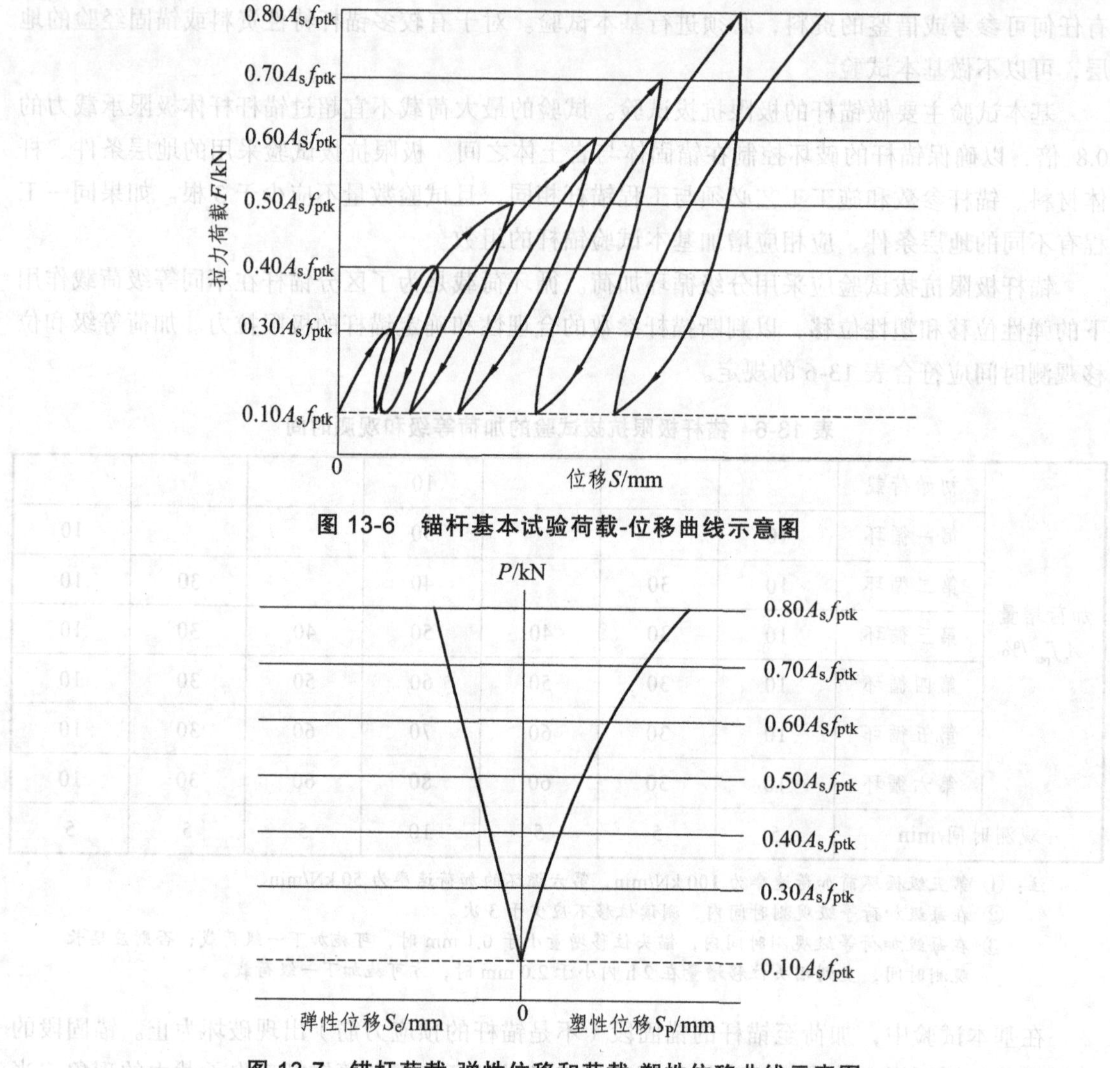

图 13-6 锚杆基本试验荷载-位移曲线示意图

图 13-7 锚杆荷载-弹性位移和荷载-塑性位移曲线示意图

13.4.2 蠕变试验

岩土锚杆的蠕变是导致锚杆预应力损失的主要因素之一。工程实践表明，塑性指数大于 17 的土层，极度风化的泥质岩层或节理裂隙发育张开且充填有黏性土的岩层对蠕变较为敏感，因而在这些地层中设计锚杆时，应充分了解锚杆的蠕变特性，以便合理地确定锚杆的设计参数和荷载水平，并且采取适当措施，控制蠕变量，从而有效控制预应力损失。

蠕变试验的锚杆不得少于 3 根。国内外的研究资料表明，荷载水平对锚杆蠕变性能有明显的影响，即荷载水平越高，蠕变量越大，趋于收敛的时间也越长。因此，加荷等级和观测时间应满足表 13-7 的规定，且在观测时间内荷载必须保持恒定。

蠕变主要发生在加荷初期，因而在加荷初期应多记录锚杆的蠕变值。根据表 13-7 规定的观测时间，按以下时间间隔记录每级荷载下的蠕变量：1、2、3、4、5、10、15、20、30、45、60、75、90、120、150、180、210、240、270、300、330、360 min。

表 13-7 锚杆蠕变试验的加荷等级和观测时间

加荷等级（设计荷载 N_t）	观测时间	
	临时性锚杆	永久性锚杆
$0.25N_t$		10
$0.50N_t$	10	30
$0.75N_t$	30	60
$1.00N_t$	60	120
$1.20N_t$	90	240
$1.50N_t$	120	360

试验结果可按荷载-时间-蠕变量整理，并绘制蠕变量-时间对数曲线（见图 13-8）。

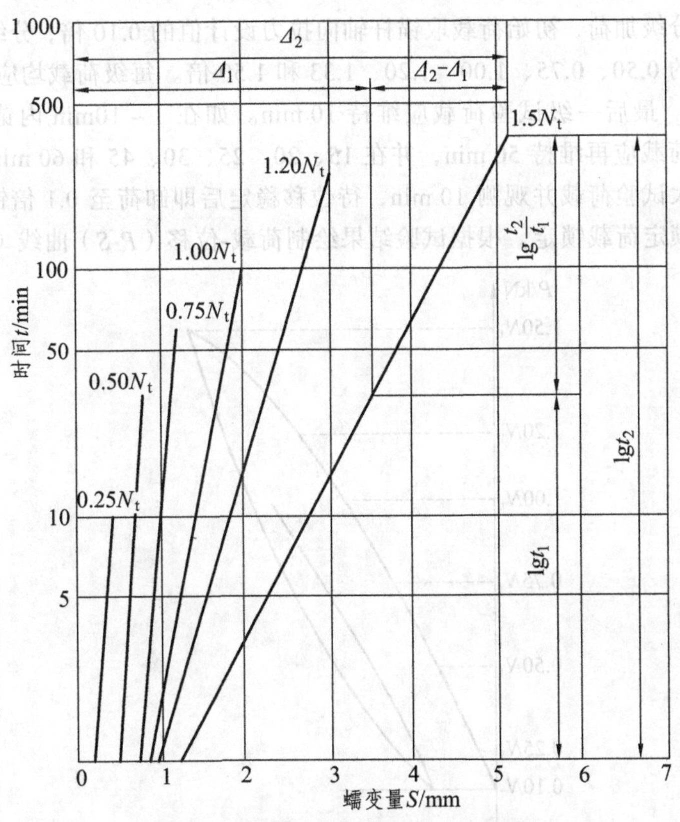

图 13-8 锚杆蠕变量-时间对数曲线

蠕变率指每级荷载作用下，观察周期内最终时刻蠕变曲线的斜率。它是锚杆蠕变特性的一个主要参数，可以反映蠕变的变化趋势，因而可用于判断锚杆的长期工作性能。蠕变率可由下式计算确定：

$$K_c = \frac{s_2 - s_1}{\lg t_2 - \lg t_1} \tag{13-11}$$

式中 s_1——t_1时所测得的蠕变量；

s_2——t_2时所测得的蠕变量。

锚杆在最后一级荷载作用下的蠕变率不应大于 2.0 mm/对数周期。如果最大试验荷载下，锚杆的蠕变率为 2.0 mm/对数周期，则意味着在 30 min ~ 50 年内，锚杆的蠕变量达到 12 mm。

13.4.3 验收试验

锚杆验收试验是对锚杆施加大于设计轴向拉力值的短期荷载，以验证工程锚杆是否具有与设计要求相近的安全系数。验收试验的锚杆数量不得少于锚杆总数的 5%，且不得少于 3 根。对有特殊要求的工程，可按设计要求增加验收锚杆的数量。

验收试验最大试验荷载不应超过预应力筋强度标准值的 0.8 倍，且永久性锚杆的最大试验荷载应取锚杆轴向拉力设计值的 1.5 倍；临时性锚杆的最大试验荷载应取锚杆轴向拉力设计值的 1.2 倍。

验收试验应分级加荷，初始荷载取锚杆轴向拉力设计值的 0.10 倍，分级加荷值宜取锚杆轴向拉力设计值的 0.50、0.75、1.00、1.20、1.33 和 1.50 倍。每级荷载均应稳定 5 ~ 10 min，并记录位移增量。最后一级试验荷载应维持 10 min。如在 1 ~ 10min 内锚头位移增量超过 1.0 mm，则该级荷载应再维持 50 min，并在 15、20、25、30、45 和 60 min 时记录锚头位移增量。加荷至最大试验荷载并观测 10 min，待位移稳定后即卸荷至 0.1 倍锚杆轴向拉力设计值，然后加荷至锁定荷载锁定。根据试验结果绘制荷载-位移（P-S）曲线（见图 13-9）。

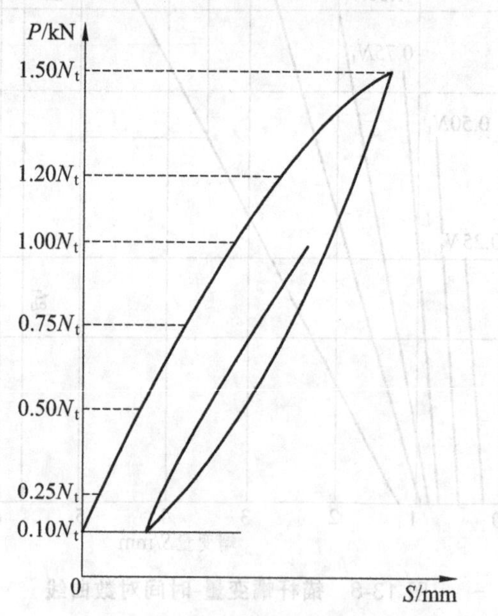

图 13-9 锚杆荷载-位移曲线

N_t—锚杆轴向拉力设计值（kN）

验收合格的标准：

（1）拉力型锚杆在最大试验荷载下所测得的总位移量，应超过该荷载下杆体自由段长度理论弹性伸长值的 80%，且小于杆体自由段长度与 1/2 锚固段长度之和的理论弹性伸长值。

若测得的弹性位移远小于相应荷载下自由段杆体理论伸长值的 80%，则说明自由段长度小于设计值，因而当出现锚杆位移时将增加锚杆的预应力损失。若测得的弹性位移大于自由段长度和 1/2 锚固段长度之和的理论弹性伸长值，则说明在相当长的范围内锚固段注浆体与杆体间的黏结作用已被破坏，锚杆的承载力将受到严重削弱，甚至将危及工程安全。

（2）在最后一级荷载作用下 1 ~ 10 min 锚杆蠕变量不大于 1.0 mm；如超过，则 6 ~ 60 min 内锚杆蠕变量不大于 2.0 mm。

参 考 文 献

[1] 中华人民共和国国家标准. 锚杆喷射混凝土支护技术规范（GB50086—2001）. 北京：中国计划出版社，2001.

[2] 中华人民共和国国家标准. 建筑边坡工程技术规范（GB50330—2002）. 北京：中国建筑工业出版社，2002.

[3] 中华人民共和国国家标准. 混凝土结构设计规范（GB50010—2010）. 北京：中国建筑工业出版社，2010.

[4] 中华人民共和国国家标准. 建筑地基基础设计规范（GB50007—2011）. 北京：中国建筑工业出版社，2011.

[5] 中华人民共和国国家标准. 砌体结构设计规范（GB50003—2011）. 北京：中国建筑工业出版社，2011

[6] 中华人民共和国国家标准. 砌体工程质量验收规范（GB50203—2011）. 北京：中国建筑工业出版社，2011.

[7] 中华人民共和国国家标准. 复合土钉墙基坑支护技术规范（GB50739—2011）. 北京：中国计划出版社，2012.

[8] 中华人民共和国国家标准. 建筑边坡工程鉴定与加固技术规范（GB50843—2013）. 北京：中国建筑工业出版社，2012.

[9] 中华人民共和国行业标准. 建筑基坑支护技术规程（JGJ120—2012）. 北京：中国建筑工业出版社，2012.

[10] 中华人民共和国国家军用标准. 土钉支护技术规范（GJB5055—2006）. 北京：人民交通出版社，2007.

[11] 中华人民共和国行业标准. 建筑桩基技术规范（JGJ94—2008）. 北京：中国建筑工业出版社，2008.

[12] 中华人民共和国行业标准. 铁路路基支挡结构设计规范（TB10025—2006）. 北京：中国铁道出版社，2009.

[13] 陈希哲，叶菁. 土力学地基基础[M]. 5版. 北京：清华大学出版社，2013.

[14] 陈仲颐，周景星，王洪瑾. 土力学[M]. 北京：清华大学出版社，1994.

[15] 陈忠达. 公路挡土墙设计[M]. 北京：人民交通出版社，1999.

[16] 程良奎，范景伦，韩军，等. 岩土锚固[M]. 北京：中国建筑工业出版社，2002.

[17] 程良奎，胡建林. 土层锚杆的几个力学问题[A]. 中国岩土锚固工程协会主编. 岩土工程中的锚固技术[C]. 北京：人民交通出版社，1996.

[18] 程良奎. 岩土锚固研究与新进展[J]. 岩石力学与工程学报，2005，24（21）：3803—3811.

[19] 程良奎. 岩土锚固研究与新进展[J]. 岩石力学与工程学报，24（21），2005：3803—3811.

[20] 龚晓南. 地基处理手册[M]. 3 版. 北京：中国建筑工业出版社，2008.

[21] 蒋良潍，姚令侃，胡志旭，等. 地震扰动下边坡的浅表动力效应与锚固控制机理试验研究[J]. 四川大学学报（工程科学版），2010，42（5）：164—174.

[22] 李海光. 新型支挡结构设计与工程实例[M]. 北京：人民交通出版社，2004.

[23] 刘国彬，王卫东. 基坑工程手册[M]. 北京：中国建筑工业出版社，2009.

[24] 刘宗仁，刘雪雁. 基坑工程[M]. 哈尔滨：哈尔滨工业大学出版社，2008.

[25] 彭守波，言志信，刘子振，等. 地震作用下锚固边坡稳定性数值分析[J]. 工程地质学报，2012，20（1）：44—50.

[26] 铁道部第二勘测设计院. 抗滑桩设计与计算[M]. 北京：中国铁道出版社，1983.

[27] 尉希成，周美玲. 支挡结构设计手册[M]. 2 版. 北京：中国建筑工业出版社，2004.

[28] 张明发. 地质工程设计[M]. 北京：中国水利水电出版社，2008.

[29] 张永兴. 边坡工程学[M]. 北京：中国建筑工业出版社，2008.

[30] 赵志缙，应惠清. 简明深基坑工程设计施工手册[M]. 北京：中国建筑工业出版社，1999.

[31] 朱维申，王平. 节理岩体的等效连续模型及其工程应用[J]. 岩土工程学报，1992：14（2），1—11.

[32] 朱维申，程峰. 能量耗散本构模型及其在三峡船闸高边坡稳定性分析中的应用[J]. 岩石力学与工程学报，19（3），2000：261—264.

[33] 朱维申，任伟中. 船闸边坡节理岩体锚固效应的模型试验研究[J]. 岩石力学与工程学报，2001，20（5）：720—725.

[34] 朱彦鹏，王秀丽，周勇. 支挡结构设计计算手册[M]. 北京：中国建筑工业出版社，2008.

[35] A. Evangelista，A. di Santolo and A. Simonelli. Evaluation of pseudostatic active earth pressure coefficient of cantilever retaining walls[J]. Soil Dynamics and Earthquake Engineering，2010，30：1119—1128.

[36] A. Ghanbari and M. Taheri. An analytical method for calculating active earth pressure in reinforced retaining walls subject to a line surcharge [J]. Geotextiles and Geomembranes，2012：34，1—10.

[37] C. Chen and G. Martin. Soil-structure interaction for landslide stabilizing piles [J]. Computers and Geotechnics，2002，29：363—386.

[38] C. Chunlin Li. A new energy-absorbing bolt for rock support in high stress rock masses [J]. International Journal of Rock Mechanics & Mining Sciences，2010，47：396—404.

[39] M. Ahmadabadi and A. Ghanbari. New procedure for active earth pressure calculation in retaining walls with reinforced cohesive-frictional backfill[J]. Geotextiles and Geomembranes，2009，27：456—463.

[40] S. Lirer. Landslide stabilizing piles：Experimental evidences and numerical interpretation [J]. Engineering Geology，2012：70—77，149—150.

[41] W. Zhu and Y. Zhang. Effect of Reinforcing the High Jointed Slopes of Three Gorges Flight Lock [J]. Rock Mechanics and Rock Engineering，1998，31（1）：63—77.